0～2歲

全腦開發關鍵報告

掌握 **10** 個心智發展快速進步期，
教出高安全感、適應力強的正向小孩

The Wonder Weeks:
A Stress-Free Guide to
Your Baby's Behavior

兒童心理發展研究專家、
歐洲兒童心理發展研究中心副主席
弗蘭斯・普洛伊

兒童心理發展研究專家、體質人類學博士
赫蒂・範德里特 ——合著

曾威舜 ——導讀　陳芳智 ——譯

新手父母

目 錄

前言｜寶寶的在心智發育上的 10 個飛躍式進步

神奇的第 5 週

第 1 章　第 1 次飛躍式進步

感官正在改變的世界

難帶階段：神奇飛躍開始的信號 ……………… 88

神奇的第 8 週

第 **2** 章　第 **2** 次飛躍式進步
各種樣式的世界

目　錄

神奇的第12週 第 **3** 章 第 **3** 次飛躍式進步 **平順轉換的世界**

神奇的第 **19** 週

第 **4** 章 ｜ 第 **4** 次飛躍式進步
充滿事件的世界

目 錄

神奇的第26週

第 **5** 章 | 第 **5** 次飛躍式進步
進入關係的世界

神奇的第37週　第 **6** 章｜第 **6** 次飛躍式進步
飽含類型的世界

難帶階段：神奇飛躍開始的信號 ⋯⋯⋯⋯⋯⋯ 220

神奇的第46週

第 **7** 章 | 第 **7** 次飛躍式進步
充滿順序的世界

神奇的第55週　**第 8 章**　第 **8** 次飛躍式進步
進入各種程式的世界

進入難帶階段：神奇飛躍開始的信號 276

第9章 | 第9次飛躍式進步
進入原則的世界

目 錄

神奇的第 75 週

第 10 章 ｜ 第 10 次飛躍式進步
充滿系統的世界

進入難帶階段：神奇飛躍開始的信號 ⋯⋯⋯ 349

表格目錄

　　這幅赫蒂・範德里特（Hetty van de Rijt）的畫像是由她的孫子湯瑪士在1998 年 9 月 12 日所繪。當時湯瑪士兩歲，和赫蒂非常親近，在赫蒂生命最後七年為疾病所苦時，湯瑪士就是她的陽光。

　　赫蒂為了這項與先生（共同作者弗蘭斯・普洛伊）一起進行的研究，付出了很高的代價。她停留在非洲坦尚尼亞期間得到了一種熱帶疾病，之後很長的一段期間都在與這個病症搏鬥，於 2003 病逝。

　　赫蒂希望透過她的生命之作，帶給全世界的父母心靈上的平靜與自信、給所有的寶寶一個享有「快樂的開始，聰明的起步」的機會，並透過這本書長留在大家心中。

導 讀

●　●　●

了解寶寶不同階段的變化
和寶寶一起在開心中成長

文 / **曾威舜**　職能治療師、OFun 遊戲教育團隊

寶寶的成長總是瞬息萬變！原來每週都有美好的改變和成長。

　　身為新手父母的你，面對寶寶的誕生一定充滿著喜悅，但也伴隨著些緊張。對於無法用言語和我們對話的寶寶，在每個環節「我」是否真的能夠瞭解「她／他」？我是不是不小心錯過了什麼？有沒有哪一個階段是非常關鍵的成長？我可不可以做什麼事情來和我的寶寶互動？各種行為表現背後代表的意義是什麼？

　　雖然明知個體的成長都有些微的不同，每位寶寶可能有幾週的差異或是發展都照著時程走，但身為父母的我們卻還是會擔心。在閱讀完整本書之後，回想自身的經驗和臨床所聞，本書整理的 10 個飛躍時期，是我非常推薦可以參考的一個里程碑。

　　以職能治療的觀點，「感官經驗」和「探索」是寶寶成長的關鍵要素。從個體的能力與發展、生活環境、個體從事的行為等，都和寶寶身心靈的成長有關，也是身為家長的我們，可以從中去協助的幾個面向。

以個體的能力與發展為例：剛滿一個月的寶寶，您可能覺得：「這可愛的小傢伙，現在只會哭哭、喝奶、睡覺和上廁所。我應該不用和寶寶互動吧？」但在第 1 次的飛躍式進步「感官正在改變的世界」章節，您可以更加清楚，感官的大幅度成長，已經悄悄的在發生。雖然並不像成人般的感知能力，但開始對周遭的一切環境更感興趣了。這階段的感官發育，讓寶寶們學習享受自己的感官。以視覺來說，顏色的對比、爸媽的臉、條紋與邊角的形狀等，都是寶寶喜歡「看」的東西。所以帶著寶寶認識這個環境，用感官來探索世界，是我們在這個階段可以和寶寶一起做的事喔！

　　在和家長的討論中，大家常說有另一個頭大的階段，就是寶寶開始爬行、到處移動了。瞭解背後的原因就沒有這麼可怕，這是一個和因果關係有關的階段，所有的一切驅使著寶寶對這個世界做出更多的互動和探索。脖子因為更有力氣，讓寶寶的頭部和視線可以注意前方和四周，認識環境的空間關係。肢體發展的這個階段，寶寶們開始在房間內隨意爬行，整個爬上爬下、爬進爬出的過程，寶寶更加清楚「自己」和環境與物品的關係，讓「探險」變得有趣和新奇。環境要如何讓寶寶安全與放心探索？要怎麼樣更好玩？在第 5 次飛躍式進步階段就提到蠻多行為和建議。

　　世界名著《小王子》裡有一句話是這麼說的：「所有的大人都是孩子，只要你未曾遺忘。」看著我們的寶寶，您可能會覺得我真是搞不懂這可愛的小傢伙。其實，我們也是從這麼小小的狀態，一路探索、體驗、學習，在跌跌撞撞中成長。

　　所以再回頭看看這 10 個飛躍期，不只是寶寶的各種表現，讓我們了解寶寶在不同階段的變化。更重要的，不只是讓我們在育兒過程更有信心，也要好好面對新手父母在育兒過程中的壓力和心理變化，好好照顧自己，也好好靜心；重新充電，和我們的寶寶一起在開心中成長。

專家推薦語

• • •

「這是個實用又有趣的窗口，通往寶寶一歲半之前的生活。範德里與普洛伊進行了觀察，發現了嬰兒發育期間有一些脆弱容易受到傷害的時期，真神奇。」

托馬斯・貝里・布拉澤爾頓（Thomas Berry Brazelton）
醫師 / 哈佛醫學院榮譽退休教授

「所有嬰幼兒照顧者都會想要閱讀這本書。本書開啟家長的視野，讓家長深入了解孩子的成長、發育、行為變化、情緒反應等各個層面，這些可能是家長沒有注意到，或是感到費解、苦惱的問題。」

凱薩琳・思諾（Catherine Snow）
博士 / 哈佛教育研究所教授
（Shattuck Professor of Education, Harvard Graduate School of Education）

「範德里及普洛伊在嬰兒發育上的研究工作對於臨床使用以及科學應用上，有重大的價值。當嬰兒期出現令人困惑、難搞的行為時常讓家長感到非常憂心；書中範德里以及普洛伊不僅針對這些時期提出說明，同時也寬慰家長，這些難搞行為如何成為心智發育飛躍上的標記，並且詳細敘述了嬰兒在心智成長上的不同階段。

　　此外，他們也針對不同年齡的孩子適合哪些玩樂以及溝通方式進行了描述，這對於協助家長了解、體貼及建立良好的親子關係極有助益；而這同時也是培養出具安全感及良好適應力孩子的必備條件。本書是所有與嬰兒照顧相關人員——小兒科醫師、社工人員、心理學者，當然了，還有父母的必讀之作。」

約翰‧瑞查（John Richer）
牛津、劍橋、都柏林大學藝術碩士（MA（Oxon））/
英國牛津大學醫院 NHS 基金信託
（Oxford University Hospitals NHS Foundation Trust）/
牛津大學生理學／解剖學以及基因學系
（Department of Physiology, Anatomy and Genetics,
University of Oxford）臨床心理學、兒科心理學博士、名譽顧問

讓育兒生活快樂開始，聰明起步

文 / 賽薇亞拉・普拉斯─普洛伊

　　生孩子是一生中絕不會忘記的大事，就好像你會一直記得在「這一切」開始之前的那一夜你吃了什麼、生產的確切時間、第一個打電話通知的人等事情。你的寶寶降臨了，而你在突然之間就變成了父親或母親，無論這是不是你的第一次，又或是之前你是否已經有寶寶了，生孩子這件事永遠是特別的。

　　我對於《0 ～ 2 歲全腦開發關鍵報告》也是同樣的感覺。這本書是由我的父母赫蒂・範德里特和弗蘭斯・普洛伊所共同孕育，近十年經過不斷地修訂，現在變成了我們三個人以及「寶寶的神奇飛躍週」（Wonder Weeks）團隊的作品。

　　我們都非常引以為傲，因為這本書已經成功幫助了全球數百萬個家庭。從家長那收到每一封郵件、每一則貼文及簡訊都讓我們感到喜悅，就像有人因為你的寶寶讚美了你一樣！我們會這麼開心是因為能夠幫助很多家長，所以，如果你發現自己正在尋找育兒答案，我們就在這裡提供你幫助！

　　這本書自 1992 初次發行以來，養育子女的方式已經有了許多變化。傳統的郵件已經被社交媒體及電子郵件取代，為人父母者對於當父母有不同的看法，現在，爸爸也和媽媽一起教養孩子。當年我父母撰寫這本書時，為人父者需要外出工作，而為人母者則在家照顧孩子，凡事總有例外，我父親就是一個！有兩年的時間，我母親在劍橋大學攻讀博士學位，而我父親則在家陪我；當我母親完成學業之後，父親才再次返回職場，直到晚上十點下班。

　　幸運的是，近年來父母的角色扮演已經趨於平等了，在新生兒照顧以及母乳哺餵等方面也有極大的變化。過去在育兒時，母親往往面臨很大的壓力，像是選擇餵母乳還是配方奶？多久餵一次？什麼時候離乳？等等。現在，身為母親，你可以自由選擇要餵多久就多久、有需求就餵（而不是固定時間餵！），

而且還能公開餵──職場、公共場合也都有提供哺乳室，為親餵提供充分的隱私。

希望你不會覺得自己需要遵守那些隨便定下的規矩，像是要放著讓寶寶哭、要固定時間餵奶或是任何其他完全不自然的要求，而是遵照自己的本能來照顧你的寶寶。

這本書在全世界賣了好幾百萬本，在與家長擁有那麼多溝通之後，我們獲益良多。父親和我坦然接受讀者的建議，不斷修訂本書，讓它的訊息比之前更加清楚、易執行。在本次的修訂中，你會發現：

❀ 在飛躍式進步中，我們加入了最新的見解與建議。

❀ 互動部分增加了可勾選適合的項目，讓你發現寶寶的成長與進步。

❀ 把寶寶發育的每一個飛躍期中最重要的里程碑製作成專屬的筆記，以你從寶寶身上注意到的變化來更新紀錄表。

❀ 來自使用「寶寶的神奇飛躍週」方案的新手父母最新、最近的評論和分享。

❀ 增加了新的「靜心時刻」專欄，讓疲憊的你知道該如何照顧自己，尤其在筋疲力竭、受到挫折感到沮喪的時候。

❀ 透過寶寶的眼睛體驗世界的各種方法。

❀ 關於寶寶心智發展 10 件你真的必須知道的事！

這個版本的《0 ～ 2 歲全腦開發關鍵報告》完整度及易用度都更勝以往。這次能與父親密切合作、進行修訂，而母親的文字也在眼前，讓我既喜悅又光榮。

祝福你和你的寶寶在分享成長的挑戰時享有全世界的快樂，並讓育兒生活有一個快樂的開始，讓寶寶有聰明的起步。

幫助父母了解寶寶的難帶期及神奇飛躍期

文 / 弗蘭斯・普洛伊

有的人受到了幸運之神滿滿的眷顧：他們在愛中找到彼此，連工作時也能在一起。

1971 年，我在完成教育心理學、體質人類學（physical anthropology）及行為生物學（生物心理學 behavioral biology）的研究之後結婚了，並帶著新婚的妻子赫蒂（Hetty）前往位於東非洲坦尚尼亞的貢貝國家公園（Gombe National Park），和珍・古德（Jane Goodall）一起研究黑猩猩。

當我們抵達那裡（帶著一口裡面裝著器材和衣物的大木箱）後，很快就發覺到我們已經規劃好的專案在當地現有的環境下無法進行，但是我們人已經到了，感覺是那麼無力。不過，正是這種無力感，才帶領我們發現新世界——我們不得不重新挑選研究題目。

我們認為，貢貝溪國家公園是地球上唯一一處可以讓我們在封閉範圍，近距離觀察野生的黑猩猩媽媽和牠們新生寶寶的場所。我們手上沒有任何理論或假設可以證實這一點，不過我們受過訓練，知道如何以系統性的方式直接在野外觀察動物的行為，這一項是我們同胞暨諾貝爾得主尼科・丁柏根（Niko Tinbergen，註：荷蘭裔英國動物行為學者）的傳統。我們決定觀察黑猩猩母子的互動行為發展，希望能得到一些有趣的發現。事實上，這項投入的風險非常高，可能在兩年後，我們得不到任何發現。

前面六個月我們把時間都用來熟悉黑猩猩及牠們周遭的環境上。要熟悉一種完全未知的物種，通常要花好幾年的時間，但在貢貝，能由歷代研究員傳承下來。這六個月裡，我們逐漸建立出一張具有特徵，且會重複出現的行為表，並在往後的一年半裡按表操課，根據這張單子上列出的行為來進行觀察。這種

觀察法的優點是：如果沒有觀察到，那麼就能確定，某種特定的行為沒有發生；我們可以得知某種特定行為多久發生一次？持續多長？也能觀察到這些行為如何隨著年齡改變。

非洲冒險結束後，我們進入羅伯特・因德（Robert Hinde，註：英國動物學家、動物行為學家以及心理學家）的醫學研究委員會，從事行為發展與整合的研究。這個單位位於英格蘭的劍橋大學，而我們的工作要分析大量的資料。

從分析之中，我們得到了一個觀念，現在稱為「心智發育上的飛躍式進步／飛躍」（developmental leaps）。資料顯示，一些明顯獨立的「退步」期（regression）和之前相比是更為難搞的時期，寶寶會將媽媽黏得更緊、更想受到呵護，也更常發出低咽聲。在我們進行研究前，這樣的退步期曾在其他十二種其他的靈長類以及兩種較低階的哺乳類身上發現，意味著這顯然是一種舊有的現象，或許在地球上生命一開始演化時就出現了。

資料分析的結果也支持，在早期個體發生（ontogeny，註：指的是生命從受精卵到成體的起源和發育）的過程中，出現在中樞神經系統中的階層式組織，對於野生黑猩猩寶寶和人類嬰兒行為發展都有重大的影響。

取得博士學位後，海蒂在英國的劍橋，而我則在荷蘭本國的格羅寧根（Groningen）大學任職，我們開始觀察、拍攝記錄人類母嬰在荷蘭本地環境中的情形。研究顯示，人類的寶寶也一樣會經歷年齡相關的退步期與難以取悅階段，每一段難帶階段都代表寶寶心智上的一次飛躍式進步。每一次，這種突然發生、巨大與年齡相關的腦部變化都能讓寶寶進入一個嶄新的感知世界。因此，寶寶會發掘心智及行為上更多複雜的層面，也能掌握更複雜的新技能。

當我們最初的研究結果被刊登在科學期刊後，我和海蒂撰寫了第一版的《寶寶的神奇飛躍週》，並在 1992 年出版。我們對於寶寶的研究顯然能夠引起新手父母的共鳴。我們在荷蘭對的研究在西班牙、英國和瑞典也被當地的研究團隊進行了重複研究，並獲得了肯定。

《0～2歲全腦開發關鍵報告》現在已經是世界性的暢銷書，被譯成二十個以上的語言版本。而赫蒂（我的研究夥伴暨愛妻）也能透過這些文字長留於世。

如何使用本書

• • •

重要注意事項

　　本書提供一般性的資訊，讓讀者了解寶寶在正常發育過程中不同的時間點，會有什麼樣的行為舉止，為什麼會出現那樣的行為，這樣您對於之後應該要預期什麼會比較有概念。本書的出版商、作者、或任何相關的開發、製作、翻譯、市場行銷、販售人員都完全不會、也不能保證您的寶寶或幼兒將會如何發育或出現什麼行為，也完全不能保證書中所建議或推薦的作法一定會適合您以及您的寶寶或幼兒。

　　本書無法取代您的寶寶或幼兒個別的醫療診斷或治療。如果您對於您的孩子在行為、發育或身體健康上有任何疑慮，務必諮詢孩子的小兒科醫師或其他受過適當醫學訓練的專業人士。有必要的話，請勿遲疑，要為您的孩子尋求緊急的照護。

　　出版商和任何作者都無法控制任何第三方網站提及本書中的內容。您在採用任何新的作法或新的產品之前，應該要自行進行研究。

寶寶在心智發育上的 10 個飛躍式進步

寶寶心智發展的 10 大飛躍

新手媽媽自沈睡中驚醒，從床上跳起來，穿越走廊，跑到育嬰房。小小的嬰孩，紅著臉、握著拳頭，在嬰兒床裡尖聲叫著；媽媽直覺將寶寶抱起來，在懷裡搖來搖去，但寶寶還是繼續尖叫啼哭。媽媽餵寶寶喝奶，幫他換尿布，接著又抱起來搖，使出渾身解數想紓解寶寶的不適，但似乎就是不管用。媽媽想著，「寶寶是不是有什麼問題？還是我做錯了什麼？」

啼哭的嬰兒對所有人來說都不好玩，大家想看到的是一個健康快樂的寶寶。父母經常會擔心自己的孩子，以為自己是唯一無法面帶微笑、沒有安全感，甚至感到害怕、絕望或在寶寶煩人、安撫不下來時感到生氣的父母。

為人父母通常混合著擔憂、疲憊、挫折與罪惡等感受，有時在面對無法安撫的寶寶，甚至會產生憤怒。你肯定不是唯一有這些感受的父母，從本書中了解其他父母也有相同的感受，對你會有幫助！但當你覺得自己已經完全被壓垮，或是很容易被挑起脾氣，那麼當然應該尋求專業醫師的協助。

寶寶愛哭會造成父母間的緊張，特別是雙方對處理的方式抱持不同的意見時。來自家人、朋友、鄰居，或陌生人善意但不中聽的建議，只會讓事情變得更糟糕。「讓孩子哭吧！可以練練肺活量。」可能不是父母想聽到的解決辦法，若不去理會，問題也不會消失。

育兒好消息！寶寶會哭，一定有原因

寶寶的神奇飛躍週團隊在嬰幼兒的發育，以及為人父母者在面對這些改變時的反應上，已經進行了 35 年的研究。而這些研究主要是在家庭中觀察得到的（即父母和孩子日常活動的空間），以及從一些正式面談中蒐集到的資訊。

我們發現，所有的父母有時真的會被哭鬧不休的寶寶搞到焦頭爛額、苦不堪言。事實上，我們有個驚喜的發現，所有正常、健康的寶寶出現愛哭鬧、令

人厭煩、要求多又挑剔的時間大概都落在同一時期,而當這種情況發生時,通常把父母搞到無比絕望。

現在,我們已經了解這些高低起伏的節奏,而且幾乎能準確的預測寶寶會發生這些難搞階段的週數。英國、西班牙和瑞典的研究人員都已經重複驗證過我們的研究,也取得了相同的結果。全世界的父母應該都會同意,做好萬全的準備應付一個難帶養階段的難搞寶寶,肯定是有幫助的,雖說最好是能直接跳過去。

寶寶會哭有原因:他們難受。寶寶的腦正經歷突然發生的巨大變化,他們感受並了解周遭環境的方式改變了。這些改變值得慶賀,畢竟這讓寶寶得以學習許多新技能,是取得美妙進步的象徵。

但這些變化也讓他們困惑、不知所措;他們被往回拉,所有的一切在一夜之間發生改變、進入一個全新的世界。

心智發展上的飛躍式進步＝寶寶可以做更多事

💡 心智發育上的神奇飛躍

寶寶身體上的發育發生所謂的「成長陡增」(growth spurts),對我們來說,是完全可以接受的。寶寶可能完全不長,或只長一點點,不過,有時候卻「一暝大一吋」,長了半公分;而心智發育方面,也會出現相同的情況。

父母可能會突然發現,寶寶在一夕間就懂了好多事,能做許多之前不能做的事。神經學方面的研究顯示,飛躍式的進步大多伴隨著大腦的變化;這些心智發育上的飛躍未必會與生理上的成長陡增同步,身體成長發生的次數多了很多。而發育上的很多里程碑,像是長牙等,跟這些發育上的飛躍式進步是不相干的。

註1:本書中以通稱的「他」或「他們」代表男╱女寶寶。「你」或「你們」代表「母親╱父親╱寶寶的照顧者」。

註2:我們(寶寶的神奇飛躍週團隊)提到父母時,可以單指「母親╱父親╱寶寶的照顧者」。

💡 10 個飛躍式進步期

本書要說明的是，寶寶在人生的前二十個月中，心智發育上會經歷的 10 個飛躍式進步期，並讓父母了解這些飛躍對寶寶理解世界上具有哪些意義，以及他們如何利用這些理解來發展出對心智發育而言不可或缺的新技能。

父母在了解上述的知識後，可幫助寶寶度過新生活上的困惑期；並更加了解他們的思維方式，知道他們為什麼會在某些特定時期出現那些反應。這樣才能在他們需要的時候，提供正確的幫助與正確的環境，以讓每段心智發育的飛躍期獲得最好的發展。

這不是教你如何把小孩變成天才的書。我們堅決相信，每一個孩子都是獨一無二的，有屬於他們自己的智慧方式。<u>這是一本教導你在孩子變得難搞時，理解、同理他們，並找到好的應對方式，好好享受這段時光的書；這是一本談論和孩子一起成長，一起歡喜與憂傷的書。</u>

使用本書時，需要的只有：

- 💜 一位（或兩位）充滿愛的父母。
- 💜 一個活潑、會發出聲音的成長中孩子。
- 💜 與孩子一同成長的意願。
- 💜 耐心。

倒退一小步，向前飛躍一大步

隨著每一次神奇飛躍期週期的到來，寶寶都會獲得一種新的感知能力，讓他們能夠察覺、看見、聽到、品嚐、聞到及感覺到許多之前感受不到的東西。

──── 小 提 示 ────

在寶寶經歷飛躍期之前，請先閱讀該期內容，以了解寶寶即將經歷的事情與將發生的改變，方便你提供適當的幫助來協助他們發現這個嶄新的世界，並以引領他們一起走過這趟發現之旅。

你家寶寶有了新的認知技能，整個生活也會隨之改變，他們不得不重新發掘這個世界，並借助你的協助。

我們的一位讀者把飛躍週期和電腦或手機的更新拿來比較：這種更新是突然間發生的，你無力控制，但是更新後，電腦或手機的效能就會大幅進步。但這類更新後，使用者對於新功能通常會有問題，應用程式作用的方式跟從前不一樣！你可以把寶寶想像成使用者，他們要努力應付這個驟然「被更新」的大腦。

掌握神奇飛躍式進步週期
帶養寶寶更輕鬆

每一次神奇飛躍式進步週期都由三個部分組成：大腦發生變化、兩個階段，以及一個隨和期／輕鬆期。讀過本書之後，你會發現，每一個飛躍的**難帶階段**其實是大同小異的。感覺起來，好像每次都在重複，不過，了解這一點是很重要的。當然了，你們全家也會開始習慣。

飛躍式進步週期

大腦 發生變化	第一階段 難帶期	第二階段 神奇的向前 飛躍期	飛躍之後 隨和期 輕鬆期

飛躍式進步各階段大腦發生的變化

突然之間就出現了嶄新的心智能力，而唯一注意到這件事的人就是寶寶自己。他們的腦部忽然間能夠意識到新的事物，幾乎一切都和從前不同了。

💡 第一階段：難帶期

對寶寶來說，在心智發育上出現飛躍式進步時，是一種衝擊性強烈的經驗，因為改變的實在太多了！這就是為什麼出現心理上的飛躍時，你首先注意到的是「難帶養期」。

這個階段是心理飛躍的一個開關，出現的代表性行為有：

寶寶的 3C 行為

愛哭 Crying　　黏人 Clinginess　　愛鬧脾氣 Crankiness

寶寶比以前更愛哭、愛掛（就是字面上的意思）在你身上，他們已經不是平時的自己了，這種情況，在每一次的飛躍期都會發生。這個難帶養期也有特徵，只是每一次出現的未必一樣，寶寶可能只會出現某些特徵，在每一章中父母可以找到每一次飛躍期的代表性特徵。

身為家長，當你注意到「不對勁情形」時，你就會開始關心。有些父母會擔心是不是寶寶生病了，有些父母則是因為自己不了解寶寶為什麼那麼「難帶」所以生起氣來。這個階段的特色一點小小的「退步」，看起來似乎是寶寶的發育情況倒退了一步：行為彷彿更像個幼小的孩子，有些事情做不到了，也沒以前獨立。把這些情況加入到上述的 3C 中一起看，你就會了解為什麼我們要把這種難搞的階段稱為飛躍，這對你和寶寶來說，都是難搞的。

💡 難帶期何時開始？「飛躍期的時間表」應用方式

好消息是，你知道寶寶什麼時候會出現一個飛躍式進步！寶寶人生的前二十個月中，會出現 10 次飛躍。最初的難帶階段不會維持太久，早期的這些間段間隔時間也短。飛躍的時間表列在第 34 頁上，日期橫向標註的週數是從寶寶的預產期算起的。

✿ 難帶期的時間點！

為了讓日子好過一點，清楚知道每個時間點會發生的困難是一件好事。這一點其實很簡單。

① 將飛躍期時間表放到你的行事曆旁，計算一下週數。

② 把飛躍期時間表中橫向標註的日期抄下來，寫到你的行事曆上，無論是紙本式的行事曆或是電子行事曆都行！

③ 你也可以使用「The Wonder Weeks」應用程式來追蹤日期。這款手機應用程式和本書提供的深入資訊互相配合得很好。

✿ 難帶期計算方式：預產期：大腦的發育從受孕日開始

「飛躍期時間表」以寶寶的預產期為基礎計算，而不是出生日，這是因為無論寶寶是否已經出生，或是依然留在子宮裡，腦部發育的速度都是一樣的。

在人生的第一年裡，寶寶的大腦發育還不成熟，你不能期待還不成熟的大腦會用較快的速度發育，你也不希望這種事情發生。腦的發育需要時間，同理若寶寶比預產期晚幾週出生，腦部的發育自然比較好，所以心智發育的飛躍根據預產期來計算是有道理的。

如果你的寶寶比預產期晚兩週出生，那他的第一次難帶養期可能會比表列的時間早兩週；如果提前 4 週出生，那麼難帶養期就會晚 4 週出現。和寶寶出生日期密切相關的是生日及蛋糕，而與預產期密切相關的則是心智發育。

飛躍期的時間表：寶寶的 10 大難帶養階段

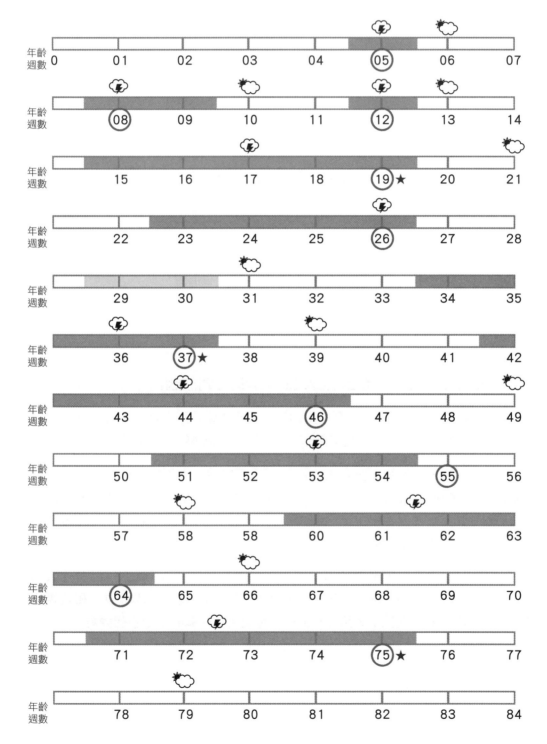

圖示說明

■	寶寶現在可能比之前都難帶。
▨	29 或 30 週左右出現的愛哭、黏人、愛鬧脾氣（3C）現象並不是另一次飛躍期出現的跡象。你家寶寶就是單純發現爸媽會走開、把他們留下來這件事。這種說法聽起來有些好笑，但這是一種進步、一個新技能，寶寶正在學習分離焦慮。
□	寶寶或許正在經歷一段不太複雜的階段。
⛈	這週「暴風雨」時期可能就快到來了。
⛅	這週寶寶燦爛如陽光的一面很可能就要出現了。
○	神奇的向前飛躍期。
★	整合性飛躍。

- 日期橫桿上標示的難帶養期看起來挺長，不過好消息是：橫桿代表寶寶在那段期間可能會很難帶，但是未必整段時間都難帶！只是你得多注意飛躍期間中的難帶養期。難帶養期可能會持續比較長的期間，但強度不那麼高；所有的組合和變化都可能發生。

  如果你知道難帶養階段什麼時候可能會出現，那麼一旦出現就比較容易看出來，也不會完全在意料之外。

 ## 沒有寶寶能逃過難帶期

　　所有的寶寶都會經歷多次的難帶期，只是有些寶寶受到的影響比別人大罷了。例如：脾氣不好的寶寶和個性較平和的寶寶相比，會更加難帶，沒什麼好驚訝的。這些寶寶對爸媽的需索非常強烈，因此也可能產生最多衝突。如果你在第一次飛躍期時日子特別難過，也不要太過擔心，每一次飛躍的強度不一樣，某次感覺有如惡夢，下次卻可能只是頭痛。

✿ 難帶養階段的寶寶更需要你的協助

既然知道難帶期已經快到了，你就可以準備好幫助自己的寶寶了。當一個嶄新的世界在寶寶面前展開時，你是引領他經歷這些變化的最佳人選。希望書中針對每一個飛躍期提供的文章都能幫助你了解寶寶正在經歷什麼情況？他看待世界的方式為何？能引起他興趣的是什麼？他想發現什麼？因為你知道「新世界」中將要發生的事，所以你可以幫助寶寶，讓他在飛躍期取得最大的收穫。

✿ 你是你家寶寶的安全堡壘

飛躍期時寶寶熟悉的世界發生了翻天覆地的改變，他唯一想要的就是靠近你。你比所有人都了解你的寶寶，他最信任你，也認識你最久。他會哭，有時候還哭個沒完，整天只想讓你抱在懷裡。當他開始搖搖晃晃的學步後，更會盡一切所能來靠近你，甚至還會攀在你身上，不顧一切的掛著不放；他可能會想再次被當成一個小寶寶，請盡你所能，給他安慰和安全感。

💡 第二階段：神奇的向前飛躍期

當寶寶突然變得難帶，一開始你會擔心，但之後可就能會被他的行為惹惱。透過「飛躍期的時間表」，你就能了解、掌握正在發生的狀況。你會注意到，寶寶正在嘗試一些你之前從沒見過他做過的事。這正是你所期待的階段：神奇的向前飛躍期！這個階段是從難帶養期結束時開始，也可能從剛過難帶養期的巔峰就開始。你可以在第 5、8、12、19、26、37、46、55、64 以及 75 週裡看到神奇的向前飛躍。

> **Tips**
>
> 在難帶期，你會在時間表裡看到雷光閃電（難帶養期的最高峰）有時會與神奇的向前飛躍期同時出現。這些階段不一定一個接著一個，所以寶寶未必會出現週一難搞，週二起床後彷彿一切都沒事的情形。

顛峰程度的挫折感替寶寶帶來足夠的刺激，讓他在突然間就能做到許多新的事情，這很正常（畢竟新的感知能力及大腦的變化在進入難帶期時就開始運作了）。簡單來說，寶寶會在難帶期的最後幾天，或是那週開始嘗試新事物、開始學習新的技能。但是神奇的向前飛躍期指的是習得一系列完整的新技能。

✿ 探索嶄新世界的時刻

現在你家寶寶多多少少克服了進入全新世界後的驚嚇，他要開始進行探索了，並且需要你陪在身邊。

每一種新技能都能讓寶寶意識到更為不同、複雜的層面，並藉此學會新事物。舉例來說，他可以看到、感覺到手是如何捲曲包住物體，藉此發展出抓的技能；經過反復練習，他付諸行動——伸手抓握玩具。大腦的變化開啟了通往新技能的道路，發展出該次飛躍前尚未培養出來的技能。

有些技能是全新的，有些則是在之前技能的基礎上進行改善。問題是：你的寶寶要先探索哪些部分？每個寶寶都有自己的喜好、個性和特質，而這些會引導他去選擇他認為有趣的事。有些寶寶會用很快的速度將所有的技能都嘗試一遍，有些則會被單一的技能吸引。

有一點很重要，寶寶是會做選擇的，他會先掌握哪些新技能？要利用新技能做什麼？仔細觀察，你會看到寶寶在成長時出現獨一無二的人格。

提醒你，理論上在神奇的向前飛躍期中，寶寶能夠掌握該期所有的新技能，但實際上，每一種技能都需要練習及時間，無法一次就全部掌握。

✿ 寶寶需要你的幫忙

你是最能提供寶寶所需，且是最符合他需求的人。你比任何人都了解自己的寶寶，所以能夠幫助他從每一次經驗中獲得最大的益處。寶寶不是唯一一個在做選擇的人，你就在他的身邊陪伴他經歷這個嶄新的世界——這個新世界可能有些地方不太有趣，所以你要注意他感興趣的點在哪裡。

你可以做好準備，事先閱讀，以得知每個階段的新世界裡有什麼新技能及困難，並帶領你的寶寶。他會很喜歡你和他分享這些新的發現，這樣的親子互動還能加快他的學習進度。

當難帶養期過去後，寶寶就不再每天纏著你；雖然他還是喜歡貼近你、喜歡和你一起探索新世界。無論遇到任何情況，他都知道你就在身邊不遠之處陪伴他。

✿ 設下界線

當寶寶學會新技能後，你要鼓勵他留住這項能力，日後再以此為基礎繼續發展其他技能。舊的做事方式已經不適用了，用「爬」而不是「被抱」就意味著寶寶拋棄伸手要爸媽抱的習慣，一旦他學會爬，就能自己拿到玩具。在每一

次飛躍期之後，寶寶都能做到更多事，變得更加獨立，自信心和自我滿足就會愈來愈強。

💡 第三階段：飛躍期之後，隨和期（輕鬆時期）

在被一切新的認知和隨之而來的反應猛烈轟炸過後，會出現一段相對平和的時期，也就是一段比較放鬆的隨和期，寶寶還是忙著練習、學習並嘗試新技能。

你會注意到，寶寶變得比較不黏人，隨時保持關注的壓力也得到一些舒緩，當你需要做其他事情時，他可以獨立自己玩，並再次成為家裡燦爛的陽光。遺憾的是，這種相對來說平和安靜的好時光維持不了太久，這只是下次風暴來臨之前的暫歇期。成長是一件辛苦的事呀！

本書特色、使用重點提示

書裡描述了寶寶眼中的世界，以及他如何去意識到圍繞在他身邊全新的感官感受。這也讓你了解一件事：寶寶和成人對於世界的認知是如此不同，真的讓人大開眼界！

💡 了解寶寶飛躍式進步前後的變化

書中主要會說明寶寶頭二年中 10 次神奇的向前飛躍期。每一章都是由不同的飛躍期建構而成，內含所需的各種資訊。你可以從前一個飛躍期中重新組織，因為發育是建立在知識與經驗上的。

每一章的內容有：

❀ 進入難以取悅的階段，飛躍開始的標誌：

重點描述將要發生在寶寶身上的發育飛躍。其他家長針對難帶養期的回憶敘述，在經歷難帶期時，能讓你產生共鳴，獲得心理的支持。

你會發現一張飛躍的徵兆表，羅列寶寶正在改變中的習慣、特性、情緒及徵兆，這是讓你知道飛躍期已經開始的方式。檢查看看，代表寶寶就要經歷重

大變化的徵兆中，你注意到了哪些？你或許會在他的行為中找到一個模式。不過，別讓檢查表成為你的壓力來源，上面列的是你可能會觀察到的變化，不是他應該會遇到的重大里程事件。

✿ 寶寶的新世界：

描述各項寶寶透過大腦變化取得的新技能，請閱讀其中的資訊並加以吸收。雖說沒有人能確實知道，但是研究顯示，寶寶經歷世界的方式和成年人有天壤之別。如果你對於即將要發生在寶寶身上的事感到好奇，想知道他看、聽及感受到什麼？那麼不妨藉由這個主題來模擬特定飛躍期中的情況與活動。

✿ 神奇的飛躍，發現新世界：

該年齡的寶寶覺得有趣的新技能和事情，或者可能會去做的事。了解寶寶將要發現的世界是很重要的，這樣你才能幫助並引領他，當你勾選完每章所附的表單、檢視完寶寶的行為模式和喜好之後，你就會發現寶寶正在發展中的獨特個性，你可以加進自己的發現或看法。

不要心存期待，或把你家寶寶和別人的寶寶相比，每一個寶寶都是獨一無二又特別的，他可能不會揮手再見，但卻能理解你要他拍手的要求。

✿ 隨和期，飛躍之後：

寶寶又再次變得隨和、獨立，又愉快起來。不過，請記得一個道理，不是每次飛躍後，太陽都會燦爛照耀，閱讀收錄書中的其他父母語錄，你就會明白這些紀錄讀起來不僅有趣，還會讓你產生似曾相識的感覺，尤其是在最後的兩次飛躍期期間，這些內容可以幫助你更加了解如何觀察寶寶。

💡 了解寶寶帶來育兒信心

✿ 在困擾時提供支援：

閱讀本書可以讓你明白，你不是孤立無援，例如：寶寶會哭一定有原因，難帶養期不會持續太多週，有時候甚至只會出現幾天。當其他的寶寶在你家寶寶這個年紀時，他們的父母也經歷過焦慮、憤怒以及各種情緒，這些感受都是過程的一部分，可以幫助你的寶寶進步。

✿ 為父母帶來信心：

你會了解擔心、挫折和歡喜等情緒都是必要的，這些都是寶寶進步過程的驅動力。你也會被說服，身為父母，你比任何人更加了解自己的寶寶需要什麼？其他人都無法告訴你，你就是你家寶寶的專家，是相關事情上的權威。

POINT 透過寶寶的眼睛經歷世界

每一個章節裡都包含特別為父母打造的活動。我們知道你手上事情滿滿，可能不想去做感覺有點傻的事，不過還是請你試著找出時間來，因為你如果能親身經歷，就能真正了解這個新世界對你的寶寶造成什麼影響。

✿ 使父母更了解寶寶：

幫助你了解寶寶在難帶養期要忍受哪些困難？大腦的變化讓他感到難受，這也說明他在即將學習新技能時會感到辛苦；一旦認知到這點，你在面對寶寶的難纏行為時就不會那麼在意，也會減少幾分不滿，幫助你們順利的度過難帶養階段。

✿ 幫助寶寶遊戲和學習的提示：

每一次的難帶期後，寶寶都可以學到新技能，如果能得到你的幫助，他就可以學得更快、更輕鬆，也更有趣。書中提供了不少遊戲、活動和玩具的點子，你可以從中選擇最適合你的來使用。

✿ 寶寶獨一無二的紀錄：

你可以透過本書的表格來追蹤寶寶的難帶養期和進步。你只要花幾分鐘就能填好每一次的紀錄表，但這份紀錄卻能讓你以獨有的方式，對於寶寶在人生頭二十個月的個性、特質和喜好有深入的了解。

💡 從我們到你

我們團隊很希望本書能回答你對於寶寶心智發展上相關的所有問題。如果你還有任何問題想諮詢、想回饋，或是寄寶寶的照片來讓我們欣賞，請盡情這麼做吧！請上 www.thewonder weeks.com，這個方便的工具可以在飛躍來臨前的一週寄通知給你，這樣你就能在飛躍發生前先閱讀到相關的資訊了！

為人父母的福氣與壓力

　　為人父母是世界上最美好的經驗。你很有福氣，有了最漂亮的小傢伙，而你心中也湧出一種新的愛意，這是之前從未感受過或是付出過的。你要對懷抱中的這個生命負責，你要幫助他，帶領他走過童年，一直到很久的後來。

　　你和伴侶的關係也晉升到一個新的層級：現在你們透過一個共同的孩子永久結合在一起了，你們的關係彷彿重生了，但是無論生活多麼美好，改變總是伴隨著壓力。擁有寶寶是一件大事，不過這句話低估了困難，和一個新生命一起生活有如坐雲霄飛車，福氣伴隨著壓力，這是非常自然的過程。

你該知道的事

　　壓力很正常，它可以讓你更有自覺，你已經當了父母，對寶寶即將經歷的改變也更能接受與包容。

　　在寶寶出生後，不是只有女性才會感受到壓力，男性也會！遺憾的是，產後以及壓力相關的病症，若發生在男性上通常不會被發現，或是根本不知道。

- ✔ 有了寶寶，發生壓力相關疾病的機率也會提高。

- ✔ 覺得有壓力不是軟弱的象徵，只是賀爾蒙作祟。

- ✔ 無論你夢想有個孩子多久了，他一旦出生，你還是會有應變不及的感覺，好像孩子突然出現了，一切都發生得好快！

從良性壓力到惡性壓力

　　所有的父母都會經歷某種壓力，這並非意味著你會不快樂、焦慮或抑鬱，但如果這種壓力開始倒過來影響你、你的家人甚至你的健康，那麼就變成問題了。

壓力可以分成三種形式：

壓力的三種形式

產後
親職壓力　　　我們都會經歷

產後
焦慮　　　根據研究，五人之中，有一人
會經歷這種情況

產後
憂鬱症　　　最極端的形式，但是最少出現

💡 產後親職壓力

壓力有其作用，公道的說，完全沒有壓力的生活是不存在的。身為新手父母，你的壓力層級將攀到頂峰，這種壓力稱為產後親職壓力（Postpartum Parental Stress）。你的生活中發生了許多改變——真的什麼都改變了，而且還伴隨著擔憂、焦慮，以及壓力；但只要壓力還在可控範圍，就不會產生太大的問題。

不過，你還是得面對，自己得要經歷一段壓力期這件事，這樣才能避免被壓力控制，並對生活產生負面影響。

科學家湯瑪士‧何曼斯（Thomas Holmes）及李察‧瑞何（Richard Rahe），對於引發壓力的一系列生活事件進行研究。研究顯示，有些生活事件引起的壓力會比其他事件來得高。如果將表單上的事件分數加總起來，總分低於 150 分，表示狀況還不錯，得到壓力相關病症的機率很低；但若總分高於 150 分，機率就提高了。

分數愈高，就愈可能遭受壓力之苦。下面壓力評估表上所列的生活事件很全面，是身為父母都可能會遇到的。請看一下：

懷孕	40 分
歡迎一位新的家庭成員	39 分
財務狀況改變	38 分
換工作	36 分
發生意見不和的次數變得更頻繁	35 分
和姻親處得不好	29 分
工作上的職責改變	29 分
配偶停止或開始工作	26 分
個人習慣改變	24 分
工作時間或狀況改變	20 分
搬家	20 分
社交活動發生變化	19 分
抵押或小額貸款	17 分
睡眠習慣改變	16 分
飲食習慣改變	15 分
總分	403 分

新手媽媽

將過去六個月發生在生活中的事件加總起來，檢視在壓力評分表上的總分為何？例如：有三個月大的寶寶的女性重返工作崗位，和懷孕前相比，她的工作時數變少、晚間的睡眠也沒有以前深沈，加上為了修繕嬰兒房申請了小額貸款。這是非常正常又典型的情況，但把所有的事件加總起來，總分達到179。

懷孕	40 分
歡迎新的家庭成員	39 分
財務狀況改變	38 分
工作上的職責改變	29 分
抵押或小額貸款	17 分
睡眠習慣改變	16 分
總分	179 分

新手爸爸

別把男性給忘記了！壓力遽增的不是只有新手媽媽，新手爸爸也會，他的生活同樣也發生了巨大變化。想像一下，他在四個月之前成為了父親，夫妻都同意，產後太太要減少工作時數，甚至停止工作；他肩膀上的財務壓力更重了，甚至全壓在他身上。

從懷孕期間起，他和太太發生意見不和的次數比從前多。他們之前沒有實質問題，不過受到賀爾蒙的影響，兩人之間說話的次數減少。他是新時代的父親，所以夜裡他也可以照顧寶寶。這些情況加總起來，他的分數也到了 154 分。

歡迎新的家庭成員	39 分
財務狀況改變	38 分
發生意見不和的次數變得更頻繁	35 分
配偶停止或開始工作	26 分
睡眠習慣改變	16 分
總分	154 分

如你所見，有了孩子以後，生活中的一切都隨之改變了，這些都會導致壓力，所以要達到 150 分是很簡單的。案例中的每一個新事件都會使風險提高，讓事情變得難以應付。

小 提 示 照護與壓力區重疊

　　你知道嗎？大腦中負責母性照護與影響壓力的部分重疊，當母性照護區被啟動，壓力區自然也會打開。

　　別忘記，雖然你們是新手爸媽，但是日子還是得過，當然我們不能保證，寶寶出生後，生活中不會發生一些讓你壓力更沈重的事，像是家中的成員生病、有人過世，或是財務困難等。有了寶寶之後，就算上述狀況只出現一件，都可能讓壓力指數破表。

　　得分的高低只是讓你知道，你得到壓力相關問題的高低。有些人即使壓力評分表上的數字高達 200，身心還是可以運作得非常好。原因在於，每個人處理壓力的方式不相同，有些擅長處理壓力，有些則是擁有強大的支援網，更有些不受賀爾蒙改變的影響。

✿ 就算你沒有壓力

　　壓力評估表不是用來把生活裡的光明嚇走的。相反地，是要讓你知道：

✅ 你將要經歷、去做以及管理一個需要極大本領的事情。

✅ 之後經常會遇到一些情況，產生壓力是非常正常的事。

✅ 擁有孩子的父母在某些時間點上都會遭遇困難，你無法只看到光明面。

✅ 你時不時需要寵自己，為自己保留一些時間，因為你值得。

> 生活上的改變需要努力才能適應，之後還要努力才能重新得到並取得穩定。
>
> —Instagram 網頁

寶寶在成長發育過程中經歷的每一次飛躍期都不輕鬆，不僅會影響他自己，同時也會影響你及家人。我們團隊撰寫這本書的目的是要讓父母安心，讓父母在寶寶成長時，能深入了解自己的心理變化，並了解寶寶為什麼在某些特定的階段會特別生氣難過。

希望本書能幫助父母減少心中的懷疑與憂慮，雖然無法完全消除伴隨飛躍而來的壓力（也沒想要完全消除）。但壓力是生活和為人父母的一部分，可以塑造你，讓你更加警醒，更能接受寶寶即將經歷的種種改變。

無論如何，我們能做的就是伸手相助，透過提醒讓你知道，替自己留一些時間的重要性，並提供建議讓你知道在這 5 分鐘、10 分鐘以及較長的「靜心時刻」裡要怎麼做。雖然裡面提的都是一些簡單的事，只要做了，你就能靜下心來調整心態，帶領你離開有如雲霄飛車般劇烈起伏的大小事件與情緒，幫助你重新取得平衡、獲得片刻的寧靜。

只要將這些常態性的靜心時刻整合至日常生活後，身體就有時間自我調適、進行整合與休息，對於減壓幫助極大！

放鬆心情的好點子

下面有一張表列的簡單建議，可以用來紓解飛躍期可能引發的壓力。不過，這些靜心時刻可以隨意運用，之前試過覺得有用的可以重複再使用，你也可以自行設計。

閱讀、投籃、美甲，或做任何你想做的事情，只要能利用短暫的零碎時間讓自己停下來，重新調整立刻恢復狀態就好。你應該花一些時間在自己身上，好好享受這些靜心時刻，你值得。

⏰ **喝茶時間：**

花草茶或其他能讓你放鬆的飲料都行，只要能讓你坐下放鬆就好。不要趕時間、不要喝刺激性的飲品，如咖啡、含咖啡因的茶、能量飲品等。

⏰ 冥想：

冥想可以幫助你控制驚慌、減緩心跳、管理不安的情緒。未必適合所有人，但是即使是最接地氣、務實的人也可以找到適合的方式。冥想可以學到呼吸技巧及讓心神重新恢復狀態的方法；即使只是短短幾分鐘也會立刻感覺精神更好、更機敏。許多手機應用程式都能告訴你，如何將冥想整合成每天的例行公事。簡單的做法是：坐著，眼神放空，或是凝望著某樣物品，如植物。

⏰ 回想：

你有很多很美妙的新經驗啊！在你意識到之前，你家寶貝就好幾個月大了，回味這些生活經驗及其帶來的歡喜並充分理解是很重要的，如你的身體曾經做到的神奇之事；又或者你家寶寶帶給你們的驚喜。用短暫的時間和寶寶一起坐在沙發上，回憶彼此一起度過的美妙時光吧！

⏰ 正念療法（mindfulness）：

將注意力專注在呼吸上以轉移焦慮，是極有效的方式。基本運用是：專注於當下情況，如舒服的坐著，專注於緩慢的呼吸或是當前發生的事上。

小 提 示 **每日靜心三次，壓力不壓身！**

試著把靜心時刻整合到每日的生活裡，早上、下午、晚上，各找一個適合你的事情做。寶寶在睡覺或是很安靜時，不代表你必須去刺激他們，或是趕快完成待辦事項。花時間嘗試對自己好的事情吧！你好，才能幫助寶寶更好，這麼做非但不自私，恰好相反，父母在寶寶出生後自然會「把速度慢下來」，這是配合寶寶步調的一種方式，一種重要、自然的親子相處模式，所以順著這個方向走吧！

⏰ 腹式呼吸以及發聲吐納：

人每天都在呼吸，故而將之視為理所當然，很少花時間專注在呼吸上。做法是：先確定寶寶已經安置在安全的地方，這樣才不必分心觀看寶寶的狀況。接著安靜的坐下來，閉上眼睛，專注在呼吸上，深深的吸氣、吐氣十次，讓心跳緩和下來。專注於深層呼吸上，其他什麼都別想。

此外，「發聲吐納」（breath-FS）的效果更佳。這個練習根據的道理是：吸氣類似於把壓力加諸於身上（如舉起重物時，是屏住呼吸的）；而呼氣則是把壓力釋放出來（如害怕時會屏住呼吸，但放鬆後又會開始再次呼吸）。

做法：吐氣的時發出「呼呼呼呼呼」的聲音，待完全吐出後，再發出「嘶嘶嘶嘶嘶」的聲音，透過上述方式，吐氣時會比平常更加深沉。進行十次發聲吐納法，將最多的壓力透過呼吸吐納排除出來，會感覺比之前輕鬆。

⏰ 聽音樂：

很多古典音樂都能使人放鬆，就算與你的品味不合也請試著聽一至兩首，莫扎特的作品在這方面效果特別好。

⏰ 跳舞：

放一首自己喜歡的音樂，在客廳翩翩起舞。音樂和舞蹈都是最好的紓壓管道，讓你感覺真正放下壓力，享受當下的時刻；甚至還能把寶寶抱在懷裡一起跳舞！

⏰ 鬆散：

有的人發現，做一些不需要用腦，或是只花一點腦筋的簡單工作可以讓人放鬆，簡單但效果很好。做的時候不要急，單純享受簡單的喜悅就好。

⏰ 簡單運動：

在現代繁忙的生活方式下，運動量不足已經是陳腔濫調了，但對許多人來說並非如此。現在運動已經被當作輕微憂鬱症和焦慮症的處方療法，對許多人來說，簡單的散步就有放鬆效果；再重複一次，這是最自然、簡單又有活力的方式呀！

⏰ 鄉間散步：

放鬆是非常重要的事，散步可以讓人心情平靜，特別是在鄉間，短暫散步可以補充氧氣，自己一個人或是和寶寶、家人一起都行，15分鐘通常就足以讓你體內氧氣增加。吸塵器、家務都可以稍後再做，把你視為第一優先才是要務。

⏰ 訂優先順序：

忙得無法考慮到自己，這跟大多數父母的反應一樣。老實承認吧！這只是優先順序的問題！沒有什麼比你和你的健康更重要，寶寶和家人都要依賴你的健康，所以花些時間讓自己靜下心來吧！設定優先順序未必代表你就得把事情排除在外，只是先做最重要的事罷了，如果你固執認為，實在沒辦法騰出時間給自己，讓自己擁有安靜的片刻，那麼給自己一個挑戰：把那些比保留時間給自己更重要的事都列出來，接著問自己：這些事真的比我重要嗎？

⏰ 休長假：

通常在適當後援的協助下，你和伴侶可以照顧自己，而其他親友也能以適合的方式來協助你們。請記住，孩子不是單單由父母帶大的，有人說過，「一個村莊養一個孩子。」孩子是被村裡的人一起帶大的，從出生就如此。

如果只是短時間內由其他人來照料，大部分的寶寶會感到高興，但這個人必須是寶寶熟識、獲得你「認證」的人。通常是祖父母／外祖父母、其他親友，是能夠先花時間，和你及寶寶相處的人，這樣寶寶才能看到你對那個人的信任，特別是當寶寶 6 個月大，產生陌生人焦慮後。

寶寶出生時本就應該要有一至兩個主要照顧者，及幾個臨時顧者，以提供短期照料，這是自然的事。如果能取得後援，你就能適當休息，照顧好自己的身心靈。

重新充電的好點子

不過要有心理準備，無論你對其他人如何信任，要離開寶寶身邊是困難的事。如果你偷閒了，要做什麼呢？你可能有張長長的待辦清單，不過真的得空了，你反而可能會不斷想著寶寶。在這裡，我們提供一些能幫助你放鬆，讓你重新充電的好建議。

⏰ 聊天：

單是和另一半聊一聊寶寶，對於回想就有幫助，而且還能產生分享的感覺，能鞏固記憶。有時夫妻關係在努力照顧寶寶時被忽略了，花些時間單獨和你的伴侶在一起，這對維持親密關係是很重要的，對寶寶也有好處。

⏰ 運動：

運動可以幫助放鬆。有些人喜歡團體運動，有些人則偏愛個人運動或一對一運動，無論你偏好哪種運動都能讓你放鬆。提醒自己，在以寶寶為中心的育兒期撥點時間好好愛自己，才能再次專注在寶寶身上。

⏰ 按摩：

按摩讓肌膚感到舒服，讓你有安穩的感覺。當然了，能找一位優秀的按摩師，幫你從頭到腳好好放鬆治療是最好的。不過，如果這麼做太奢侈，你也可以自己按摩，將雙手十指張開，放在頭上，閉上眼睛放鬆，輕輕按摩，你也可以按摩腳底和腳踝。「腳是讓我們接觸實地並平靜下來的關鍵。」這句知名的諺語就是提醒我們按摩腳的重要性。

💡 產後焦慮

我們希望「靜心時刻」能幫助你在壓力極大的時期找回幾分平靜。不過，無論如何，你應該明白，正常的焦慮和壓力有時候也會以更極端的方式影響身體運作。當你聽到五個女性中就有一個會經歷焦慮時或許不會太驚訝，因為擁有寶寶本身就是一件測試壓力極限的事。況且產後焦慮還不是一種能簡單討論的事，發生時也不容易察覺，很難和為人父母承受的一般壓力與擔憂進行區分。

在某些時間點，幾乎所有的父母都會擔心抱寶寶下樓梯時，會不小心失手將孩子摔下去，所以你要如何區分正常的焦慮以及因產後焦慮產生的不理性恐懼呢？況且正常、可忍受的壓力，以及壓力過高之間並無嚴格的界線啊！

❀ 產後焦慮的特徵

不斷或經常出現擔心的想法，擔心在某個程度上，控制了你的思緒。

有時候會一陣驚慌，突然之間被焦慮或害怕的感覺擊倒，有時甚至強烈到控制你的心神，甚至身體。

✅ 一直覺得很不安、容易生氣、急躁。

✅ 有睡眠問題，有時候就算寶寶沒哭，你也經常醒來。

✅ 自覺身體有壓力，感到胸悶、肌肉緊繃、胃絞痛，或是反胃想吐。

如果你發覺自己充斥著不安與焦慮，這些感覺似乎就要強勢占據上風，那麼放心吧！通常沒什麼好怕的，擔心自己不小心會傷害到寶寶的父母一般都會小心，反而不會發生這樣的事。

另一個讓你放心的事實是：許多父母都有過這種感受。正如稍早曾提及的，研究顯示，五個女性中約有一人，而男性則約十人中有一人，會經歷某些形式的產後焦慮或產後憂鬱。因為你們雙方都正在經歷重大的改變，現代男性在育兒方面和女性一樣承擔很多，所以會有相同的經歷，別忘了男性也會有情緒、感到懷疑及覺得有壓力。

如果你覺得焦慮大到無法控制、很難應付,那麼就要尋求幫助。你需要支援,你的寶寶和伴侶只有在你感覺好時,才能受惠。及早尋求幫助,就能盡早清除腦海中的負面想法;愈是忍耐,不去面對,情況就愈糟糕。

一定要尋求協助,不要不好意思,像是:和親友談一談你的感受,明白告訴他們,你現在感覺不是一般的焦慮,需要支援;諮詢專業醫師的建議,或在線上親子社團匿名求助都有幫助。

產後憂鬱症

有時焦慮和壓力的狀況變得嚴重後就是產後憂鬱症了,即原本偶爾出現的關切和擔憂變成了常態,且一發不可收拾。產後憂鬱症和可能發生於人生任何一個階段的憂鬱症類似,它的特徵是:

- ✅ 心情低落消沈。
- ✅ 覺得內心空虛或死去。
- ✅ 太過敏感、易怒、侵略性強。
- ✅ 缺乏自信,感覺很無助。

- ✅ 愛哭。
- ✅ 對寶寶沒興趣,甚至討厭寶寶。
- ✅ 容易煩躁苦惱。

產後憂鬱症也可能伴隨產後焦慮一起出現,不過不是所有的醫師和科學家都同意使用「產後」一詞。有些人主張,產後憂鬱症和其他憂鬱症之間的基本差異在於賀爾蒙,因此「產後」一詞只適用於女性;有些人則認為,男性在伴侶懷孕期間如果積極參與,那麼在寶寶出生之初,睪丸激素濃度就會降低,故也會受到產後憂鬱症的影響。

另外一些人則表示,產後憂鬱症未必與賀爾蒙有關,因為領養孩子的父母也可能出現這種問題。無論決定冠以哪種名稱或理由,許多父母的確會感到憂鬱。如果你患上憂鬱症,應該要尋求專業人士的協助,並盡可能照顧好自己。

小 提 示 **最重要的提醒！**

　　你的生活正在發生變化！生完孩子之後，一切都不會跟從前一樣了，沒道理假裝，你不過是拖個小傢伙，還能過上以前沒煩惱的日子。生活不是這樣運行的！請接受你的生活已經發生改變，你必須適應新的情勢，你們夫妻倆人都必須重新探索生活，讓生活再次變回屬於你們的日子。

　　你會發現，你沒有多餘的時間做過去習慣的事，寶寶來臨後，你已經不能隨時出門了。現在出門，你最少得花上十分鐘打包收拾寶寶的物品，然後再檢查有沒有遺漏什麼？你絕對不是第一個或最後一個剛踏出家門，就聞到尿布飄來一股異味的父母。生活不一樣了，這是一種福氣，不過老實說吧！你必須花時間習慣每一個剛降臨到你身上的福氣。

新生寶寶：歡迎來到這世界

　　觀察新手爸媽初次抱寶寶時的樣子，大概都會遵循一種特定的模式。首先，用指尖插入寶寶的頭髮裡，再用一根手指繞著頭部四周，輕撫寶寶的臉。接著觸摸寶寶的指甲、手指和腳趾頭後，再慢慢朝身體的中央移動，順著手臂、腿和脖子，最後撫觸肚子和胸膛。

　　通常新手爸媽碰觸新生兒的方式會非常類似。新手爸媽用指尖碰觸嬰兒時，一舉一動都非常溫柔，緩慢但確定；待覺得放心後，就會用上所有的手指，有時候還會捏捏寶寶，最後則會用手掌心來碰觸寶寶。當新手爸媽終於敢抱住寶寶時會非常開心，可能還會發出驚嘆，認為這真是個奇蹟，自己居然生出了這麼珍貴的小東西。

　　撫觸寶寶的過程愈早愈好，不過，如果新生寶寶還沒準備好立刻要讓人抱，那也別擔心！有時候你會基於醫療上的理由而延遲，但這並不表示你就無法用同樣的方式撫觸新生兒；無論什麼時候第一次抱寶寶，對你來說，都將是人生中最特別的時刻。

在第一次與寶寶相遇後，父母就不會再害怕把寶寶抱起來、翻來覆去檢視或是放下，父母將會了解小傢伙被碰觸時的感覺。每個寶寶的外表和感覺都不同，去抱抱別人家的寶寶，你會發現，那個經驗陌生又奇怪，你變得太習慣於自己的寶寶，所以忘記所有寶寶都不同，得花個幾分鐘才能習慣。

儘早開始接手照顧寶寶

如同前面所說，你絕對不會忘記最初和寶寶相處的那些時刻、那些日子，這些會在你心中留下深刻的印象，對維繫日後親子關係有深遠的影響。這是屬於你的時間，你的嶄新家庭，如果你想要親近寶寶，或者想要和寶寶單獨相處一段時間，一定要說出來。由你決定要多常把寶寶抱起來，摟在懷裡。除非有醫療上的考量，否則就別擔心別人口中的「應該要怎麼做」之類的社交規矩，或是太聽信別人的意見。

認識並了解你的寶寶

身為一個媽媽，你和寶寶之間是糾纏不清的。一方面，你早就認識他了，畢竟在妊娠九個月裡，他一直和你在一起；不過一旦出生後就不一樣了，事實上，是完全不一樣了。你第一次看到寶寶，而你的寶寶也發現自己身處在一個全新的環境裡，你在新生寶貝上尋找熟悉的特質，那些在你肚子裡時你就習慣的特質。

當女兒被別人抱來抱去，抱在懷中時，我的占有慾發作得厲害，但我一直沒說，真希望當時我有說出來。

蘿拉／新生兒

生第一個孩子時，我很在意別人的看法，所以常不能堅持以我想要的方式哺餵寶寶。現在一切都改變了，這是我的寶寶、我的奶水、我自己的家，我要以什麼方式餵養，我說了算。

維多莉亞／新生兒

我對兒子的占有慾變得很強，很不喜歡別人常抱他，或抱得太久。他在別人抱時哭，但只要抱回我懷裡就不哭了，讓我偷偷地開心呢！

凱文／新生兒

兒子只要突然聽到噪音或見到光，呼吸就會改變。我初次注意到這不規則的呼吸時，真的非常在意。不過後來就發現，他只是對聲音和光線做出反應而已。現在我完全不擔心了，能看著他的呼吸變化是很美妙的事。

鮑勃／新生兒

📖 **增加知識**

· 大部分的媽媽在產後的幾個鐘頭,都會覺得與新兒生非常親近,但是這個經驗有可能會強烈到受不了。這種親近感也可能是漸進的,不過就算如此,媽媽對於新生兒當下的需求還是非常了解的。

· 如果在寶寶出生後的幾個小時內爸爸就能抱他,那麼就能建立牢固的親子聯繫。

· 大多數的寶寶在這段期間都會非常清醒,他們對周遭環境是有知覺的,會轉向聲音安靜的方向,也會把視線放在剛好出現在他們上方晃動的臉孔上。

在寶寶出生後的頭幾天看他的臉、聽他的聲音、聞他身上的味道以及觸摸他,對於日後的親子關係有極大的影響。大多數的父母,不必別人說,只要依直覺就會明白這些親密時刻有多麼重要。

父母想體驗和寶寶相關的所有事,例如:睡覺的模樣、呼吸的聲音,光是看著就能感到喜悅。父母也想隨時在寶寶身邊、撫摸他、擁抱他,隨時聞他身上的味道。

大多數的媽媽都會想驗證孕期的經驗,例如:寶寶是否如期待中的一樣,是個性溫和的人?是否和在肚子裡時一樣,會在固定的時間踢腳?是否認得出爸爸的聲音?和爸爸之間有特殊的聯繫嗎?父母會想「測試」寶寶的胎內記憶,並想了解怎麼做才是最好的方式?

大部分的父母想多了解自己的孩子,也想知道該如何照顧孩子?父母喜歡別人的建議,但是不要規矩和規定。當父母搞懂寶寶的喜好和厭惡,就會感到高興,因為這表示他們了解、懂得如何照顧自己的孩子,使他們有自信,相信當新生兒從醫院返家時,自己就可以妥善應付並照顧寶寶。

請牢記

在寶寶心情好時給予他擁抱、安撫、撫觸、按摩,這是發現哪一種方式最適合、最能讓他放鬆的好時機;當你知道寶寶喜歡什麼,之後他不高興或難過時,你就能使出這些法子來安撫他。如果你只在寶寶情緒不好的時給予擁抱、安撫、撫觸、按摩,那麼這些方式日後可能只會讓他哭得更久、更大聲。

💡 寶寶認開始識和了解你

出生之後的最初幾週，寶寶開始慢慢熟悉四周的世界。在這段時間，你和寶寶會比世界的其他人更能親密的認識彼此。你的寶寶很快就要開始心智發展上的第一次飛躍了。

在你還沒理解寶寶在預產期的 5 週後將經歷什麼，寶寶就開始第一次的飛躍了！你必須先知道寶寶感知世界的方式，以及身體接觸在感知世界中扮演什麼角色。

> 我發現了一種遊戲，名為「永不睡覺」。遊戲的步驟就是：生個孩子，就這樣，就是這樣而已。承認吧！這真的不是什麼太好玩的遊戲。
>
> ——Instagram 網頁

寶寶的新世界

從出生的那一刻起，寶寶就對周圍的世界充滿興趣，他會看、聽四周的環境。他會非常努力讓眼睛聚焦，這也正是為什麼寶寶常常一副鬥雞眼的模樣，因為他想看得清楚一些，有時候，還會因為太過用力、用盡力氣而顫抖或氣喘吁吁。父母常說，寶寶看人時好像都用瞪的，經常興趣高昂到看呆。事實上，的確如此。

寶寶的記憶力絕佳，能很快認出不同的人、聲音，甚至玩具，當然也能夠辨識特定的時間，像是洗澡、擁抱或是餵奶時間！

即使在出生不久，新生寶寶也能模仿面部表情，在成人坐著和他說話或是在出聲叫喊時，試著學習伸舌頭或張大嘴巴，所以和寶寶說話時，請讓他看著你，並給他足夠的反應時間。幼小的寶寶會使用肢體語言試圖「告訴」父母他的感受，如高興、生氣或是驚訝；也會清楚的表達想被了解的立場，如果你不了解，他就會生氣的哭泣或是啜泣，一副心碎的模樣。

新生寶寶已經有了偏好，大部分喜歡看人而不是玩具；他對於鼓勵的反應很快，喜歡被人稱讚，如皮膚上的奶香味、身體的可愛舉動。你會發現，如果在他面前展示兩件玩具，他會將眼睛停駐在其中一個上，表示喜愛；如果用好聽話大力讚美，他的興趣可以維持更久。

新生寶寶已經可以看、聽、聞、品嚐，以及感覺很多不同的事物，他可以記住感官帶來的各種感覺；但這些感覺和長大一點後的經歷會非常不同。

增加知識

寶寶的睡眠

英文的睡眠或睡覺（sleep）只有短短的五個英文字母，不過，當有了孩子後，你就會注意到睡覺對於生活的影響有多重大。我們團隊每天從全世界各地收到好幾百封爸媽寄來的信，內容大多數都和睡眠有關，或乾脆說，和寶寶不睡覺、睡得不夠，或是無法好好睡覺相關。爸媽和大小孩都會注意到：寶寶來到家裡後，全家的睡眠模式都受到干擾。

新手父母當然希望有個神奇的公式可以讓寶寶夜晚好好入睡，或是有個作息表讓你按表操課。不過，讓你失望了，根本沒有這樣的妙方！這麼說，不是要讓你覺得挫敗，而是要提醒你，如果要追求寶寶最大的福祉，那就得犧牲自己的舒適。

原因如下：

★ **寶寶的睡眠需求和成人不同。**寶寶的睡眠需求和週期與成人如同水與火，完全無法交融。

★ **簡單快速的對應方式，長遠來看，幾乎都不是什麼好的解決方式。**

★ **環境中的平均睡眠時數在寶寶身上代表不了什麼。**

讀了上述的話，你可能會覺得頭上被澆了一盆冷水，別擔心，還是有希望的，我們團隊有很多好消息要跟你分享。我們希望能讓你深入了解這種具有挑戰性，但讓寶寶漂亮又健康的睡眠模式。我們會分享一些訣竅，只要寶寶能接受，你就可以把寶寶的睡眠模式定下來。不過，我們真正想傳遞的是，尊重睡眠過程自然發展的重要性，不應強硬介入。

下一章，我們會把重點放在睡眠與飛躍間的相關性上，讓你深入了解寶寶的睡眠發展。有了這分資訊，你就能幫寶寶、自己和家人做出正確的選擇。

新生寶寶的感官世界

寶寶將世界和自己視為一個整體

寶寶無法和大人一樣，把所有從感官送到大腦的印象都加以處理，而是以寶寶的方式來經歷這個世界。大人藉由嗅覺、觸覺及聽覺，及蜜蜂朝著花朵嗡嗡的發出聲音，來感受花朵散發出的芬芳與花瓣的柔軟，並能區別這些感受的不同、來自何處。

而寶寶經歷世界的方式有如感官的大雜匯，當單一元素發生改變時，產生的改變就會非常大，他能夠接受這些不同，但無法加以區分，並且無法了解世界是由個別感官送來的訊號所組成，而每種感官傳遞的只是單一方面的訊息。

寶寶無法區分感官感受是來自於自己身體內部還是外在，他會假設其他的人和其他的事感覺起來就和他自己身體感覺的一樣。如果寶寶感到饑餓、溫暖、

POINT

寶寶也會無聊！

你的寶寶還無法自娛。活潑而情緒多變的寶寶只要清醒，就特別會想要有某些動作，這不是什麼秘密。以下是一些讓寶寶保持興趣的方式：

試著了解寶寶喜歡什麼？和他一起在家中進行探索，給他機會看、聽、聞並觸摸他感興趣的事物；在探索時，同時向他說明，不管說什麼，寶寶都會很高興聽到你的聲音。他很快就能開始自己辨認物品。

☑ 安靜的聊天。寶寶喜歡聽你的聲音。雖然寶寶一次只聽一種聲音時，能夠分辨出聲音間的不同，不過當聲音同時出現時，他們就無法分辨了。因此若說話時背景卻在播放手機音樂或影片，他就很難專注在你的聲音上。

☑ 把有趣的玩具放在寶寶清醒時方便看到的地方。這個年紀的寶寶還無法自行尋找，所以對他來說，看不到就不上心。

☑ 試試不同的音樂。找出他最喜歡的音樂，播放給他聽，這對安撫他的效果可能會很好。

尿濕、疲累或快樂，那麼這個世界也一樣。對他來說，這個世界就是大型的氣味、聲音、擁抱的感官感受器。

因為寶寶是用這種方式來感知世界的，所以經常很難釐清他哭的理由是內在或外在，在面對這種兩難情況時，父母可能會分心並導致失去育兒自信。

💡 寶寶與生俱來的能力

如果成人想以嬰兒的方式來經歷世界，那麼就不能有獨立的行為，像是：有手可以抓東西、有嘴巴可以吸吮等，只有了解這些自主性反應，才能帶著目的地去體驗。不過，這並不代表新生兒就完全無法對世界做出回應。很幸運的，寶寶天生就有好幾項天賦，可以補足這些「短處」以幫助他在初期階段存活下去。

❀ 反射動作告知該有的反應

寶寶天生有幾個反射動作可以維持自身的安全。例如：當新生兒臉朝下時，會自動把頭偏向一側以讓呼吸順暢。某方面來說，反射動作類似於提線木偶在繩子被拉動時產生的反應，不需先停下來思索，該不該轉頭？動作就直接發生了。當寶寶學會思考並反應時，反射動作就會消失，這是一個完美的系統。

不過，最好不要把寶寶以臉朝下的方式放著就離開，特別是在新生兒時期，應將寶寶橫放在膝上，或貼在胸前，享受他舒服安置的樣子。

新生兒也會將頭朝聲音轉動，這個反射動作是為了確保寶寶會把注意力轉移到最感興趣的事物上，並在出生 1～2 月後消失。有很長一段時間，醫生過度看待這個反應，因為新生兒對聲音的反應是會延遲的，聽到聲音後大概要 5 到 7 秒才會開始移動頭，然後再 3 到 4 秒才會完成移動的動作。

再來是吸吮反射，肚子餓時只要接觸到任何東西，寶寶的嘴自然就會靠上去圈住，然後開始吸吮。這個反射動作給了寶寶無比強大的吸吮能力，待長大些不需要吸吮時，這個反射動作就會消失。

此外，還有抓握反射，只要摸摸寶寶的手掌心，他就會自動抓住你的手指；如果對寶寶的腳趾頭做相同的動作，也會有相同的結果。這個反射可以追溯到史前時代，因為原始人全身覆滿濃密的毛髮，擁有抓握反射，嬰兒才能在出生後極短的時間內就攀附在媽媽的毛髮上。出生後的頭兩個月寶寶會經常用到這個反射，特別是當他意識到你想把他放下來，而他還很想跟你待在一起時！

在受到驚嚇時，寶寶還會出現莫羅氏反射（Moro reflex），即驚嚇反射。寶寶的背部會弓起來，頭往後仰，揮舞雙手並踢腿，先往外再往內，接著在胸腹之前交叉，看起來像是在跌落時想抓住東西的模樣。

這些反射動作在自主性反應出現後就會被取代而消失。不過，還是有一些自動性的反射動作一生都會留下來，像是：呼吸、打噴嚏、咳嗽、眨眼，以及遇到熱燙的表面就會縮手。

增加知識

寶寶的感官

★ 寶寶看到什麼？

過去科學家和醫師認為新生兒是無法看清事物的，但這並非事實。新生寶寶看得一清二楚，距離大約可到 20 公分，但距離外，可能就會模糊，無論看什麼，都會有聚焦上的困難。不過，一旦成功對焦，他就能瞪著該物品，甚至保持瞬間不動，將所有的注意力都投注在該物品上。如果精神不錯，他有時甚至會用眼睛或頭追視緩慢移動中的物品，不論是橫向或縱向移動都可以。

樣式簡單、具人臉基本特徵的物品，最能吸引寶寶的目光，如有兩個大圓點，當眼睛，下面有小圓點當嘴巴的圖像，只要模糊有點像就可以。新生寶寶出生 1 小時內就可以將眼睛張得大大的，顯示出很有精神的機敏模樣，讓新手父母被漂亮的大眼睛吸引。

再大些，比起沈悶、平淡的外表，寶寶特別容易對於色彩鮮艷的東西發生興趣，尤其是紅色，顏色對比愈明顯，他愈有興趣，他也喜歡細條紋、邊角，勝於圓形。

★ 寶寶聽到什麼？

新生寶寶已經可以清楚分辨不同的聲音，他出生後不久就能認出媽媽的聲音。

他可能會喜歡低沈的引擎噪音，以及輕柔具節奏的鼓聲。寶寶喜歡這些聲音是有道理的，因為他在胎兒期就被媽媽血管、心臟、肺和腸胃發出的各種沙沙、咚咚、咕咕聲所包圍，對這些聲音早已熟悉。

寶寶一出生就會對人的聲音感到興趣，因為可以讓他感到舒緩安心。寶寶可以分辨男性的低沈聲和女性的尖細聲，音調較高的聲音較能取得他的注意力，成人感受到這一點，所以常會用較高的音調跟寶寶説話，因此當你發出，嗚唧、咕唧等聲音吸引寶寶時，也不必感到難為情。

寶寶也能分辨輕柔的聲音和巨大的聲響，他們不喜歡突然發出的巨大噪音。有些寶寶很容易受驚，如果你的寶寶屬於這種情況，那麼保持環境安靜，別發出會嚇到他的聲音是很重要的。

★ 寶寶聞到什麼？

寶寶對於味道很敏感，他不喜歡刺鼻或濃烈的味道，這種味道會讓他產生過度的反應，他會嘗試轉離這種味道的來源，也會開始哭。寶寶也能分辨媽媽和他人的氣味，如果拿幾件穿過的衣服吸引他，他會轉向媽媽曾經穿過的。

★ 寶寶品嚐到什麼？

寶寶已經能夠分辨幾種味道了，他對於甜味有明顯的偏好，討厭酸苦的東西。如果拿苦苦的食物給他品嚐，他會以最快的速度吐出來。

★ 寶寶感覺到什麼？

寶寶能感受溫度的變化、熱度，這對他很有用！如果媽媽的乳頭沒有被直接放進他的嘴裡，他還能藉著溫度來尋找，乳頭的溫度比乳房高多了！寶寶只要把頭往最溫暖的地方移動就可以吸吮到。

寶寶也能感受到冷，但如果讓他的身體變冷，他是無法靠自己溫暖起來的，因為這個年紀的嬰兒還無法靠顫抖來取暖，而顫抖是控制自身體溫的一種方式，所以父母需考慮寶寶身體是否溫暖。舉例來說，將寶寶放在嬰兒車裡穿過冰雪，帶出門長時間散步就是不太聰明的做法，因為無論包裹得多好，還是會太冷；比較好的做法是：將寶寶包裹好抱貼在身上，讓你的體溫溫暖寶寶，當然如果寶寶露出不舒服的樣子，就得趕快把他抱到溫暖的室內。

寶寶對於觸摸極敏感，也喜歡肌膚的接觸，無論是輕柔的撫摸或是稍用力的撫觸，找出他喜歡的觸感。寶寶通常很喜歡在漂亮溫暖的房間按摩，對他來説，身體的接觸就是最佳的安撫，試試看，哪種觸摸能讓寶寶出現睡意，或是變得有精神？以便安撫寶寶時運用。

🌸 哭是要獲得照顧者的注意

哭不是一種反射，但是在面對無能為力的問題，像是濕了、餓了等，哭泣卻是寶寶的第一道防禦線；之後他會採取等待的策略，等照顧者來修正情況，因為他無法幫自己解決問題；如果沒人來幫忙，他就會一直哭直到筋疲力盡為止。

🌸 可愛模樣融化了你的心

為了生存寶寶得依賴別人來照顧每一個需求，無論是早上、中午或晚上，他通常有一副鐵肺，能通知你：是時候進來幫忙了。不過，幸運的是，大自然也賦予他一個強大的武器：可愛的模樣，讓能他持續不斷的使用。

世上最可愛的生物莫過於小寶寶了！超級大的頭幾乎占了身體總長的 1/3、眼睛和額頭也是超級大，而兩頰和身體其他的部分相較起來則顯得太奶嫩。洋娃娃、絨毛軟玩具以及漫畫人物很快的複製了這種可愛的外貌，實在是太惹人憐愛、太賣錢了！小小的寶寶甜甜軟軟，一副無助的模樣，天生就是來求取關注的，這個可愛的外表會讓你著迷，忍不住想抱起來擁入懷裡輕搖加以照顧。

大家都看過不到 6 週大的嬰兒在微笑，但實際上胎兒在子宮內就會微笑了。新生寶寶在被撫摸、輕吹雙頰、聽到人聲或其他聲響，或是看到人在小床上方徘徊、吃飽奶、心滿意足時都會微笑，有時連睡覺時都會微笑。父母看到這一幕總是無比熱情，很快的就將這種情形稱為「微笑」；這個模樣看起來也的確像是在微笑；但當寶寶長大些，開始在社交接觸時微笑，你就知道其中的差異了。最初的寶寶式微笑會從一種表面、幾乎可算是機器人一般的笑容，變成禮貌性的社交式微笑，但這並不會降低微笑帶來的喜悅。

💡 寶寶最大的需求：安全感

即使在出生前，寶寶所感知到的世界也是一個整體。出生時，他離開了熟悉的環境，第一次被曝露在各種未知、完全陌生的新事物下。這個新世界是由許多新的感官所組成，是在子宮內無法經歷的；突然間，寶寶能夠移動、感覺冷熱、聽到各種聲響、看到明暗、感覺衣物的包裹。此外，也需自行呼吸、習慣喝奶，他的呼吸器官及消化器官也要開始處理這些全新的事物。由於突然間

必須應付生活形式上的重大改變，所以寶寶需要有安全感，並渴望身體上的接觸。

我們已經提過寶寶如何對環境做出反應？天生擁有哪些能力可以幫忙？但是你能做些什麼來幫助他，讓他感到安全、安心呢？

✿ 抱在懷裡的時候說！

親密的身體接觸是模擬子宮的最佳方式，能讓寶寶有安全感。畢竟回溯他記憶所及，子宮曾經緊緊擁抱著他的身體，而各種動作也按摩、牽動著他；那裡曾經是他的家，無論發生過什麼，他都是其中的一部分，像是具有節奏感的心跳、血液的流動、胃部轆轆作響的聲音。因此，寶寶喜歡再次感受熟悉的身體接觸，再次聽到熟悉的聲音就很有道理了，那是他與人聯繫的方式。

增加知識

碰觸：就是最好的安撫

除了食物和溫暖之外，對嬰兒來說，出生後的最初四個月中，沒有什麼事會比親密的依偎在爸媽懷中更重要的了。只要他和父母有夠多的身體接觸，就算沒什麼機會和他一起玩，他的發育也不會延緩。

· 年幼的寶寶通常喜歡躺在靠近你的地方，喜歡被抱著四處轉；同時，這也是他學習控制身體的好機會。如果你想把自己的手空出來，那麼不妨用嬰兒背帶，他可以躺在嬰兒背帶裡。

· 按摩讓他放鬆。要確定房間裡夠暖和。雙手倒一些嬰兒油，輕柔的按摩寶寶赤裸的肌膚。這是幫助他習慣自己身體的一種好方式，會讓他昏昏欲睡。

· 寶寶很愛被人抱起來，被摟入懷中、撫摸、輕輕搖晃。他甚至還喜歡別人輕柔的拍他的背。身體接觸對他來說再多也不夠，別擔心你做的對不對，他很快就會讓你明白他喜歡什麼，哪種方式能安撫他。同時，他正在學習了解他有一個美妙的家庭，難過時會提供他一個安全的避風港，這是進行心智發育飛躍時的重要支持。

睡眠與飛躍式進步

之前的章節中提過，全世界的家長都寄送和睡眠相關的問題給我們。我們衷心希望本章能導引你了解這個重要的課題。再次提醒你：

✓ 嬰兒的睡眠需求和成年人不同。

✓ 尋求快速的解決之道不是長久良策。

✓ 沒有所謂的「平均時數」，每個嬰兒都是獨一無二的。

良好的睡眠很重要！

成年人無論有沒有小孩，大多睡不飽。良好的睡眠對於專注力、健康的體重、皮膚和頭髮、外表都很有幫助，而且還能列出更多。不過，就算知道睡眠有多重要，良好且持續的睡眠卻很容易被忘記，這或許是因為從睡眠需求中偷個1、2個小時，身體還是可以繼續運作。研究顯示，人每晚需要至少7～8個小時的睡眠，有時候甚至更久，當然了，這說的是連續睡眠時數。為什麼在這些時間中找出自己的睡眠時間那麼困難呢？

和成人一樣，寶寶需要睡眠，沒睡飽會影響身體發育、情緒以及心理。寶寶所需要的睡眠量和年紀以及個人有關，有些寶寶需要的睡眠就是比其他寶寶多得多，這點跟成人相同。不過，有一件事是可以確定的：寶寶的睡眠節奏比較快、睡眠週期比較短，因此，所需要的睡眠和成人大不相同。

如果從寶寶的觀點及需求來看，睡幾個小時後醒來並再次入睡的睡眠節奏很完美！身為一個成人，你很快就會誤以為，寶寶睡得不夠，而睡眠不足會對他的發育造成立即且負面的影響。其實，完全不是這樣的：你之所以認為寶寶有睡眠問題，是因為你將自己的睡眠需求和節奏投射到小嬰兒身上，這種做法並不正確。

從睡眠問題到不同的睡眠行為

我們在這個章節裡會提到不同的睡眠行為。沒錯，在日常生活中會有這種情形，感覺好像有「睡眠問題」的是你的寶寶，不過，換個角度思考，如果你才是需要調適的那個人呢？至少在一開始是這樣的，把寶寶完全正常的睡眠行為稱為有問題是不公平的。這正是我書裡要談「不同」睡眠行為的原因。

💡 成人和寶寶的睡眠模式：配合得不太好

你和寶寶有不同的睡眠需求，彼此間還有衝突，而你通常是受苦的一方，（幸好）不是寶寶。寶寶的睡眠需求通常會間接決定你的睡眠節奏，而這一點會讓日子很難過，對寶寶來說，一個晚上醒來三次完全沒關係（事實上，在最初的12週很正常）；但你就得從床上爬起來，然後待寶寶再次入睡。你常會發現，每次你剛要再度入睡，寶寶就會再次醒過來了，更別說，現在你的早晨比當父母之前更早開始；睡眠週期受到干擾，會讓你在第二天早上疲憊不堪。

如果你還有個年紀稍微大一點的孩子，而他也會在夜裡醒來，那麼你要同時面對三種不同的睡眠節奏、睡眠週期，以及睡眠需求，這對你和另一半來說會更加困難（孩子倒是不會覺得難）。

一旦睡眠不足，你的情緒就會陰晴不定、容易發脾氣，簡單說，就是極端疲倦、疲累到負面情緒影響日常生活。

如果你能了解寶寶的睡眠行為，知道該預期什麼、做什麼才能讓自己的日子輕鬆一點，那麼你就能避免睡眠問題的發生，或至少讓影響變小。市面上有許多提供解決方案的書籍，我們鼓勵你去探索並再次向你保證，覺得挫折、疲累都是正常的，書中會告訴你隱藏在睡眠週期後面引發問題的可能原因。

檢視世界，在你之前，已經有世世代代數不清的父母和孩子，他們都安然存活了下來了，你當然也可以！

增加知識

生了寶寶後，有90%的父母都發生睡眠問題。問題不在你，不在寶寶，只是天生如此。

- 白天與夜晚心律的改變，白天較快，晚上較慢。
- 白天與夜晚體溫的改變，傍晚體溫稍降。
- 尿液分泌量的改變，晚間較少。
- 夜晚分泌睡眠荷爾蒙（褪黑激素）：夜晚如有壓力激素則量會減少。
- 白天與夜晚分泌的成長激素或睪酮素在量方面有所不同。
- 最後一項，但同樣重要，睡與醒的節律。

晝夜節律以及睡眠與清醒的節律

　　若想了解寶寶的睡眠，就必須先了解什麼是睡眠。睡眠絕對不僅只是閉上眼睛倒頭睡，而是一個非常複雜的過程，會直接對發育與健康造成影響。如果要像成年人那樣睡，就需要擁有成年人的大腦，而寶寶的大腦卻還未完全發育完成，這才是真正的問題所在。

　　提到晝夜節律時，自然而然就會想到睡眠與清醒，但其實，這只是晝夜節律中的一種而已。

生物時鐘，每 24 小時重新設置一次！

　　成年人的大腦中央有一個「生物時鐘」是專門控制這些不同晝夜節律的，如果沒受到外在的影響，它上下（振動）的規律就剛好在 24 個小時之下。生物時鐘與眼睛相連，會記錄什麼時候有光線，什麼時候是白晝與黑夜？如果生物時鐘孤立運行就會漸漸背離地球 24 小時的光暗循環（light-dark cycle），是以生物時鐘每天都會重設至與地球的光暗循環同步。

褪黑激素：睡眠荷爾蒙

　　成年人的晝夜節律之中有一項與褪黑激素，也就是睡眠荷爾蒙的分泌有關，大腦（尤其是松果體）只要天一黑，就會開始製造，但新生寶寶才剛出生，還無法製造這種物質！身體在睡覺時，也會減少製造一些皮質醇（cortisol）；皮

質醇是一種壓力荷爾蒙，會讓你變得精神抖擻，機敏性高；一旦分泌量減少，身體自動就會放鬆，以確保你能入睡，也更容易保持睡眠狀態。

簡單說，想要好好休息一晚，除了其他因素外，還需要睡眠與清醒的節律，而大腦也需要分泌一些特定的物質，這樣一來，當天色暗下來，你就會睏；光線透出來後，你就會醒，順其自然，或是反向操作，就能保持好精神。

然而，新生寶寶還沒有睡眠與清醒的節律，也還沒有荷爾蒙可以調節。寶寶在 3 個月大前，生理上還無法擁有晝夜節律，所以不可能跟你有相同的睡眠行為！這樣的知識可以讓你更加確定，你和寶寶都沒有做錯什麼，只是寶寶在出生後的最初幾週以及幾個月內，生理上就是無法辦到。

💡 生理時鐘形成的過程：睡眠與清醒節律

問題是這樣的：寶寶什麼時候才會擁有完整的睡眠與清醒節律，以及其他的晝夜節律呢？這正是書中將成熟睡眠與清醒節律的種種要素都列出來的原因。

🌸 懷孕初期

在子宮睡眠與清醒節律或各種晝夜節律還沒有什麼貢獻，胎兒展現出來的晝夜節律是透過媽媽的血液經由臍帶，進入他體內的物質，像是褪黑激素所引起的。

🌸 懷孕中期

生物時鐘的雛型出現在寶寶大腦的時間是在懷孕中期，雖然離完整型態還差得遠。不過這時眼睛似乎已經和生物時鐘有所關連了。

POINT
生物時鐘與早產兒

對於早產很多的寶寶來說，得知生物時鐘是在懷孕中期就開始出現是很重要的。由於晝夜的節律基礎已經以某種特定形式存在，而眼睛或許也與生物時鐘產生關連，所以早產兒可能會比足月兒更早取得一種特定的晝夜節律。而這也正是是否讓早產兒儘快習慣白天的光亮與夜晚的黑暗，會引起諸多爭議的原因。

🌸 新生兒

割斷臍帶後，新生兒就無法再透過媽媽的血液供應取得褪黑激素。因為體內沒有儲存，身體也還無法自行製造，這也正是新生兒睡眠與清醒節律會一團亂的原因。寶寶有時睡得短，有時睡得長，有時白天睡，有時晚上睡，想怎麼睡就怎麼睡。在製造睡眠荷爾蒙上，光線與黑暗對還沒有產生影響。

✿ 0～6 週

寶寶的小睡分散在一天 24 小時裡。你會發現，他在白天和夜裡睡覺，沒有時間和次數的差別。他還沒受到光線或黑暗的引導，想睡就睡。

✿ 第 1 週

寶寶體溫的晝夜節律開始了，是發展的第一步。想要取得良好的睡眠與清醒節律，首先需要的就是體溫的晝夜交替節律；甚至可以說，體溫的晝夜交替節律是用來塑造睡眠與清醒節律的模子。

✿ 第 6 週

寶寶現在已經擁有清醒節律的基礎，但是還沒有出現睡眠節律！清醒節律發展得比睡眠節律早，不過，睡眠與清醒節律已經稍微取得進一步的發展了。研究人員在 7 週大的嬰兒身上發現了少量濃縮的褪黑激素（這種物質在整晚睡眠時會產生）。最初寶寶清醒和睡眠的時間是以完全錯亂的方式分散在白天與夜晚，而現在這些凌亂的區段時間似乎有較為聚集的趨勢，真正清醒和疲憊時已經無法那麼清楚的區分出來。雖然這和真正的節律模式還相差很遠，但過程已經開始了！

✿ 第 2 個月

寶寶開始出現發展睡眠與清醒節律的前兆了。你還不會馬上注意到，不過在生理上，夜晚的節律已經進入發展過程了。不要期待會出現奇蹟，但是請注意觀察健康的晝夜交替節奏發展時的細微進展。

晝夜節律：睡一整晚？

事情沒那麼簡單！每個寶寶都不一樣，睡眠節奏也不一樣，有些寶寶自己會入睡，在晚上醒過來時，也不需要你安撫、不會吵醒你；但也有些寶寶只有在你全程陪伴時才能入睡。為什麼知道這件事是好事呢？因為你會發現，所有標明時間次數和平均時數的建議表在面對實際狀況時根本派不上用場，根本不能奢望寶寶會好好睡上一整晚；對照建議表不但無法令人安心，反而更讓人感到挫折。你甚至可以說，這些表根本不實用，或是不尊重寶寶，因為這類的表可能暗示你的寶寶落在邊緣外，是不好帶養的，這當然不是真的。

🌸 第 3 個月

寶寶白天的睡眠減少，晚上的睡眠增加。請務必記住：現在時間上長短還只能以分鐘來算，對於寶寶夜裡醒來的頻繁度還沒什麼影響。即使寶寶睡了 6 個小時（這件事幾乎從沒發生過），也不代表這 6 小時的時間是連續發生的。簡單來說，寶寶會醒來很多次，在這個年齡是正常的。

你曾經做過白日夢等寶寶長大後要在他身上報復回來嗎？像是每個小時把他叫醒、在他耳朵旁大哭，以及 12 小時不斷重複播放童謠？最近睡眠中心的法蘭妮就出現了各式各樣瘋狂的想法。

—Instagram 網頁

🌸 3 ～ 6 個月

晚上褪黑激素製造的時候，模式就逐漸成形了。從現在起，皮質醇濃度日夜分泌的差異也能測量得出來。第 15 週後你會注意到，寶寶已經產生一個 24 小時的清楚睡眠模式，他在白天和晚上會定下睡眠時數；但這個在第 3 個月左右取得的新模式會在第 4 個月左右，發生第 4 次神奇的飛躍時受到很大的干擾。除了（暫時性）的干擾，看到寶寶已經開始發展出節律是一件極好的事。提醒你，這個原則雖然適用於大部分的寶寶，但是每個寶寶都是獨一無二的，如果你家寶寶的睡眠和清醒時間還沒定下來，那也沒什麼不對。

事實上，在這裡能學到兩件重要的事。首先，新生兒還無法睡上一整晚，單純是因為他還沒有晝夜節律，起碼在生理上這是不可能的。其次，在所有不同的晝夜節律中（如體溫不同、心跳率不同、尿液製造量不同、精神好壞不同等），睡眠與清醒節律對父母來說通常是最重要，卻最晚發展的一項。事實上，早在父母注意到之前，寶寶就已經有不少的晝夜交替節律了。

寶寶的睡眠與成人不同處

成人和寶寶的睡眠不同處不僅是晝夜節律，其中最大的差異是睡眠週期。成人和寶寶之所以存在這麼多差異的原因是：小寶貝占有一些生理上的優勢，這些優勢可以幫助他存活。簡單來說，你不會想要改變寶寶的睡眠週期，即使寶寶在夜裡更頻繁的醒來。話雖如此，了解寶寶的睡眠週期及睡眠行為還是很有幫助。

嬰兒和成人睡眠最大的差異在於：睡眠週期以及睡眠階段。有了這層理解，你就會知道什麼時候可以把寶寶放下來，什麼時候可以把他留在房間裡，卻不會讓他醒來。

人大致上有兩種睡眠：非快速動眼期睡眠與快速動眼期睡眠。非快速動眼期睡眠是沈靜的睡眠，人不會以特殊的方式刺激大腦，也不會忙著處理事情，只是安靜深沈的休息。不過，並非所有的非快速動眼期睡眠階段都能睡得一樣深沈。

💡 非快速動眼期睡眠

寶寶的非快速動眼期睡眠有三種不同的階段：

階段 1 非快速動眼期睡眠
睡眠很淺，幾乎可稱之為非常放鬆或昏昏欲睡的階段。在這個階段，眼睛雖然閉著，但是很容易就醒。當你把眼睛閉上，就能感受並認出，像是看電影時點頭打了個瞌睡，是半睡半醒的階段，但是偏向於睡著。

階段 2 非快速動眼期睡眠
在這個階段，身體開始達到「睡眠狀態」，心跳減緩，體溫開始稍微下降，肌肉也更為放鬆。

階段 3 非快速動眼期睡眠
非常深沈的睡眠階段，很難被叫醒，身體會完全放鬆下來，而體溫和心跳都低了些，這個階段之後就是快速動眼期睡眠。

小 提 示　夢遊時間

夢遊或發出夢囈是出現在非快速動眼期睡眠階段 3 開始的時候；夢魘或夜驚則發生在非快速動眼期睡眠階段 3 結束的時候。簡單說，在這個身體休息度最深沈的階段，很多事情都可能發生！

💡 快速動眼期睡眠：對良好的身心發展至為重要！

快速動眼期睡眠也稱為「活躍性睡眠」，從字面上就能說明一切。這個階段的睡眠很淺、容易醒來。你的心智正在活躍的處理事情並進行學習，看眼睛就知道心智的活動有多活躍：眼睛動得很快，速度比醒著的時候更快，所以才會稱為快速動眼。奇怪的是，這時身體的其他部位是完全休息的，活動只集中在腦部，寶寶的情況也是這樣，有時甚至還能看到眼睛在動，說明寶寶在這種睡眠中是多麼積極活躍的處理所有事情！

過去認為快速動眼期睡眠只對於在夢中處理白天的事物很重要，但最近的研究顯示，快速動眼期睡眠對於寶寶有許多重要的好處。在快速動眼期睡眠期間，大腦的神經能進一步得到刺激，而流到腦部的血液也幾乎到達兩倍，這樣的刺激對於製造新的大腦連結非常必要，因此快速動眼期睡眠對腦部發育影響甚鉅。

大腦連結有「與活動或經驗無關」以及「與活動與經驗相關」兩種。簡單的說，第一項，什麼都不必做（所以有無關變異體）；而第二項，則必須去做或經歷某些事情（相關變異體）。心理發育上的飛躍就是無關變異體的一個例子，無論寶寶想不想要，他都會發生飛躍式進步，發生的時間不會早也不會晚。實際上不需要做什麼，大腦的相關連結會自然產生，導向新能力、新類型的感知能力。

上述自然產生的大腦連結數量龐大，沒使用的就會再度消失，有使用的則會保留下來。換句話說，只要有適當的刺激，大腦就能把許多製造出來的大腦連結保留住。就如同諺語所說，「要使用，不用就沒有了。」這些相關變異體，靠的是寶寶的活動和經驗。身為父母，如果你能對寶寶的各個飛躍期做出反應，和他玩一些可以幫助處理飛躍的遊戲以及技巧，就能幫助他保留最多的大腦連結。大腦在製造連結時，最初的前兩年是非常重要的，所以如果你能把寶寶飛躍期間的學習變得簡單，就可以盡可能保住最大數量的大腦連結。

小 提 示 **你知道嗎？**

在快速動眼期睡眠期間，身體供應給大腦負責刺激自發性呼吸的血液量會增加。

💡 寶寶的睡眠週期 = 非快速動眼期睡眠 + 快速動眼期睡眠

　　現在迎來了你身為父母可以真正「做點事」的第一部分。如果理論你已經明白，也花時間理解寶寶睡眠週期的相關資訊，你就會知道什麼時候能把寶寶放下，而不會吵醒他，並知道何時離開房間是「安全」的。睡眠週期其實只是非快速動眼期睡眠 + 快速動眼期睡眠，一個接著一個。在這兩種睡眠後，人就會再次開始非快速動眼期睡眠，然後是快速動眼期睡眠（第二個週期），然後又再次是非快速動眼期睡眠，接著快速動眼期睡眠（第三個週期），直到醒來。

💡 寶寶和成人睡眠週期間的差異

　　即使寶寶和成年人經歷了相同的睡眠週期，時間的長度也有非常大的不同。新生兒的週期大約是 40 分鐘左右，幾個月大的寶寶（到大約 9 個月大之前）則在 50 到 60 分鐘之間，成年人則大約是 120 分鐘。請不要忘記，寶寶非快速動眼期睡眠和快速動眼期睡眠的出現比例和成人完全不同；寶寶的快速動眼期睡眠大約為成人的兩倍多，而非快速動眼期睡眠的則少得多。

小 提 示　你以前知道嗎 ？

· 寶寶在快速動眼期間及剛進入非快速動眼期時較容易醒來。

· 寶寶花在快速動眼期睡眠的時間是成年人的兩倍多。

· 晝夜節律不是只有清醒或睡覺，還有身體上的，例如：睡覺時體溫會降低、心跳減緩、製造尿液減少、壓力荷爾蒙濃度下降，而供給腦部的血液量則會增加。

· 非快速動眼期睡眠（非活躍性睡眠）有 3 個階段。

· 非快速動眼期睡眠 + 快速動眼期睡眠 = 睡眠週期。

· 寶寶的睡眠週期比成年人短得多。

· 人在夜裡會經歷好幾個睡眠週期。

· 一個睡眠週期結束時，人會醒來，或開始另一個睡眠週期。

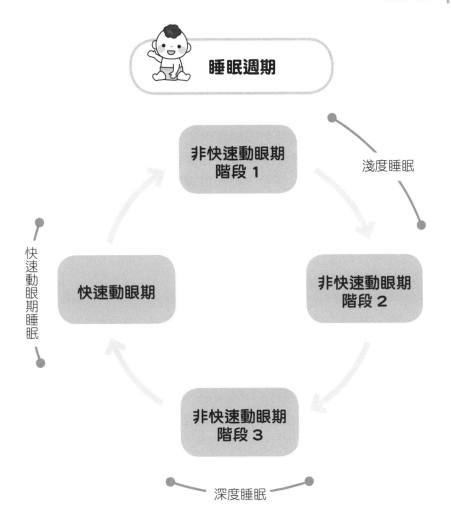

睡眠週期

非快速動眼期
階段 1

淺度睡眠

非快速動眼期
階段 2

非快速動眼期
階段 3

深度睡眠

快速動眼期

快速動眼期睡眠

POINT

快速動眼期睡眠與飛躍期

　　在飛躍期間大多數寶寶都無法和正常時期一樣好睡，稍微一點動靜都能吵醒他。父母根本不敢把寶寶放下來，因為他會醒，這樣一來又得重新來過。在飛躍期間為了製造新的大腦連結，快速動眼期睡眠相對較長，所以寶寶似乎無法達到深沈睡眠，稍微遇到一點動靜就會醒來，因為他正處於快速動眼期睡眠階段，本來就比較容易醒來。

　　請給寶寶機會把握這個特別的時段，尤其是在飛躍期間。雖然把寶寶稍微放下，快速完成你打算要做的事聽起來很有吸引力，但看本書代替吧！讓寶寶在你的腿上淺睡，就讓他這麼做吧！如果寶寶在快速動眼期小睡後能更輕鬆的處理飛躍，醒來時更加放鬆，那麼全家人都能享受極大的好處。

💡 孩童的睡眠週期和成人不同

睡眠週期的變化是漸進式的，寶寶的睡眠要和成人類似得花上好多年，約到學齡左右，睡眠週期才能和成人接近，那時大約可持續 90 到 100 分鐘間。在嬰兒期後，寶寶和成人在非快速動眼期睡眠和快速動眼期睡眠分鐘上的差異也不會消失；甚至到了 3 歲，寶寶還是會花 50％的時間在快速動眼期睡眠，而成人則只有 20％。因此，睡眠並不是父母能幫寶寶「修正」的，因為寶寶以這種方式睡覺對他的生存有好處，可以讓他健康又強壯。

POINT

預測寶寶的睡眠週期

如果你經常「測試」寶寶要進入深度的睡眠需要多久時間、淺度睡眠的時間有幾分鐘，以及他什麼時候醒來，或者繼續睡覺，那麼你可以繼續採取這種行動。這麼一來，你就知道什麼時候可以把寶寶放下來，或離開房間做其他事。然後，你就會知道你有幾分鐘可以安靜的繼續做事，或是可以安心使用吸塵器而不會吵醒寶寶。別忘了，每一次飛躍都會開啟另外一次的節律，所以你必須定期了解新的週期和節律。

❶ 檢查並記錄寶寶在閉上眼睛幾分鐘後，身體似乎開始完全放鬆下來。

❷ 在寶寶閉眼後幾分鐘，做「抬手」測試並紀錄結果。小心的把一隻手臂抬起來，然後讓手「落下」。如果手臂軟弱無力的垂落，代表寶寶睡得深沈。如果手臂落下時，肌肉似乎還在控制之中，而手臂並不是完全的軟弱無力，那寶寶就還沒進入深沈的睡眠狀態。

❸ 經常檢查寶寶身體的動靜。如果你發現身體有動靜，那麼他應該已經從深度睡眠，進入較淺度的睡眠，即「動來動去或動也不動」就如同之前，開始另外一輪的週期或是醒來。

❹ 記錄所有的時間、細節 3 天，這樣就能預測寶寶的睡眠週期了。

> **注意** 上述作法不適用不到 15 週大的嬰兒，而且不像計算飛躍時間一樣可以做出絕對的預期。這種做法只能提供寶寶睡眠節律的大概情況，讓你比較容易進行反應。

專欄 · 睡眠週期的必要知識 ···

🕐 非快速動眼期階段 1

- 睡得非常淺。
- 眼睛是閉上的。
- 非常容易（極端容易）醒過來。

寶寶與成年人間的差異

- 成年人的這個階段比寶寶短得多（只占睡眠時間的 2 ～ 4%）。
- 對成年人來說，常會被認為是昏昏欲睡，或是在沙發上打瞌睡。
- 寶寶通常只有片刻的非快速動眼期階段 1 睡眠。

代表的意義

- 寶寶很容易醒來，所以沒足夠的時間把他放下來或溜掉。

🕐 快速動眼期睡眠

- 活躍性睡眠。
- 這個階段會做很多夢。
- 身體靜止不動，不過眼睛動很多。
- 大腦刺激活躍。
- 製造很多的大腦連結。
- 給腦部的血液量加倍！

寶寶與成年人之間的差異

- 寶寶進入快速動眼期的睡眠時間有兩倍長。
- 可以看到寶寶眼簾之下的眼睛動得很快。

增加知識

- 快速動眼期睡眠可以幫助寶寶處理飛躍。
- 在飛躍期間，有一段較長的時間，寶寶看起來似乎短暫的快速動眼期睡眠會比較多？這很正常，對他也好。不要嘗試讓他的睡眠變得較長或較深。
- 寶寶容易醒來，所以這不是把他放下或偷偷溜掉的好時機。

⏰ 非快速動眼期階段 2

- 身體更加放鬆，感覺比較軟弱無力。
- 心跳減緩。
- 體溫降得更低。

寶寶與成年人之間的差異

- 成年人會有 45 ～ 55％處於這個階段，寶寶則要少得多。
- 孩子愈大，處於這個階段的時間就愈久，花在快速動眼期階段的時間就會變短。

試試看

- 把寶寶的一隻手臂抬起後再讓它「落下」，試試他是否已經睡得夠深，能讓你把他放下，或離開房間等。如果寶寶的手臂軟弱的垂下，那就表示他已經在第二階段的尾聲，或甚至進入第三階段了，睡得很深。如果手臂垂下但是感覺仍在他的「控制之下」，不是真的那麼軟弱無力，那麼寶寶還是處於第二階段，你把他放下要離開房間時必須非常小心。又或者，你可以再等幾分鐘，直到開始進入第三階段。

⏰ 非快速動眼期階段 3

- 深度睡眠。
- 全身放鬆。
- 這個階段一開始有可能會出現夢囈或是夢遊的情況。
- 這個階段的尾聲有可能出現夢魘以及夜驚。
- 就算你放鬆的情況很深沈，這個階段的時間也不會維持得很長。

寶寶與成年人之間的差異

- 成年人在這個階段的睡眠深度較深，時間也較久。

請記住

- 現在你可以很輕鬆的把寶寶放下，離開房間等等。寶寶睡得很深。
- 這個階段大約是從寶寶整個睡眠週期的一半開始。
- 請記住，這個階段之後就會開始另一輪新的週期（如果寶寶沒醒來的話），寶寶睡眠的深度又會再次變淺！

💡 醒來，是為了寶寶的安全？

你可能會想，人被創造的時候，父母以及寶寶的睡眠週期就應該能天衣無縫的配合，以便讓生活擁有一個美麗、和諧的開始。但不是！所以說，為什麼睡眠週期以及睡眠節律會存在這樣的差異呢？

夜晚頻繁的醒來對於寶寶來說，似乎有安全上的好處。寶寶很脆弱，年齡愈小愈脆弱，不少生存的因素都可以解釋為什麼寶寶晚上得起來很多次：

- ☑️ **寶寶的胃還非常的小，而奶水消化得相當快。** 寶寶需要奶水才能活，由於奶水消化得很快，因此他需要奶水「定量供給」的次數遠比成人需要食物來得頻繁。如果寶寶不醒，那麼他在這些時段裡就無法獲得食物，對於成長而言可不是好事。這裡指的是還吃不了固體食物的小嬰兒，固體食物（包括食物泥），消化起來都厚重得多。你以後就會發現，大到能吃固體食物的寶寶，因為肚子餓而醒來的次數會減少。

- ☑️ **深度睡眠時間短，具安全的好處。** 如果有讓寶寶不舒服，或對身體造成傷害的事出現，及時醒來就是很重要的事。以尿布濕了為例，如果濕的時間太長，尿液中的酸性會使皮膚受到刺激而不舒服，所以寶寶的深度睡眠時間不長反而是件好事。

- ☑️ **若小鼻子裡塞滿鼻涕，阻礙呼吸就必須醒來。** 由於嬰兒的呼吸還不像成人發育的那麼好，所以睡眠中如果有東西阻礙了呼吸，容易醒來是很重要的安全考量。

- ☑️ **寶寶和父母一起時，似乎睡得最好。** 如果想到寶寶還無法單獨生存這個事實，似乎就能找到合理的解釋了。嬰兒得完全依賴父母才能存活，而與生俱來的原始直覺也讓他「知道」和父母在一起時最安全，對寶寶來說，能夠聽到父母的聲音、感受父母的手就夠了。寶寶能安靜入睡需要的接觸程度與個人特質及年齡有關，年齡愈大所需的直接接觸愈少，但沒有原則可循。許多（自稱）睡眠專家對於父母和寶寶有肢體接觸或說話這件事持相當謹慎的態度，他們認為這樣寶寶就永遠學不會自己入睡或維持睡眠狀態。不過以經驗來說，若順其自然寶寶是可以逐漸增加自己入睡或維持睡眠狀態能力的。若從不同的角度來看這件事：如果一開始你就陪在身邊，讓寶寶覺得自己很安全，他的自信心會更加充足，長期下來強大的自信足以讓他帶著安全感自己入睡並保持睡眠狀態。

◐ **寶寶還無法和成年人一樣控制自己的體溫。**成人如果著涼，還不至於太糟，但如果是寶寶就不好了。寶寶感覺到太冷或太熱時能醒來是很重要的，不過請別忘記，在寶寶開始哭之前，他已經感到不舒服了，這正是為什麼經常檢查寶寶的體溫很重要的緣故。

◐ 想想看還有那些小事會讓寶寶感到不舒服，像是：腳趾頭剛好鑽進毯子鬆脫的寬針腳裡，成人可以感覺得到，並馬上把腳趾頭拉出來。當然，腳趾頭卡住是很明顯的，但某些不舒服，對寶寶來說也是非常真實的原因，有時對成人來說卻會覺得有點誇張；但是對寶寶而言，他哭的理由是真實的，父母必須用愛來處理。事實上，寶寶要「忍受」的事情還很多，雖然他不會立刻抗議，但會哭代表不舒服或已經受到傷害，你必須盡快處理。所以還應該加上一條：寶寶不會沒有理由亂哭，哭是發生感覺不對的事，是不舒服的象徵。

上述理由都是為了讓父母放心，了解寶寶夜裡醒來對他有好處。當寶寶偶爾睡得久一點，或是香甜一點，你絕對不要會錯意，或是被嚇到。從我們及全世界兒科醫師的經驗來看，嬰兒似乎已經被設定成：以他覺得對自己最好的方式來運作，所有節律似乎總有很好、自然的解釋。

愈來愈多醫師和專家對於：讓寶寶以深度熟睡的方式睡得更久、超出自然需求的特定睡眠訓練，持反對的意見。許多專家都表示，睡眠訓練是要付出代價的，甚至還會有風險。回應寶寶的正確方式是：製造寶寶需要的條件，給他機會做他需要的事，幫助他在對的時間獲得所需要的睡眠。如果靠睡眠訓練來解決父母的「問題」，並教導寶寶以不自然的方式睡覺，那對寶寶沒什麼好處，這只是在干擾自然的過程，對於建立你與寶寶之間緊密的親子關係沒有幫助。

<small>小 提 示</small> **重要提示**

所有的耳聞未必是真的：不是所有的父母對於寶寶的睡眠行為都抱持開放的態度。有些父母會杜撰一些美好的故事（非出於惡意），因為旁人經常以寶寶睡得好不好來評斷父母。我們團隊要誠實告訴你：你的寶寶睡得「好」或「不好」和你的養育方式關係不大，而是和他的個性與年齡更有關係！

睡眠與飛躍期

在寶寶發展出晝夜節律後，父母會注意到節律以及寶寶睡眠的方式在飛躍期中會發生改變。事情總有例外：有些寶寶在飛躍期間睡得超好，真的是例外呢！而飛躍影響寶寶的睡眠也不是奇怪的事，寶寶身心有很多事情在進行，他要經歷難熬的階段、體驗壓力，這些都足以對睡眠造成影響。

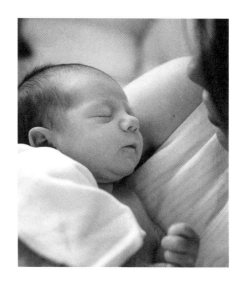

睡眠干擾，不僅在飛躍期間

每一次飛躍期間，寶寶都要因 3C（愛哭、黏人、愛鬧脾氣）而受苦。他喝奶的情況不一樣（希望媽媽多餵幾次母乳），睡眠情況也不一樣（睡得比較輕淺）。當飛躍期過去，你就會注意到，寶寶哭得沒那麼多、情緒變佳、吃睡都變好，不過，在飛躍後睡眠干擾還是揮之不去。睡眠干擾在飛躍期間比較容易出現，不過當飛躍期的難熬階段結束，干擾依然存在只是程度稍減，而這也是父母在睡眠問題會經歷這麼多困難的原因。

小提示　請牢記！

讓這句話成為你的助念詞吧！事實就是：沒有人能安睡一整晚，甚至你也不能，在一個睡眠週期完成後，你會在半睡半醒之間進入一個朦朧區，然後繼續進入下一輪睡眠週期。你的寶寶沒辦法、不能、無法安睡一整晚（重複三次），所有的寶寶都辦不到。話說回來，有些寶寶會自己開始另外一輪睡眠週期，但這並不代表他就能安睡一整晚。這件事是不可能的！

飛躍式進步期間對睡眠的影響

第 1～3 次飛躍與睡眠干擾

因為寶寶在前 3 次飛躍期間還沒有晝夜節律，所以父母很難判斷睡眠節律是否被飛躍干擾。雖然如此，你還是可以注意到寶寶的睡眠在飛躍期間有所變化，特別是白天的小睡。

寶寶會睡得比較淺，時間比正常短，不過也可能變長！有些寶寶的大腦會繼續忙著認識世界，所以睡得較淺、較短；有些則知道他已經有夠多的東西要處理，需維持平衡，所以睡得較長。

寶寶處理飛躍的方式受到個性及環境的影響，父母看似沒有影響力，但其實有。讓寶寶有機會睡覺對他是很好的，你必須牢記，當寶寶對身邊所有的刺激保持開放的態度時，很快就會累積太多，所以當你注意到寶寶累了，就找時間和他一起安靜的坐下來，或躺在沙發上，不要過度刺激他，讓他有機會小睡補眠。

第 4、6 及 10 次飛躍的睡眠倒退期

很多人都會提起睡眠倒退期，孩子的睡眠會突然「糟糕」許多，時間也變長，雖然你可能不想和「糟糕」這個詞產生連結，但是很貼切，一眼就明白。審視飛躍期就能理解睡眠倒退的狀況，飛躍對寶寶來說，心智會有明顯的成長，不僅能以不同的層次來了解世界，也能觀察到更複雜的層面，其中透過把之前飛躍整合得更好的「總體整合性」飛躍期帶來的效果似乎更勝其他。

以堆砌磚塊築牆來舉例，新堆砌的磚不僅僅是牆體的一部分，同時也是建構牆面，讓整個牆面堅固的存在。這是一種簡化的舉例方式，但是能把情況解釋清楚，如同新堆砌磚的「總體整合性」飛躍是第 4、第 6 及第 10 次，分別發

POINT 睡眠倒退期

　　睡眠倒退期（字面上蠻令人遺憾），寶寶沒什麼要解決的問題，他只是需要你的愛與協助來幫他度過飛躍期。飛躍期過了以後，睡眠就會容易得多。

生在第 19、第 37 和第 75 週裡。無論何種文化與宗教，全世界的父母都會經歷這些飛躍，並在 3C（愛哭、黏人、愛鬧脾氣）、哺乳、副食品，以及睡眠方面遇到困難的情況，其中又以睡眠節律受影響更甚（你及寶寶的情緒），所以特別困難又煎熬。

　　有時睡眠倒退階段持續的時間會比飛躍的難熬期還長，引起「糟糕」的睡眠倒退的原因有二個，寶寶的睡眠不僅會受到心理上飛躍的影響，還會受到練習新技能後的體能結果影響。

　　首先，總體整合性飛躍期的影響重大，雖然寶寶心理上能做的事多很多，但身體仍需練習才能做出在腦中已經會做的項目，例如：在第 4 次飛躍期，學習使用雙手；提前進行第 6 次飛躍期中的最初步驟，學習爬；還有在第 10 飛躍期前展示一些奇怪的身體動作，學習如何跑、扭動。

　　其次，生理狀況也會來插一腳，例如：長牙。簡單來說，寶寶有段時間要進入一個睡得「比較糟」的時期，理由還真不少。

第 4 次飛躍，睡眠倒退強度最高

　　我們不會包糖衣，說好聽的話，在所有飛躍以及睡眠倒退期中，第 4 次飛躍期是經歷起來強度最高的一次，各種睡眠難題及育兒失望在這次達到高峰。好消息是：過了這次，最糟糕的已經挺過去了。

> 以往只要我摸摸她，她就能入睡。在第 4 次飛躍時這樣做就不夠了，我必須跟她說話。雖說她比平時候難搞，也睡得不好，但當她能感受到我，聽到我的聲音，就能入睡。
>
> 安潔莉卡的家長／第 17 週

睡眠不佳是飛躍開始的信號嗎？

在飛躍的所有特徵中，有一項是寶寶一發生，你就會立刻察覺到的，這是最先出現的一種徵兆：睡眠變糟。從第 4 次飛躍，也就是晝夜節律真正出現時，你就可以注意到了。

之後的每一次飛躍，情況會愈來愈明顯，因為寶寶的晝夜節律一定會發展得更穩定。請別忘記：寶寶更頻繁的醒來、更愛哭，或者只是更想跟父母親近，都不是他能控制的。夜晚很難熬的，有太多事物要發現！在寶寶的感知裡，世界是嶄新、不同且嚇人的，所以他想跟你在一起，父母就是他的靠山、安全的根據地。

白天的小睡受飛躍影響

從第 4 次飛躍起，寶寶白天的小睡就會受到影響，因為面對很多新事物，所以會睡得更淺、更短，或是更難入睡。一方面是因為寶寶並未停止發現新事物，另一方面則是因為淺度的快速動眼睡眠期間，有更多的血液會被輸送到大腦，而大腦也會出現更多額外的活動來

> 第 4 次飛躍對我的打擊沈重又真實。對彼得來說，認知上的大量進展讓他變得焦慮不安，非常努力想靜下來睡覺。在白天，他流下大量的眼淚表達「他想睡著」，不過卻只有我在時才能睡得著。
>
> —Instagram 網頁

製造大腦連結；這種生物上的進程會讓寶寶的大腦保持活躍，而影響白天的小睡。在飛躍後，父母會發現，寶寶白天的小睡逐漸出現新的模式，直到另外一次會影響白天小睡（暫時性）的飛躍出現為止。

干擾睡眠的夢魘和夜驚

白天或晚上的一頓好眠很可能因為夜驚和夢魘而受到干擾。夜驚通常發生在 3 歲左右，不過也可能提前到 2 歲，指的是晚上睡覺時真正受驚的情況，寶寶會大哭、尖叫，甚至亂揮亂踢，無論怎麼做都安撫不下來，和夢魘相反。

至於夢魘發生的時間可能早得多，有時候甚至在寶寶 4 個月大就會發生。夢魘不是出現在完全深度的睡眠時，同時也是可以被安撫的。

兩者之間還有一個差異：寶寶第二天可能會記得夢魘，卻不會記得夜驚。父母可能會遇到一個問題：你無法藉由和孩子談一談，就讓事情過去，也無法問孩子到底發生什麼事？這會讓父母感到絕望，特別是寶寶還得經歷一段經常出現夢魘的時期。

分離焦慮與夢魘

在分離焦慮感對寶寶產生影響期間，夢魘的機率會更比平時更多。分離焦慮是正常發展的一部分，是無法防止的，當然，你可以努力盡量壓低寶寶害怕的程度，讓他以輕鬆的方式度過這個時期。方式是：讓寶寶知道，雖然實際上你會離開，但會回來，你可以在第 5 次飛躍（6 個月大左右）時，和寶寶玩「充滿關係的世界」中建議的遊戲。如

他在睡眠中突然大哭，叫也叫不醒，他會再哭上一陣，直到我發出噓聲，並把一隻手放在他身上，然後他才會止住哭聲，繼續睡覺。

戴斯蒙的家長／第 23 週

有時女兒會使盡力氣尖叫醒來。我從床上跳起來安慰她，她通常要幾分鐘後才會張開眼睛，感覺到我正抱著她，她才會安靜下來再度入睡。不過，有時這些方法都不管用，因為她似乎醒不過來：她的眼睛一直閉著，持續不斷的尖叫。我會把她放下來，輕輕的撫摸她的兩頰，輕喚她，直到她睜開眼睛看我。

艾薇的家長／第 23 週

小提示 請牢記！

壓力大的時候是出現夢魘的高峰，所以夢魘經常發生在飛躍期間！不過，沒有壓力的時候，夢魘偶爾也會在白天或晚上睡覺時出現，只是次數比較少。夢魘是正常的，並不是你做錯什麼的徵兆，也不是寶寶出了什麼問題。

果從那時開始著手給他幫助，那麼在8～10個月大分離焦慮的高峰期時，嚴重程度就會降低，並減少夢魘的情形。夢魘是非常自然的事，雖然無法預防，但只要寶寶知道你就在身邊，那一切就會過去。

💡 夢魘時是否要叫醒寶寶？

寶寶發生夢魘時，要不要叫醒寶寶呢？醫師間的意見很分歧，但大多數還是認為，當寶寶出現夢魘時，最聰明的做法還是讓他繼續睡。

父母可以把一隻能讓寶寶安心的手放在他的肚子或頭上，或是用言語安撫他，告訴他沒關係！這和叫醒他是不一樣的，接著你可以再次安撫他，試著讓他回到平靜安和的睡覺狀態。不過，不要低估自己的直覺，如果你覺得情況很糟糕，最好還是叫醒他，那就這麼做吧！你必須遵循直覺來做事，因為你和寶寶是是獨一無二的組合，你得找出最適合你們的方式。

她在第 7 次飛躍期間，睡覺時會尖叫，但是我檢視監視器時，清楚發現她沒醒。

莎拉的家長／第 46 週

她在睡眠中尖叫，我能看到她臉上的痛苦和害怕。她經常出現這種情況，每一次我把她抱起來安撫，情況只會更糟糕，直到她自己突然醒來。現在我就放著讓她尖叫，不過我會出聲安撫她，這樣的做法好像比較有效。雖然她還是繼續出現夢魘，但白天她還是很開心。我很慶幸自己找到了適合她的安撫方式。

敏蒂的家長／第 37 週

增加知識

夢魘統計數字

有些父母發現，自己的寶寶在 4 個月大時就開始出現夢魘了。到寶寶進入第 6 次飛躍（9 個月大）第 2 個睡眠倒退期期前，40%的寶寶都已經出現過夢魘。到了第 10 次飛躍（17 個月大）時，更是超過 50%。這個百分比數字會穩定上升是因為最終所有人還是會偶爾出現夢魘。

💡 來自其他父母的分享

現在父母知道寶寶的睡眠和成人不一樣，而且可能真的會把人搞到筋疲力竭。為了讓寶寶享有睡眠帶來的好處，你不能做改變。寶寶的睡眠方式和時間都和你不同，因此，解決的辦法就是調整你的睡眠行為。

以下是一些為人父母者寫給你的提示，這些話曾給他們幫助，應該也能幫到你。檢視哪些是適合你的，不妨試一試，應該值得一試！

✅ **輪流睡。**和另一半輪流在客房或沙發上睡一晚，事先擠好母奶，好好休息。

✅ **嘗試在白天幫寶寶洗澡。**洗個熱呼呼的澡後，寶寶通常會睡得更好，所以不必拘泥在晚上幫他洗澡！

✅ **尋求幫助。**這一點很重要！就算你覺得疲累只是常態，都不要不好意思提，家中有小孩的人都會了解並樂於提供幫助，有時 1 個小時就夠了，沖澡、散步、運動，為自己做一點事，放鬆心情。

> 當另一半在家時，睡個能量覺吧！半個小時的小睡通常已經足以幫你的充電了。
>
> —Instagram 網頁

✅ **把寶寶包起來。**如果你想試試，必須先做很多功課。選擇一塊好的包巾，並找一些教學影片學習如何將寶寶包裹起來。

✅ **一起睡。**大部分的寶寶和父母睡時都能睡得更香甜。此外，如果寶寶醒了，你也不必從床上爬起來。如果你選擇同睡，那就要注意安全。美國聖母院大學（The University of Notre Dame，Indiana）睡眠實驗室的網站中，提供同睡的優缺點，是很優質的資訊來源，可供你參考。

> 新鮮空氣很有幫助！在把寶寶餵飽，也剛好有人陪的時候，去散步吧！新鮮的空氣的確能製造出神奇的效果，特別在非常疲憊的時候。
>
> —Instagram 網頁

- **背巾有神奇的效果。** 寶寶覺得貼著父母很安全，因為能感覺到你的存在，他不僅不會太快醒，也會更快入睡，而你也可以空出雙手，處理一點事。

- **吃得健康。** 沒錯，咖啡、糖和能量飲料只有短暫的效果。雖然稍微喝一點就會有效果，但疲勞感會加倍，現在你不能拿提神飲料來應付了，因為你已經在靠老本過活了，健康的飲食可以製造奇蹟，你很快就能感覺出精力上的差別，建議多攝取全穀物產品、水果和蔬菜。

- **白天找機會休息。** 趁著寶寶睡覺時小睡一下吧！沒錯，這意味著在寶寶睡覺時你無法做想做的事，不過，晚點再做就好。有時把凌亂多留一會兒是個聰明的選擇。從白天的小憩中補充得來的能量，可以讓你用更快的速度去做不得不做的事！

💡 你的寶寶睡著了嗎？我的寶寶有如在夢中！

當讀過這個篇章後，你可能會納悶：「安睡得像個嬰兒」這句諺語到底是誰說的？希望我們團隊已經把更多寶寶正常且自然的睡眠資訊提供給你了。我們無法提供你制定好的快速答案，因為對寶寶沒什麼好處。我們希望你能在這些資訊中找到力量，且不會被其他人的「善意」建議逼瘋。

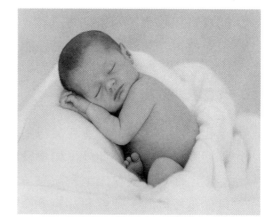

相信自己，相信寶寶，相信你們之間的親子互動，給自己一些空間接受：你們需要一起度過難熬的睡眠階段，最終一切都會變好。試試那些曾經對其他父母也有幫助的訣竅，別怕向親友求助，也不要羞於諮詢醫師。

第 1 章

第 **1** 次飛躍式進步

感官正在改變的世界

彷彿寶寶又重生了一次

神奇的第 5 週
（約 1 個月大）

　　大約是在第 5 週左右，有時可提早到 4 週，寶寶就會開始心理發展上的第 1 次飛躍。你會知道這件事正在發生，因為寶寶會比平常麻煩難帶，3C 的難纏行為，愛哭、黏人、愛鬧脾氣都會逐一登場。這段時期可能短至 1 天，不過，有時可能會長達 1 週，期間你或許會覺得無助，不過請別忘記寶寶正在努力成長，你能給他最好的幫助就是陪伴。他的世界正在發生全新、陌生的變化，他感到困惑，自然會想回到安全、溫暖又熟悉的世界，一個以父母為中心的世界，所以需索較多是正常的事，他會比平時更想被抱及關注。

難帶階段：神奇飛躍開始的信號

　　寶寶無法開口，也無法主動靠近你，或向你伸出雙手要求幫助，他能做的就是哭喊，所以他會啜泣、哭鬧，或大聲尖叫直到把整間屋子的人都逼入絕境。只要有點小運氣，他的哭鬧就會達到效果，你會快速奔向他，讓他緊緊的依附在你身上，給他擁抱及所有你能夠給予的安撫。

　　寶寶需要時間適應新的改變並融入成長，期間你可以提供他溫暖的關注及充滿愛意的照護。他習慣你身體的味道、溫度、聲音和觸感，只要和你在一起，他就會感到放鬆及滿足。

　　寶寶可能會拒絕自己單獨睡在嬰兒床上。你可以試著把嬰兒床或搖籃移到你的房間，或是使用專門為母嬰同睡的延伸床／子母床，方便直接貼放在床墊邊。一天結束時，你可以判斷，寶寶抱到你的床上是不是唯一的解決方式？雖然同睡對許多父母來說是不錯的解決方式，但有猝死爭議，你可以跟寶寶的小兒科醫師討論。如果想知道更多資訊，請參考 www.cosleeping.nd.edu 網站。

　　寶寶或許也想趴睡，讓他的肚子朝下躺著可以給他和媽媽肚子相貼時的觸感，以及他迫切需要的安全感。但無論如何，除非寶寶能自己翻身，否則採取俯臥姿勢睡覺並不安全。

不是你的錯，只是一次飛躍而已！

所有的父母都想知道，寶寶為什麼會突然狂哭不停，讓人崩潰。首先，會檢查寶寶是不是餓了，尿布鬆脫或濕了？很快父母會發現，所有的安撫都無法真正讓難纏的小包袱收回不屈不撓的大哭舉動；沒有父母喜歡看孩子哭，況且還一籌莫展，什麼都做不了，這會對育兒信心造成嚴重打擊，使父母苦惱。

通常父母會擔心是不是出了什麼問題？寶寶看起來很痛苦，是否生病或不正常，但卻沒檢查出來？還是母乳不夠？會這麼想是因為寶寶似乎不斷渴望著媽媽的乳房，而且一直很餓。有些父母則會不放心帶寶寶就醫檢查，當然大部分的結果是，寶寶非常健康。

> 正常來說，女兒很好帶，不過突然之間就會開始哭，有時幾乎哭了兩天。一開始，我以為是胃痙攣，不過後來我注意到，只要把她放到膝蓋上，或是躺在我們中間，她立刻就不哭了，而且還馬上睡著。我不斷自問自己是不是太寵她了。不過愛哭期突然之間就停了，現在她如同之前一樣好帶。
>
> 伊芙的家長／第 5 週

> 兒子變得很黏人，我大部分時間都把他抱在膝蓋上。我非常擔心，有天晚上幾乎沒睡，整晚摟著他，把他抱在我懷裡。之後，我妹接手了一晚。我到另外一間臥房，好好睡了整晚，第二天早上起床時，我感覺自己有如新生。
>
> 巴勃的家長／第 5 週

> 我家女兒哭得太凶了，哭到我都怕她是不是出了什麼嚴重的問題。她一直想吃奶，我帶她去小兒科，不過找不出有什麼問題。醫師說她只是需要時間習慣我的母乳，而許多 5 週左右的嬰兒也會經歷類似的愛哭期。我覺得這說法有點奇怪，因為在這之前，她一直喝得很好。和她同齡的堂哥也是不斷的哭，但是他喝的是嬰兒奶粉呀！因為知道沒出什麼嚴重的事，所以也就沒有繼續追問。
>
> 茱麗葉的家長／第 5 週

增加知識

難帶期與母乳哺育

寶寶在發育進入飛躍期時,想要多喝幾次奶是很正常的,妳的奶水沒問題。如果難帶期的時間持續的再長一點,妳可能就會覺得有必要找小兒科醫師確定,你的奶水分泌是否足夠。多數情況下,你的寶寶只是覺得難受,對於身體接觸和安慰的需求高了些,兒科醫師可能會建議,這些只是調適階段,可以繼續母乳哺育。諮詢問兒科醫師的高峰可能發生在 6 週大、3 個月和 6 個月大,正好是寶寶經歷難帶階段的時期,真的不是巧合。

專欄 · 靜心時刻 •••

幾週前你把一個新生命帶到這個世界,讓世界更加美麗。你做了一件神奇的事!永遠別忘記讓自己暫停、好好放鬆,因為你值得的。

⏰ 5 分鐘內

有意識的呼吸吐納。數到 5 吸氣,然後數到 5 吐氣。

⏰ 10 分鐘內

抱寶寶坐在沙發上,看著他,回想你們一起度過的美好時光。想想你的身體,它孕育一個新生命,多麼不可思議!

⏰ 更多時間

泡個澡或泡個腳,在水中放些瀉鹽(Epsom Salt)。瀉鹽是天然浴鹽的一種,充滿了礦物質,如鎂可幫助你放鬆心情。

如果難以負荷怎麼辦？

對親子來說，飛躍期是一種很強烈、很有壓力的經驗，有時候甚至會覺得緊繃、難以忍受；有時又會因為缺乏睡眠而筋疲力竭，或過於焦慮而睡不好覺。寶寶很困惑、不斷哭泣，導致父母沒有安全感、充滿焦慮、無法應付；寶寶感受到父母的緊張後，會變得更加難纏，甚至哭得聲嘶力竭，使親子關係墜入沒有終點的惡性循環。

以身體的接觸來關注、安撫寶寶，讓他以自己的步調來適應改變，同時讓他知道無論何時需要安撫，父母都會守候在一旁，也能帶給他自信。

身為父母，你需要來自親友的支援，而不是批評。批評只會傷害你已經被擊垮的自信心；而支援則會讓親子更順利的渡過難帶階段。

> 吐奶味、奶味、便便味以及屁屁潤膚膏，這就是我這些日子聞到的氣味！寶寶總愛蜷縮在我的脖子下，我們有美好的時光，也有糟糕、不得安寧的時間，有時甚至連白天也不得安寧。適應有寶寶的生活不容易，這是全新的考驗，我只能過一天算一天。畢竟她只有23天大呀！我們終能找到節奏，多給彼此一點空間吧！
>
> —Instagram 貼文

安撫的訣竅

安撫寶寶時，輕柔的節奏和溫暖的感覺扮演了很重要的角色。以一隻手支撐住寶寶的頭部和頸部，再以另一隻手伸到寶寶的屁股下支撐寶寶的屁股，將寶寶的頭靠在你的肩膀上，讓寶寶直立於胸前。採用這個直立抱的姿勢能讓他感受你的心跳與撫慰。你還可以：

- ☑ 抱在懷中，輕輕撫摸。
- ☑ 輕柔的來回搖晃。
- ☑ 慢慢的抱著他走走。
- ☑ 輕輕哼歌。
- ☑ 輕柔的拍拍屁股。
- ☑ 記住他在開心的時候最喜歡的事，然後在難帶階段拿出來試試看。

靠近爸媽時，寶寶會平靜下來嗎？

大部分的父母都會注意到，親密的身體接觸在寶寶不舒服時很管用，當父母和他有身體接觸時，他的反應會變得比較好，也比較快速。在寶寶情緒難搞時，有些父母會認為孩子極端依賴。這些寶寶最喜歡的就是：安靜的靠在爸媽身邊，被摸一摸、搖一搖或抱在懷裡；他可能會在爸媽的膝上睡著，但是當爸媽偷偷的將他放回嬰兒床時，他立刻哭起來。

嚴格遵守寶寶餵奶與睡眠時間表的父母經常會發現，寶寶會在餵奶時睡著。有些父母會想，是不是寶寶哭得太累了，又睡眠不足所以吃奶時才沒有精力。聽起來似乎有點道理，不過事實上，寶寶會睡著，可能只是因為他想睡。

> 寶寶一直哭個不停，她似乎也哭糊塗了。我必須幫她按摩，她才會稍微鎮定下來。我累癱了，不過非常有滿足感。之後，事情發生一些變化，現在她如果哭了，安撫她不需要那麼久，再次導正也不用花那麼多功夫。
>
> 妮娜的家長／第4週

> 小漢克正經歷飛躍期，而我也被困在其中。他真是黏踢踢，即使用背巾帶著，我還是什麼事情都做不了，得靠家人支援。
>
> 漢克的家長／第7週

感官正在改變的世界

寶寶到了大約4、5個週大時，許多徵兆都顯示他正經歷巨大的改變，而這些改變影響了他的新陳代謝、器官以及感官。舉例來說，寶寶很可能會因為長得太快而讓最初的消化系統出現問題。你會發現，寶寶的新陳代謝會發生改變、哭的時候第一次出現了眼淚，此外，保持清醒的時間也變長了。

　　一切都指向他的感官正在經歷一段快速成長期。寶寶很明顯的對於他周遭的世界發生更大的興趣，在出生後，他只能對焦到距離 20 公分左右的物體，現在則可以拉遠了些。寶寶會覺得，是時候採取一些行動了，因為他對外在的刺激更加敏感了。

感官的大幅成長

　　5 到 6 週大的寶寶甚至已經準備要努力進行有趣的感官經驗。研究顯示，寶寶吸奶時可以調整對焦的情況，在吸奶時可以對電影畫面對焦，一旦停止吸吮畫面則會模糊。這代表寶寶在吸吮的同時要仔細看東西是有困難的，所以只能維持幾秒；之後寶寶也能做到停止吸吮，讓影片再次對到焦，顯示這是寶寶主觀想嘗試做的事。

　　感官上的大幅成長並不代表寶寶獲得了新類型的感知能力，他還是無法以成人的方式，將感官上的所有印象送至大腦處理，甚至連改善也做不到，事實上，他正漸漸失去一些新生寶寶的技能。例如：追視具人臉基本特徵圖像（橢圓形上面三個大點）的能力突然消失了；他不再會慢慢朝聲音轉過去，或是模仿臉部表情。這些早期的技能都是由位於下腦部分的原始中心所控制的，消失是為了讓大腦更高階的部分得以發展，所以你很快就能看到類似行為的出現，且和之前相比，似乎更受到寶寶自己的控制。

　　餵奶快結束時，兒子表現得有點奇特，他會吸吮得很快，然後眼睛瞪著某個地方看，露出讚嘆的表情，接著再次開始吸吮。他看起來狼吞虎嚥、非常喜歡待在我胸前的模樣。

麥特的家長／第 5 週

　　這週是諾咪第 1 次的心理飛躍，是她更認識自己感官的時候。過去兩天，她變得非常黏人，我們有相處有時好，有時不好。不管在什麼年紀，有時都需要慢下腳步，有時我需要媽媽親友多一點支援，並尊重自己的情緒，找時間釋放壓力。

—Instagram 貼文

增加知識

大腦的變化

寶寶在 3 到 4 週大時，頭圍會急遽增加。他腦部的葡萄糖代謝（glucose metabolism）也會發生變化。

從寶寶的眼睛看世界

把雙眼瞇起來，讓視線模糊。然後看著某個人的臉，將對比以及臉部的主要形狀與特徵記起來。這就讓寶寶著迷的樣子！檢視周圍，試著找出附近的十個對比，例如：黑色螢幕背後的亮光、襯在深色膚色上的淡色袖口；或剛好反過來的情況，像是：白色衣服上鑲的黑邊、手指併攏時，指縫的黑線。在戶外時，也可以試著找看看，當你對類對比有更清楚的了解時，你就更能想像寶寶的世界。

寶寶的選擇：形塑個性的關鍵

寶寶在這個時期感官會快速發展，很明顯的，他現在對於周遭的一切更感興趣了。不過，每個寶寶都有自己的喜好，就算在年紀這麼小，你也會發現每個寶寶都不一樣。有些寶寶喜歡看、盯著身邊的人和物；有些則喜愛聽身邊的聲音和音樂，他會找出身邊能發出聲音的物體，且覺得比什麼東西都還有吸引力，像是手搖鈴；另外一群則喜歡被人碰觸，他會樂此不疲的玩被人碰觸、摸到的遊戲；有些則沒有明顯的喜好。

我每天帶著女兒去上歌唱課。最初幾週，她對聲音幾乎完全沒有反應，老實說，我相當擔心。現在，突然之間，在她醒著的時候，任何一種類型的聲音都能占據她的注意力。如果她哭著醒來，而我對她唱歌，她立刻就不哭了。不過，當我朋友唱歌時，她倒是不會停止哭泣。

漢娜的家長／第 6 週

神奇的向前飛躍：發現新世界

　　幫助寶寶的最好方式就是給他溫柔的支持和充滿愛意的關懷，這個年紀是寵不壞的，所以他哭的時候盡可能安撫他。感官發育提供了讓寶寶能發現事物的新契機，給寶寶機會享受他的感官：仔細觀察他的反應，努力找出他喜歡的東西，並給他回應。一旦了解寶寶喜歡什麼，就可以按部就班的將新事物介紹給他。

💡 觀察寶寶的微笑，找出他「喜歡」的！

　　寶寶在體驗他喜歡的東西時會露出微笑，這可能是通過他看、聽、聞、嚐，或感覺到的某種東西發出來的。因為他現在的感官比較靈敏了，能感知多一點世界的事物，所以會更常露出笑容。哪些活動能製造出這些美妙的微笑很值得父母去實驗與發掘。

💡 寶寶在看什麼？怎麼幫助他？

　　對於感到興趣的東西，寶寶看的時間比之前久了，色彩愈鮮豔、顏色對比愈強烈，他愈容易著迷；條紋及有角的各種形狀，他也喜歡。當然了，還有爸媽的臉。

　　如果你帶著寶寶四處走，自然就會發現他最喜歡看什麼。給他足夠的時間好好觀察物品，別忘了，他眼睛的焦距只比 20 公分多不了多少。

💡 寶寶在聽什麼？怎麼幫助他？

　　大部分的寶寶都對聲音著迷，諸如嗡嗡、吱吱、鈴鈴、沙沙、咻咻等各種聲音。人類的聲音尤其能吸引寶寶的注意，特別是高頻的女聲，其中最無敵的

> 今天是重大時刻呀！哎呀！沒抱也沒餵奶的時候，女兒居然沒哭。好吧！她哭只是因為想哭；但這個時刻很快就結束了，隨之而來的是不滿跟真正的眼淚。不過，好事正在發生，她看東西的時間變長了，不是隨意看，而是真正的看；她也會聽身邊正在變化中的聲音，露出更多笑容。我拍了好多照片！
>
> 琳恩的家長／第 5 週

> 把臉貼近女兒，對著她笑，跟她說話，她和我做了眼神上的接觸，然後露出笑容。這感覺真美妙。
>
> 蘿拉的家長／第 5 週

我帶著寶寶繞圈圈跳舞，當我停下來時，他微笑了。

約翰的家長／第 6 週

近幾天，除非我們夫妻之中一人抱著，不然女兒白天根本拒絕小睡。不過，昨天她倒是自己睡著了。現在我們知道，過去幾天她進行第 1 次飛躍，她變得完全不一樣了，在兩次小睡之間可以保持較長的清醒時間，精神更好，也更常微笑，實在很神奇。

絲特拉的家長／第 6 週

兒子開始盯著我的臉看，他會凝視相當久的時間，尤其是吃東西的時候，他會盯著我的嘴巴，看我如何咀嚼。

凱文的家長／第 6 週

我把一顆黃綠相間的球慢慢的從左移到右時，女兒的頭就會跟著轉。她好像覺得這樣很好玩。對她感到驕傲的我似乎更享受這個遊戲。

艾席麗的家長／第 5 週

我真的認為兒子在聽我說話，這感覺實在很棒！

馬特的家長／第 5 週

我女兒對著她的洋娃娃和泰迪熊微笑。

珍妮的家長／第 6 週

女兒對於看到的東西，知道的比從前多。她最喜歡小床的柵欄，剛好能和白色的牆壁形成對比；其他像是書架上各種顏色交錯的書籍、深淺木條建構的天花板，及牆上的黑白水墨畫，都能吸引她的注意。到了晚上，光線似乎最能讓她感到興趣。

艾蜜麗的家長／第 5 週

就是媽媽的聲音。即使寶寶只有 5 週大，你也可以和他「聊天」；選擇一個舒服的地方坐下，將臉貼近寶寶，輕聲細語的跟他說每天發生的事，或是單純分享生活瑣事，偶爾要稍停頓，讓他有機會「回答」你。

💡「聲音的語言」：
讓寶寶知道你了解他

寶寶在不同的情況下會運用不同的聲音，使用啼哭聲或高興發出咯咯聲的範圍可能比之前大。聲音能幫助父母更了解寶寶，例如：寶寶睡著前，常會發出低低的嗚咽聲，但不代表他不舒服，爸媽從他哭的方式及聲音就能分辨出來。如果爸媽能從寶寶發出的聲音中了解他想表達的事，就讓他知道，他會很喜歡和你互動。

> 我和女兒說話時，她有時會出聲回應我。她現在講話的時間比較長了，有時還一副真的想跟我說什麼的模樣，真的很可愛。昨天她還跟床上的小兔子以及手搖鈴說話。
>
> *漢娜的家長／第 5 週*

> 我非常清楚寶寶是開心得發出咯咯聲，還是不高興而發出嘟噥聲。她看到床頭的旋轉吊飾時，有時候會高興得發出咯咯聲，當我模仿她發出來的聲音時，她非常開心。
>
> *漢娜的家長／第 6 週*

照顧寶寶：不要過度

讓寶寶的反應來引導你，當你注意到對他來說，有些事情已經過頭了就應立刻停止。

✅ 寶寶現在更敏感了，所以必須很小心，不要過度刺激他。請記住，當你抱他、陪他玩耍、拿東西給他看時，都應該用他可以適應的方式。

✅ 寶寶還無法長期間保持專注，所以需要一些短暫的休息。你可能會以為他沒興趣了，但是其實有，你必須有耐心。通常來說，如果你讓他稍微休息，他很快就會迫不急待的再次開始。

💡 寶寶有什麼感覺？你如何回應？

現在寶寶對於被觸摸更有感了，被搔癢時可能會發出很大的笑聲。不過，一般來說，不贊成搔寶寶癢，因為這對他來說刺激太大了。

> 我女兒大聲的笑了，真的是笑到幾乎狂吼，就在哥哥開始搔她癢時。每個人都驚呆了，然後就是一片靜默。
>
> 艾席麗的家長／第 5 週

隨和期：飛躍之後

大約在 6 週左右會出現一段相對平靜的曙光，寶寶現在比較開心、精神，注意力也比之前容易因為看到東西或聽到聲音而被占據。很多父母都聲稱寶寶的眼睛似乎更明亮了。寶寶也能表達自己的喜歡和厭惡了。簡單說，和從前相比，日子似乎沒那麼複雜了。

> 我和寶寶更親近了，我們之間的聯繫變得更強了。
>
> 鮑勃的家長／第 6 週

> 我們現在的溝通變多了。突然之間，兒子清醒的時刻似乎變得更有趣了。
>
> 法蘭克的家長／第 6 週

第 1 次飛躍紀錄表 | **感官正在改變的世界**

感
官
正
在
改
變

第
1
次
飛
躍
紀
錄
表

你的發現

在每一次飛躍時，我們都會列出一張表，說明寶寶可能會被注意到的改變，以及飛躍後突然可以掌握的事情／技能，飛躍的次數愈多，習得新技能的範圍就愈廣。年齡愈大，爸媽就愈容易注意到寶寶行為的改變；飛躍期間獲得的新技能可以讓感官變得完美，年齡愈增長，寶寶的行為愈接近成人。

第 1 次飛躍持續的時間較短，為期約 1 週，爸媽可能才剛注意到就結束了；突然間寶寶和上週相比「行為舉止不太一樣」，但才過了短短 1 週，所以較難發現。

填表說明

在下次飛躍開始前，檢視這張表，並勾選出你可以辨識的事項。難帶養期就是飛躍，在下次飛躍前將表填好，就能清楚寶寶發生了多少改變。試著找出你家寶寶個性上的特色，勾選的項目愈多，不代表愈好。

（註：紀錄表內的我表示父母，你表示寶寶。）

寶寶大約是在這時開始進入飛躍期：＿＿＿ 年 ＿＿＿ 月 ＿＿＿ 日。

在 ＿＿＿ 年 ＿＿＿ 月 ＿＿＿ 日，現在飛躍期結束、陽光再次露臉，我看到你能做到這些新的事情了。

Tips

填寫表格花不了太多時間。當幾年後再回來看這些表時，你就會發現寶寶典型的個性特質，早就出現了呀！

第 1 次飛躍紀錄表

你的發現 ▶▶▶ 對周遭事物明顯產生更大的興趣

日期：＿＿＿＿＿＿

☐ 看東西的時間比較長，次數也比較多了。
你喜歡看：
....
....

☐ 更常去聽聲音了，對於以下的東西更是注意：
....
....

☐ 對於被觸摸，明顯更有感了。
☐ 對於不同的味道更有感了。
☐ 第一次微笑，或是次數比之前多。
☐ 更常高興得發出咯咯聲，例如對於以下的：
....
....

☐ 更常表達出喜歡或討厭。
☐ 以某種方式表現出參與感，或是比之前更常表現出來。
☐ 清醒的時間比之前長，也更有精神了。

你的發現 ▶▶▶ 身體上的改變

日期：＿＿＿＿＿＿

☐ 呼吸更有規律了。
☐ 現在比較不常受驚，身體顫抖的次數也減少。
☐ 哭的時候會掉真正的眼淚了。
☐ 當我餵你喝奶時，我注意到：
　　☐ 嗆到的次數比之前少了。
　　☐ 吐奶的次數比之前少了。
　　☐ 現在打嗝的次數減少了。

第 2 章

第 **2** 次飛躍式進步

各種樣式的世界
（物體的形狀、圖案、花樣）

寶寶第一次能感覺、聽及看到樣式

神奇的第 8 週
（約 2 個月大）

在 7 到 9 週，或是 2 個月大左右，第 2 次飛躍就會宣布降臨，**寶寶**現在取得了認識周圍世界，及他自己身體上簡單樣式（形狀／花樣）的新能力了。例如：**寶寶**可能會發現自己手腳的存在，然後花好幾個小時練習將手和腿控制在某個位置；他也可能會為光線顯現在牆上的方式著迷；他似乎也會被超商貨架上的罐頭排列方式吸引，還會迸出一些，像是啊、喔和唉的聲音。

只要想像，就可以知道**寶寶**熟悉的世界被顛覆了，突然間，他會以一種全新的方式看、聽、聞、吃以及感覺，和第 1 次飛躍一樣，他可能被搞糊塗了、覺得困惑又迷惘，需要時間調適、想緊緊的攀附在父母身上尋求慰藉。

這個難帶養階段可能持續幾天到兩週。如果**寶寶**比平時難帶，那就要密切觀察，他是否在嘗試掌握新技能。請參考第 2 次飛躍紀錄表中的「你的發現」，看看要注意些什麼。

難帶階段：神奇飛躍開始的信號

幾乎所有的**寶寶**都會哭得更頻繁，因為哭不僅是飛躍期表達緊張情緒的方式，同時也是表達感受、引起父母注意最有效的方式。愛哭鬧（腹絞痛）的嬰兒會抽噎並尖叫，頻率甚至比之前還高，即使父母盡力安撫，他還是會繼續大哭而讓父母擔心。

簡單說，**寶寶**進入了一個新的難帶養階段，特徵正是 3C（愛哭、黏人、愛鬧脾氣），以及其他第 2 次飛躍徵兆表上的特徵。這段時期難熬的不僅僅是你家的小傢伙，你也很難熬，可能會讓你憂心忡忡或暴躁易怒。

大部分的**寶寶**在經歷親密的身體接觸後都會平靜下來，不過還是有些**寶寶**會一直覺得不夠；如果按照他的方式，最好是能爬進爸媽的身體裡，他想被父母的身體、手臂和腿緊緊的包覆住。他會要求父母的注意力不可以分散，只要爸媽的注意力和肢體接觸稍有猶豫，他就會立刻抗議。

由於父母對於這個行為感到擔憂，所以一般都會仔細的觀察寶寶，然後發現他真的在嘗試很多新技能。

如何得知寶寶已進入難帶階段？

當寶寶進入這次飛躍後，你可能會問自己為什麼沒早一點注意到。寶寶之所以渴望和父母親近是有理由的：他熟悉你，跟你在一起覺得安全，他可以安心的在新技能的幫助下，再次發現世界。寶寶可能會比從前要求更多的關注，他變得更怕生、食慾不佳、一直攀附在你身上，或是睡得不好。

寶寶比從前要求更多關注嗎？

寶寶可能要你花更多時間逗他，他甚至想要你全部的注意力。之前躺在自己的小床或是遊戲毯上就會感到開心的寶寶，現在也不想躺了；他想要父母看著他，跟他說話和他玩。把他撐起來坐在嬰兒椅上，甚至是汽車安全座椅上或嬰兒車上，只要靠父母夠近，他就會滿意。

> 突然間，寶寶晚上不喜歡小床了。她開始哭個沒完，拒絕安置下來，但我也需要清靜和安寧啊！所以我把她摟在懷裡，一起待在沙發上，這樣她就不哭了。
>
> 伊芙的家長／第 8 週

寶寶變得怕生嗎？

寶寶不輕易對著不常見的人微笑了，又或者他需要暖身。若當寶寶正心滿意足的依偎在爸媽懷裡時，只要有人靠近，他可能也會放聲大哭；有些父母會覺得遺憾，「以前有人靠近他都會很開心！」有些父母則會偷偷樂著，「我果然才是他最喜歡的人呀！」

> 現在女兒對著我們笑的時候似乎比其他人都多。跟其他人在一起時，她要比較長的時間才能放鬆下來。
>
> 艾詩莉的家長／第 9 週

💡 寶寶胃口不好嗎？

如果依寶寶自己的意思，他會一直待在媽媽胸前，或整天抱著奶瓶不放。他似乎不是在喝奶，而是只想感受含著乳頭，或是有乳頭靠近他的嘴巴；只要一被抱離開媽媽胸前，或把奶瓶拿走，他就會開始抗議，一直哭到能再度感覺到乳頭的存在為止。這通常只發生在需求性哺餵，也就是想吃就餵的寶寶身上。

有些親餵的媽媽會猜想，是不是奶水供應出了問題？另一些則會開始自我懷疑，親餵母乳是不是正確的決定？事實上，在這段難帶期中，寶寶需索乳房的主要目的在安慰，要喝奶的可能較低，這也是為什麼有些寶寶在這段期間會比較常吸吮自己的拇指或手指。

> 我覺得自己就是個行動奶瓶，一天 24 小時待命，其他親餵的媽媽是不是也經歷了相同的事？
>
> 麥特的家長／第 9 週

💡 寶寶現在黏得更緊了？

當寶寶意識到要睡覺時，有可能比從前黏得更緊，他不僅會用手指頭攀住你，甚至可能連腳趾頭都用上！這種一心一意的摯愛表現讓父母很難把他放下來，父母可能會覺得實在太感人了，心都要擰在一起了。

> 當我彎腰要把小寶貝放下時，她會抓住我的頭髮和衣服，一副很怕失去我的樣子。這種感覺實在太甜蜜了，不過我倒希望她別這樣，否則把她放下，我會產生罪惡感。
>
> 蘿拉的家長／第 9 週

💡 寶寶是不是睡不好？

寶寶可能睡得沒有從前好，一進到臥室，他可能就立刻哭了起來，這也是為什麼有些父母會認為寶寶害怕自己睡的原因。各式各樣的睡眠問題都可能會干擾寶寶，有些很難入眠，而有些則很容易受到干擾，所以較常醒來，無論哪種情況，結果都是一樣的：他的睡眠變少了。不幸的是，這意味著寶寶清醒的時間變長了，所以哭的機會就更多了。

> 我們正在度過第 2 次神奇飛躍。她正在學習人臉上的細節、觀察圖案樣式並發現自己手的樣子。由於這些新的資訊以及過多的感官刺激，她睏的時候容易鬧脾氣，我們正溫和的處理。
>
> —Instagram 貼文

紀錄情況

🔍 第 2 次飛躍徵兆表 〉〉〉

下面是寶寶讓父母知道飛躍已經開始的方式。請記住，這張表是會出現的行為特徵，但未必全部出現。

☐ 比之前更愛哭。

☐ 比平常更想要有事忙。

☐ 胃口變得不好。

☐ 突然間變得比較怕生；你只想跟下列的人在一起：

....

☐ 比平常更黏人。

☐ 睡不好。

☐ 愛吸吮拇指，或是比以前更常吸。

☐ 還注意到一些其他的改變：

....

....

父母的憂慮和煩惱

由於這是寶寶經歷的第 2 次飛躍，父母可能還會對自己或寶寶產生懷疑。隨著時間過去，你會看出這是典型的飛躍行為，但現在你的擔憂可能凌駕在一切之上，這很正常，如果還是擔心，不妨諮詢小兒科醫師。此外，不妨結交一群可以傾聽你說話並給你支持的朋友，網路上有很多 Wonder Weeks 群組，可以給予你很大的幫助。心智發育上的飛躍對寶寶來說是一種全新的經驗，對父母也是一樣，要維持耐心並保持鎮定已經很辛苦；雪上加霜的還有一個個無眠的夜晚，之後你就會了解，飛躍、擔憂和暴躁易怒都是一起出現的。

> 兒子哭個不停時，我雖然告訴自己，孩子有時就是需要哭一哭，但我還是會走向他。我覺得自己精疲力盡，不過當我想起公寓的牆壁有多薄時，還是會再度走過去安撫他。
>
> 史提芬的家長／第 9 週

💡 可能會擔心！

如果寶寶愛哭又黏人，所有的父母都會擔心，只是有些會更憂心。少數的父母運氣很好，不用特別擔心，因為寶寶隨和又安靜，哭的不比平常多，還容易安撫。脾氣不好的寶寶最難應付了，不僅哭聲比平常響亮十倍，還比其他寶寶更愛哭，哭起來驚天動地，使父母擔心家在難帶期會四分五裂。不過大部分的寶寶則介於兩種極端之間。

當寶寶比平常愛哭時，你可能會絕望的想：「是不是奶水量變少了？還是生病了？我是不是做錯了什麼？不過，他在我腿上時都還好好的呀！這是不是表示，我把他寵壞了？」思索了所有的原因之後，有些父母可能會認為：**寶寶**可能是因為腹絞痛，因為他似乎總在扭來扭去；有些則會因此感到不安，甚至哭一場；有些則會打電話諮詢小兒科醫師。

💡 可能惱怒，充滿防衛之心！

當寶寶持續大哭，非常黏人，父母卻找不到理由時，可能會覺得耐心消磨殆盡；待辦清單還很長，而他卻哭到快把你逼瘋了，更別說你還精疲力竭。此外，「好心」的親友或鄰居似乎還一副批判你的樣子，認為你的寶寶很「難纏」或根本是個「麻煩鬼」。相信你的直覺，忽略那些意見，堅定的和寶寶相處吧！雖然四周充斥著怎麼做最好的種種建議，但安慰寶寶的衝動通常會勝出。

💡 身體的接觸：最佳安撫方式

8 週大左右的寶寶想整天纏著爸媽是很正常的事，畢竟所有的小孩都想，有些孩子表現出來的慾望比其他孩子更強。這個年紀，哭泣和黏人是最正常不過的事，這意味著孩子在心智發育上正經歷飛躍式的進步，他的世界正面臨巨大的改變，非常需要父母帶來的安全感，讓他能安心探索新世界。

如果心情難過，卻沒人陪伴和安慰，情況會如何？緊張、壓力的程度肯定更高，持續的時間更長，當所有的精力都被緊張吞噬後，你就會看不清事物，寶寶的情況也是如此。當他在心智發育出現飛躍時，全新的世界在他眼前展開，情況多到他無法應付，所以他可能會把本來應該花在探索新世界的時間和精力都拿來哭，直到有人來安撫他。

不管我做什麼女兒還是一直哭個不停時，我會因為自己無法應付她而感到非常難過。我常會自己大哭一場，而哭完後壓力也會稍微獲得紓緩。

艾蜜莉的家長／第 10 週

要應付兒子哭的場面真的很難。有些時候我會疑惑自己做的對還是不對？給他的關注是足夠還是太多？難熬的日子裡，我讀到了寶寶在 6 週大時會對媽媽微笑，但我兒子只對自己笑，嚴重打擊我的信心。不過，今天傍晚他突然對我笑了，眼淚從我臉上滑下來，這實在太感人了。雖然聽起來很可笑，不過我覺得他是要告訴我，沒關係，他一直都和我在一起。

鮑伯的家長／第 9 週

哄了 1 個小時後，女兒終於睡著，不過當我打算把她放下來時，她卻又抽抽噎噎的哭了起來。她只有讓我抱著才高興，我根本沒機會去做其他的事。

蘿拉的家長／第 8 週

快要到聖誕節的那幾天簡直有如惡夢，我整天把兒子抱在懷裡四處走動，而他哭、暴哭、尖叫，怎麼做都安撫不了他。當爸爸把他抱過去，他稍微平靜下來時，我的心破碎了一下。突然間，他對我投來一個微笑，可怕的日子已經過去，我再次擁有一個知道如何微笑的快樂小夥子。

艾登的家長／第 8 週

我一整天都必須抱著兒子，其他做什麼都沒用。我帶著他走動、摸摸他，唱歌給他聽。一開始，我覺得非常無奈又沮喪，並感到無比挫敗，我坐了下來，開始啜泣。我詢問白天的托嬰中心，是否能一週送托兩個下午，讓我有幾個小時的時間充電。他有時哭得我筋疲力竭，我真的好累，我只想知道，我還要撐多久。

鮑伯的家長／第 9 週

寶寶的難纏讓你發現他的新技能

你知道難帶期對父母來說也是有功用的嗎？父母應寶寶的需求正給予他密切的關注，所以會發現他取得了學習新技能，並正在嘗試第 2 次飛躍紀錄表中「你的發現」中的新事物，自然所有的擔憂、困擾就會逐漸消失，並支持寶寶變得更獨立。

雖然寶寶往後倒退了一小步後（難帶階段），但只要父母給予一點幫助，他就能獨立往前飛躍一大步。在 8 週左右，新技能是認識及使用樣式，你可以拿這個新能力到寶寶正在初次探索的新世界進行比對。

專欄 · 靜心時刻 ····

你正在做的是一件大事，養育你的小傢伙。請容許自己擁有能補充精力的靜心時刻。

⏰ 5 分鐘內

站起來，雙手舉高打開，稍微比肩寬，擺出「我征服了世界」的姿勢，同時專注在呼吸上，你會覺得自己變得更強、更好了。

訣竅：在做會讓你緊張的事情之前，先做這個動作，你害怕的感覺就會減少或消失！

⏰ 10 分鐘內

沖一杯花草茶，坐下來休息，一定得讓自己坐足整整 10 分鐘。

⏰ 更多時間

出門到公園裡散步、呼吸氧氣。不要趕時間，或許還能隨身帶些花草茶。

歡迎進入樣式的世界

寶寶會開始認得重複的物體形狀、圖案樣式以及架構。舉例來說，寶寶現在可能會發現，他的手是他自己的；他會用驚奇的眼光看著自己的手，並揮來揮去，一旦發現手屬於自己之後，他會開始嘗試利用雙手來抓東西。寶寶不僅會觀察周遭的圖案樣式，可能還會開始辨認聲音、氣味、口味以及質地中的樣式。

換句話說，寶寶現在開始透過所有感官來辨識樣式了，這項體認不僅限於體外進行的事情，也包括體內正在發生的加強版感知能力。例如：寶寶已經能發現，把手高舉在空中的感覺和雙手垂下是一樣的；同時他或許還能從內部取得更多的控制力，像是可以維持某些特定的姿勢，不僅可以用頭、身體、手臂和腿來做，甚至身體上範圍較小的部位也可以。舉例來說，臉部肌肉的控制比之前好，所以可以開始做各種表情；聲帶可以保持在某個特定位置，所以可以發出爆破聲；眼部肌肉的控制比之前好，所以可以更精準的對焦在某個物體上。

在 8 週左右，寶寶很多出生後就具備的反射動作會開始消失，並會被類似於自主運動的動作所取代。舉例來說，他已經能學習如何用手把玩具或其他物品圈起來，不再需要抓握反射；他只要一個動作就能把乳頭含住，不必靠吸吮反射來用鼻子湊上去磨蹭。一般來說，寶寶已經不必全靠著反射行事，只有真的餓了或是覺得難受，才會再次採取反射動作。寶寶最初的自主行動仍與成年人不同，不僅笨拙、急促且僵硬，如同木偶，且會一直持續到下次飛躍到來之時。

增加知識

大腦的變化

在大約 7、8 週左右，寶寶的頭圍會急遽增大。研究人員紀錄 6～7 週大寶寶的腦波變化發現，在大約 7 週左右，寶寶伸手碰觸以抓物品的方式會發生改變；之前都是反射動作，但現在腦部較高層級的發育已經開始進行接管了，透過組織重整讓寶寶發覺他的手原來是屬於他自己的，能嘗試抓東西，如玩具。

神奇的向前飛躍：發現新世界

現在是父母「工作」開始的時候了！讓第 2 次飛躍成為寶寶發展他最感興趣技能的時刻吧！你可以這樣做：

- ✅ 展示給寶寶看，讓他知道你對於他學習新事物的每次嘗試都具有熱忱。如果你讚美他，他就會感覺良好，並獲得鼓勵繼續努力。

- ✅ 在提供足夠的挑戰與過度要求之間取得平衡，嘗試找出他最喜歡做的事。

- ✅ 如果發現寶寶已經練習夠了，就應立刻停止遊戲／活動。

　　前一週半真的很難！當你自認了解寶寶時，事情卻一再發生變化。米卡上週向我展示了他上週的發展成果與里程碑，我永遠忘不了他發現自己腳趾頭那天的模樣，也忘不了他以熱切的眼光跟隨街燈的模樣。這意味著，新世界讓他需要更多更多的安慰，他的哭到了一個不同的層次，超級難過的程度！令人驚奇的愛睡寶寶現在晚上也想多醒醒，而白天除非是在我懷裡，不然就不小睡。

米卡的家長／第 9 週

POINT 何時該停止遊戲／活動？

- ✅ 寶寶的眼睛會從你身上移開。

- ✅ 如果寶寶的身體已經夠強壯，他就會把身體轉離。

- ✅ 如果你觀察到寶寶已經覺得夠了，應立刻把遊戲／活動停下來。有時候他只是想要短暫的休息，就能重新提起興致，再次開始遊戲／活動。他需要時間來充分理解，讓寶寶的反應帶領你做決定！

寶寶可能會想要或需要自己練習一些遊戲或活動，只要你露出一些熱忱，就足以向他證明他做得不錯。如果寶寶喜歡用眼睛探索世界，你可以拿他喜歡的物品給他看；寶寶周圍的物品要有變化，才能幫助他發現手的作用，你可以把玩具放在靠近他的地方讓他抓；聲音也是很重要的工具，你可以和他聊天，並給他時間「回答」。如果寶寶已經做好準備，伸手拉高的玩具也很有趣。請記住，讓他自己玩也是成長的一部分！

寶寶就是這樣的

寶寶熱愛所有新的事物，當你注意到他有新技能或新興趣時，給他回應是很重要的，如果你能把這些新發現跟他分享，他會很高興，會讓學習的速度加快。

💡 拿「真的」物品給寶寶看

你可能已經注意到，寶寶喜歡觀看「真的」物品，興致比看圖片高，但他無法讓自己和目標物體靠得夠近，所以需要你的協助：將他抱近，或是幫忙拿起來，展示給他看。他喜歡看「真的」東西，那麼就幫他做到吧！將彩色玩具擺放於不同的距離，慢慢移動，以引起寶寶的注意，且讓注意力保持久些；或者慢慢前後移動，看看在哪種距離時，寶寶會帶著興趣追視。

💡 多樣化是生活的調味品

8 週後，寶寶如果還老是看、聽、聞或吃相同的東西，可能就會覺得無聊了。他對於「樣式」的嶄新認識意味著他了解東西是重複的，開始初次對於相同的玩具、景象、聲音、觸感以及味道感到無聊。他渴望多樣的變化，如果他表現出無聊的模樣，不妨他抱在懷中四處走動，或是移動嬰兒椅的位置，不斷給予新的刺激，讓他有不同的東西可以觀看。

女兒什麼都愛看：圖畫、書、餐具。我必須帶著她到處去，出門或是購物時，甚至得把她抱在懷裡。

漢娜的家長／第 11 週

寶寶不斷瞪著圖案式樣一直看，例如：小毯子、地毯、木頭上的裂縫、窗戶上的水珠、睡衣上的顏色。

—Instagram 貼文

💡 幫助寶寶發現他的手腳

寶寶會發現有個熟悉的物品，不斷的在眼前晃來晃去，接著驚奇的發現，那是自己手和腳，他可能會注視，並著手研究細節。每個寶寶都有自己的研究方式，有些要花很多時間才能完成探索，有些則不用；大部分的寶寶對於手都有一種特別的喜愛，小小的手會比其他物品更常從他眼前晃過。

在學習如何正確使用手之前，得先知道手的作用。手和手臂能以不同的姿勢搭成金字塔的樣子！每種姿勢都是可以觀看及感受的樣式，只要寶寶想，就讓他研究自己的手，不要限制時間及次數，藉此讓寶寶學習並了解手這個抓取裝置。

💡 鼓勵寶寶抓玩具

寶寶曾試著用手握住手搖鈴嗎？握住玩具包括一個與手位置相關的「感覺樣式」，外加物體接觸到手掌的感覺，第一次嘗試通常都離成功蠻遙遠。讓寶寶知道，你對於他每一次努力嘗試都很鼓勵及熱中，你的讚美會鼓舞他繼續嘗試。

請記住，這個年紀的寶寶還無法伸手去抓住東西，只能用手把東西圈起來。務必把一些容易抓取的玩具放在他手能揮舞到的範圍裡，這樣他才有機會練習。

💡 回應寶寶發出的聲音

為什麼父母要回應嬰兒發出的每個聲音呢？因為最能引發寶寶熱情的，就

8週的心智發育飛躍，寶寶找到了他的手。做得好，小子！

麥克的家長／第8週

寶寶喜愛研究手怎麼動的細節。他玩自己手指的方式很仔細，他躺下來時，會把一隻手舉在空中，接著把手指頭張開；有時他會把手指打開後又收合起來，一次一隻，又或者把雙手交握，這是一連串連續的手勢。

鮑伯的家長／第9週

兒子正嘗試在抓東西！他的小手會往手搖鈴的方向抓，也嘗試敲打。一會兒，他試著伸手抓手搖鈴，用的是正確的開合動作。他下了很多功夫，當他認為自己握住後，就會把拳頭握緊，不過其實沒抓握到，當小可愛發現這個事實後，深感挫折就哭了。

保羅的家長／第11週

是他自己製造出來的聲音。從這次飛躍之後，他可以讓自己的聲帶保持在某個位置，就跟手的姿勢一樣，聲帶的閉合也是一種「感覺樣式」，所以他可能正迷戀自己發出的爆破音。試著模仿寶寶發出的聲音，讓他有機會聽到別人的發聲，當他用聲音來吸引你的注意時，請回應他；跟他聊天讓他明白，聲音是一項重要的工具，就跟雙手一樣。

💡 鼓勵寶寶出聲聊天

父母都會嘗試鼓勵寶寶「聊天」。有些爸媽會在寶寶醒的時候不斷的和他說話，當然有些父母只在特定的時候和寶寶說話，如當寶寶被抱在他的膝上時。在預設好的時間裡聊天，缺點是當時寶寶未必正好想聽和回應，不太能回應父母的期望，故容易使父母感到洩氣，因為寶寶並未適當的給予回饋。

> 我的寶寶整天都一直發出聲音，想吸引我的注意，她也會聽我說話，這種感覺很美妙。
>
> 漢娜的家長／第 11 週

💡 玩提手拉高遊戲

寶寶都喜歡提手拉高遊戲，能夠自己抬頭的小傢伙可能會喜歡被提著雙手，從半坐姿拉高成直立坐姿，或從坐姿被拉高成站姿（小心沈重的頭），如果他夠強壯，甚至可能會積極參與。這個遊戲教會寶寶不同的姿勢感覺起來如何，以及如何維持？每一種姿勢都是不同的樣式，寶寶可以從身體裡察覺到。寶寶在姿勢轉換間可能會出現不穩定的急促抽動動作，類似小木偶，雖然離靈活還很遠，不過一旦進入特定的姿勢後，他就會想保持一段短短的時間，當你要結束遊戲時，他甚至還會相當難過。

> 我把兒子拉起來用腳站立時，突然間，他會全身急促抽動。當他裸身躺在尿布台上時也會出現急促抽動、像是痙攣一樣的動作。我不知道這正不正常。
>
> 凱文的家長／第 11 週

爸爸的通常是第一個發現寶寶喜歡提手拉高遊戲的人，接著就是媽媽。只不過，爸爸似乎比較熱衷於和兒子一起玩這個遊戲，而不是女兒。

> 如果照女兒的意思，她就愛整天用腳站著，聽我說，她有多強壯。如果我沒能快一點出聲讚美，她就開始抱怨。
>
> 艾詩莉的家長／第 10 週

💡 單獨玩耍也是成長的一部分

當寶寶獨自躺在遊戲毯上，玩自己的手腳、玩具和觀察四圍環境時都一副享受的樣子時，父母會認為，寶寶現在應該能稍微獨立一點了。你可以試著把寶寶放在遊戲毯上，讓他試著抓取、拍打掛在拱柱上的玩具，並看玩具來回擺動；讓他自己玩，時間盡量長一點，當他覺得無聊的時候，拿新的玩具給他，有了你的協助，他大概可以自己玩上 15 分鐘左右。

艾拉已經進入第 2 次飛躍期，她還在學習！她發現自己的舌頭，還一直把它伸出來。她開始會笑、會擺弄玩具，並且還很愛注視爸媽，她在夜裡每個小時醒來的間隔裡也會觀察。

艾拉的家長／第 8 週

小提示 記在心上

· 在飛躍期寶寶對於學習比較熱衷。他會學得又快又好，當你提供適合他個性和興趣的事情時，他會覺得很好玩。

· 愛哭鬧的寶寶自然會得到比較多的注意，因為父母會盡量讓他覺得有趣又滿意。

· 提供適當的幫助與鼓勵給愛哭鬧的寶寶，他未來會有機會改善，這在飛躍期間尤其重要。

· 隨和、安靜的寶寶很容易被遺忘，因為他不會向父母要求那麼多注意，請試著給安靜的寶寶多一點鼓勵與刺激。

POINT

透過寶寶的眼睛體驗世界

雙手往前平伸，接著平躺下來，將頭側轉，感覺如何？當坐起身，將身體往前斜傾，感覺又如何？這些不同的姿勢都可以讓你感受到不同的樣式。採坐姿時往前傾是一種會令人感到愉快的身體感受，這正是寶寶喜歡坐在你膝蓋上的原因。

各種樣式的世界

你喜歡的遊戲

　　下面是一些寶寶可能會喜歡的遊戲和活動，對練習最近正在發展中的新技能有幫助。勾選寶寶喜歡的遊戲，比對「你的發現」，看看寶寶最感興趣的物品和他喜歡的遊戲間，是否有關連？你可能得想一想，不過這種思考會讓你對寶寶獨特的人格特性有深入的了解。

□ **把玩感興趣的手、腳**

　　給寶寶充分的機會和空間把玩自己的手腳，他必須能夠自由移動，以便看清楚每個細節。把他放在一條大浴巾或毯子上，如果夠暖和，讓他脫光衣服玩耍吧！因為他真的很喜歡赤裸時的自由，或者也可以在他的手和腳繫上彩色絲帶及鈴鐺來增加趣味。不過，請確定不會鬆脫，且需在一旁陪伴，以免發生危險。

□ **輕鬆舒服的聊天**

　　舒服的坐下來，確定你的背部有足夠的支撐，將膝蓋曲起來，把寶寶放在你的大腿上，讓他可以清楚的看到你，而你也能抓住他所有的反應。和跟他聊聊今天發生的事，或你之後的計畫，隨便聊什麼都好。最重要的是你講話的聲音節奏及臉部表情，一定要給他足夠的時間反應，並仔細觀察，找出他對什麼感興趣。請記住，聲音加上富有變化的表情，通常就能成功出擊！當寶寶覺得夠時就停下來吧！

□ **和寶寶一起觀察**

　　和寶寶一起發掘有趣的事吧！他還無法自己抓住物品並拿近觀察，所以必須仰賴你將物品拿到他面前，並跟他說明，這是什麼？他會喜歡聽你用高低起伏的聲調介紹，他能從中學到很多。別忘了，讓他的反應引導你。

□ **玩提手拉高遊戲**

　　在寶寶已經可以自己抬頭時才能玩。舒服的坐下來，確保你的背部有足夠的支撐，將膝蓋曲起來，把寶寶放在你的大腿和肚子上，讓他採取一種半坐的姿勢（比較舒服）。握住他的手臂，慢慢往上拉高，直到他坐直為止，同時要一邊鼓勵、稱讚他是個聰明可愛的小孩。觀察他的反應，若他願意合作且喜歡再繼續。

□ 一起洗澡戲水

　　寶寶特別喜歡觀察水的流動及水波流經皮膚的觸感。將寶寶放在你的肚子上，讓水一滴滴、一小股的流過他的身體；或者讓他的背部靠在你的肚子上，一起玩「划呀划，划到外婆橋」的遊戲：順著童謠的節奏慢慢划動，製造一些小波浪出來。

你喜歡的玩具

□ 看著：懸掛在頭頂上的玩具。例如：

....

....

□ 看著：嬰兒床上的旋轉吊飾。

□ 看著：播放中的音樂鈴。

□ 碰觸或抓：揮得到或摸得到的玩具。例如：

....

....

□ 對著絨毛玩具說話或發笑。

□ 爸媽依然是你最愛的玩具！

你的發現

　　這個年紀的寶寶都進入同一個新世界，開始探索新發現並學習新技能。不過每一個寶寶都可以決定他要學什麼、何時開始、如何進行，他會選擇最有趣的方式來學習。有些會使用一種或多種感官來學習，有些對用視覺來探索特別有興趣，有些則偏愛倚靠聽覺，還有一些則會嘗試本體覺。這也解釋了為什麼朋友家寶寶能做的事，你家寶寶不會做或是不喜歡做，又或者剛好相反，寶寶的喜好是由他獨特的特質所決定，如身量、體重、性情、傾向以及興趣。

　　請仔細觀察寶寶，找出他喜歡什麼、對什麼有興趣。盡可能客觀，在填第 2 次飛躍紀錄表時，父母可以觀察，是不是還有什麼是寶寶可能感興趣，但是還沒嘗試的。你從現在開始就可能在寶寶身上發現下面介紹的新技能，不過，他會選擇做或不做，或部分做，這一點很重要！

✏️ 填表說明

- **飛躍開始前**：勾選表中寶寶可能已經選擇的新技能（可說明他的個性），填表時應客觀，盡量不要將表格變成一張比較表。仔細進行觀察，用自然的方式協助寶寶，愈謹慎愈能觀察出寶寶的個性及內在動力。
- **飛躍開始後**：把寶寶做對的事項勾選起來。其他尚未完成的技能可以在寶寶第一次做成功後，填上日期。

（註：紀錄表內的我表示父母，你表示寶寶。）

寶寶大約是在這時開始進入飛躍期：＿＿＿ 年 ＿＿＿ 月 ＿＿＿ 日。

在 ＿＿＿ 年 ＿＿＿ 月 ＿＿＿ 日，現在飛躍期結束、陽光再次露臉，我看到你能做到這些新的事情了。

要求多的孩子可能天賦高

　　有些孩子在短時間內就能學會新遊戲和新玩具，不過也很快就會感到厭倦，他想要新的挑戰、連續的行動、複雜的遊戲以及不同的花樣。對父母來說，這種活力滿滿的寶寶非常累人，因為如果無法一直提供新挑戰，寶寶就會尖聲大叫。

　　事實證明，很多天分高的孩子小時候都愛哭，而且要求很多，只有不斷給予刺激和挑戰，他才會開心。

　　新的技能提供更多學習額外潛能的機會。有些寶寶會以極高的熱忱探索新世界，他渴求新知並以驚人的速度發掘周遭的世界。他會以高度持續的注意力努力嘗試獲得新世界提供的每一項技能，並在無聊之前再次進行小實驗。對於這樣寶寶，在下個飛躍期來之前，父母能提供的協助不多。

🔍 你的發現 ▸▸▸ **身體的控制**

日期：＿＿＿＿＿＿

☐ 精神好的時候，可以把頭支撐起來了。

（寶寶最早能抬頭的時間是在本次飛躍期內，平均是在 4 個月又 1 週，不過如果在 6 個月大之前都還不能做，也很正常。）

☐ 清楚的把頭往東西的方向轉去。

☐ 你轉頭是因為：

　　☐ 朝著聲音轉去，例如：＿＿＿＿　☐ 想看什麼東西，例如：＿＿＿＿

　　☐ 想聞什麼東西，例如：＿＿＿＿　☐ 其他：＿＿＿＿

☐ 會翻身，從側面翻到正面朝上，或是背面朝上。

☐ 從仰躺翻滾成側躺。

（寶寶最早能翻身的時間是在本次飛躍期內，一般的平均年齡是 2 個半月；有些在 7 個月大之前都還不能做，這很正常，也沒關係。）

☐ 仰躺時，會踢腳、揮手。

☐ 允許自己被拉成坐姿。

☐ 允許自己被拉成站姿。

（當然了，寶寶無法保持太久的平衡，而且也還無法真正的站立，不過他可以把自己的身體穩穩的撐得夠久，讓被拉出來的姿勢維持一陣子。）

☐ 臉朝下時，第一次想用兩隻手臂把頭和身體撐起來，或是更常想要撐起來，又或是撐的比從前好。

（有的寶寶從 3 週開始就想做這個動作了，只是比力氣較小、穩定度較差；而其餘的則是到 5 個月大才會開始，大部分的寶寶會在這次飛躍之後開始能做。）

☐ 坐在我的膝蓋上，背靠著我時，展現強烈想要坐直的慾望。當然，你還無法獨立久坐，得小心防著你往前跌，不過，你非常喜歡！

（寶寶能做這個動作的最早時間，不過有些則要到 6 個月大才會。平均年齡則是 3 個月又 3 週大。請記住：在這個時段的任何時間內會做，都沒關係。）

☐ 在俯臥時可以往左往右看。

☐ 可以做出各種臉部表情，在不知不覺的情況下，會「玩」自己的臉，而我很喜歡並感到樂趣無窮。

🔍 你的發現 ▶▶▶ 看

日期：＿＿＿＿＿＿＿

☐ 發現自己的雙手，會仔細觀察，對著手看。

☐ 發現自己的雙腳，會仔細觀察，對著腳看。

☐ 發現自己的膝蓋了！

☐ 喜歡看以下的東西：

　☐ 人在房間裡走過去，或是忙著做事的樣子。

　☐ 孩子在房間裡面玩。

　☐ 電視上快速變化的影像。

　☐ 貓狗的樣子：例如，走路、吃東西、跳躍。

　☐ 擺動的窗簾。

　☐ 亮亮的東西，像是閃爍的燈。

　☐ 被包在揹巾中或是躺在嬰兒車外出時，經過的樹、樹尖；發現看著陽光穿過樹梢，風擺動枝椏的樣子特別有趣。陽光能把樹葉的樣式清楚的顯示出來，製造出更銳利的對比，這是你在上一次飛躍時也很喜歡的。

☐ 超市貨架陳列的物品，這些花花綠綠的彩色包裝都是一系列的樣式。或者是，擺放在書架上的各色書籍。

☐ 有著許多形狀（曲線）以及色彩的現代藝術作品。當你被抱著向前晃來晃去時，看得甚至還更多。這是件有趣的事！成年人站著時，專注力較集中，而寶寶則是搖來晃去時，看得比較清楚！

☐ 一閃一閃亮晶晶！你會被閃亮的衣服或珠寶吸引，觀察光線變化的樣式。

☐ 我的嘴巴在吃東西或是說話的樣子。

☐ 臉的模樣，你會很認真的研究。

☐ 其他你喜歡看的東西有：

....

....

你的發現 ▶▶▶ 聽與說　　　　　日期：_____

☐ 喜歡聽人的聲音，無論是談話聲或是唱歌的聲音，尤其喜歡音調高的聲音，這很自然，只要想到你高音聽得比低音清楚就能了解。

☐ 你會開始發出短的爆音，像是：

　　☐ 喔　　☐ 啊　　☐ ㄟ　　　☐ 嗯　　☐ 其他音：
　　　　　　　　　　　　　　　　　　　　　　　...

☐ 喜歡聽自己發出來的聲音：

　　（這些「短促音」是因為寶寶的聲帶被維持在一個特定的樣式上，讓空氣
　　可以被擠壓通過而產生。寶寶還無法用自己的聲帶發出平順的聲音，下
　　一次飛躍時才能做到。）

☐ 有時候會發出一系列的聲音。像是：嘰咕、咯咯，好像真的在說什麼似的！

☐ 如果利用言語和鼓勵來引誘你，你會發出相同的聲音來，好像在和我「談天」；你回答，輪到我，接著又是你。

☐ 當我和你一起跳舞唱歌時，你會用自己獨特的方式唱和。

☐ 你會和絨毛玩具「談天」並對它們微笑。

☐ 即使無法有意識的做事，你還是知道要如何利用「咿呀」聲來吸引注意力。

☐ 你會在別人談話的時候進行干擾（沒關係，我還蠻享受的）。當你開始牙牙學語後，才會學到等待，如輪到你時才說話，在此之前你都會沒意識的做自己，不過，你在吸引注意力上面很機伶，又或是你只是想參與進來談天而已。

你的發現 ▶▶▶ 抓、碰觸、感受　　　日期：_____

☐ 想抓離你很遠的玩具，當然了，你還做不到。

☐ 對著玩具「揮打」。

　　（這是第一個徵兆，正式宣告寶寶正在嘗試掌握抓的技能。）

☐ 靠著某個特定玩具時，會在突兀笨拙的動作中踢腿。

　　（在這段飛躍期間，寶寶的動作是突兀笨拙的，他會從某種姿勢、某種樣
　　式，突然轉換成另外一種姿勢，中間沒有任何平順的轉變。）

☐ 玩具在伸手可及的範圍時，會用手去圈住。

　　（2 到 7 個月大的寶寶學習這個動作是很正常的。平均時間是 3 個月又 3
　　週。）

☐ 會把玩具抓住，上下移動。動作有一點「僵硬」，跟飛躍期間內其他動作一樣。

☐ 單純感受物體，手沒抓著。

隨和期：飛躍之後

大約 10 週左右，另一段相對平靜輕鬆的時期就到來了。大部分的父母似乎很快就把最近幾週來的擔心和憂慮拋諸腦後，並大力讚美自己的寶寶，把他說得好像一直都這麼隨和又快樂。

你能看出寶寶有什麼改變嗎？大約 10 週左右，寶寶需要的注意力沒有之前來得多了，他變得比較獨立，對於周圍的環境、人、動物和事宜都產生了興趣，突然間，他了解並清楚的認出了新事物的範圍。現在，必須無時無刻跟父母在一起的需求消失了，如果將他抱起來，他可能還會不舒服的扭來扭去，並盡可能的在你懷裡坐起來。

寶寶可能已經變得開心的忙著自娛，他唯一需要父母的時間，似乎只有父母願意拿出他感興趣的東西給他的時候。這時很多父母都會把寶寶放在遊戲墊上，因為他已經做好準備自己玩了，父母可能會覺得精力滿滿、輕鬆很多。

寶寶現在似乎蠻有智慧的。她變得更友善、快樂，甚至還會大聲笑出來。謝天謝地，連續不斷的哭泣總算停了，我們的生活發生了極大的變化，從「我怎麼應付得了她的愛哭」，到現在享受她在身邊的感覺。

珍妮的家長／第 10 週

寶寶真的開始長成一個有自己生命的小人。最初，她只會吃和睡，現在我把她從床上抱起來時，她表現得像一個大人。

妮娜的家長／第 10 週

我女兒似乎突然變得聰明多了，新生兒的依賴性消失了。我不是唯一一個注意到的人。現在每個人都會好好的跟她說話，而不是發出一些可笑的嘰咕聲。

艾蜜莉的家長／第 10 週

兒子似乎沒那麼脆弱了。我在他身上看到了改變。他從只會坐在我膝蓋上，進步到獨立，會自己玩。

史提夫的家長／第 10 週

我不知道這其中是不是有關連，不過，我注意到自己精神好多了，時間點和兒子的獨立表現一致。我很喜歡看他進步，如笑、自得其樂以及玩耍的方式，實在太迷人了。他現在似乎更能溝通了，我可以放任自己的想像力和他一起玩並發明不同的遊戲。我從他身上獲得了回饋，比以前只會吃奶、哭和睡時好帶多了。

鮑勃的家長／第 10 週

| 第 **3** 章 |

第 **3** 次飛躍式進步

平順轉換的世界

平穩順暢的一個接一個

神奇的第 12 週
（約 3 個月大）

　　大約在 11、12 週左右，也就是 3 個月上下，寶寶會進入另外一個世界，這時是從出生後經歷的另一個重大發育飛躍期，並突然以一種全然不同的新方式看、聽、聞、吃以及感受。在上次的飛躍後，寶寶的動作仍然笨拙，但在 12 週左右，會開始變得流暢，將寶寶變得獨立。

　　寶寶的世界已經產生了變化，最初這種變化會讓他覺得困惑不解，需要時間來適應、接受正發生的事，他會想攀附著爸媽尋求安慰。幸運的是，這次的難帶養階段不會像之前那麼長，有些寶寶只要一天，就會再次出現正常的行為，有些則可能會需要一整週的時間。如果寶寶比平時難帶，那就要密切觀察，他是否在嘗試掌握新技能，請參考第 3 次飛躍紀錄表中的「你的發現」，看看要注意些什麼。

難帶階段：神奇飛躍開始的信號

　　寶寶在這段期間會比之前愛哭，哭的期間也更長；有些比其他更愛哭、無法安撫、暴躁、任性亂發脾氣、情緒不穩定或是無精打采；有些白天比較容易生氣，有些則是晚上特別麻煩。通常如果帶著寶寶四處走動，或是擁抱，讓他得到關愛，眼淚可能會少掉一些；但熟悉寶寶的爸媽會懷疑，他只要有機會就哭，或是變得暴躁。

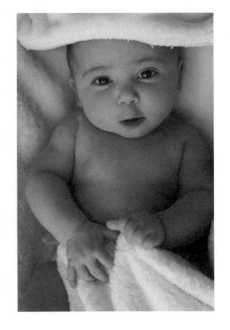

　　簡單來說，寶寶又進入一段 3C 期（愛哭、黏人、愛鬧脾氣），及第 3 次飛躍徵兆表上的其他難帶狀況，對你和寶寶來說，都很難熬，也都會有壓力，但別忘記，這也提供保持彼此親密接觸，並發現新技能的機會。

如何得知寶寶已進入難帶階段？

父母會從前二次飛躍的經驗辨認出特徵，像是怕生、緊黏著你、沒有胃口、睡眠不佳，也比平常更愛吸吮拇指等。在這次的難帶階段中，寶寶會比平時安靜，或是沒那麼有活力，可能還會出現以下特徵。

寶寶要求更多關注嗎？

當你開始覺得寶寶已經學會自得其樂時，他又開始要你陪玩，讓他一直感到有趣。如果在第 2 次飛躍後，寶寶曾表現出獨立的樣子，那麼現在明顯改變了，光陪他坐著不夠，他會要你一直看著他和他說話。可以說是一種倒退。

寶寶變得怕生嗎？

有 1 ／ 3 的寶寶會對父母以外的人流露出怕生，只要和父母在一起，他會一直黏著你。陌生人跟他說話，甚至只是看著他，他就會開始哭，有時除了你之外，他誰的膝蓋也不坐；當他安全的窩在你身上時，可能會賞一個不樂意的笑容給其他人，但如果他特別怕生，會很快的把頭藏在你的肩膀後。

> 兒子現在依賴我的程度實在太可怕了。只有把他貼近抱著，他才高興，如果照他的意思，我得整天圍著他轉。
>
> 鮑勃的家長／第 12 週

寶寶現在黏得更緊了？

有些寶寶在父母抱著時黏得非常緊，好像很怕跌下去的樣子，甚至有時會非常用力的掐自己的爸媽。

> 哈囉！愛鬧脾氣、愛哭和黏人的小保羅！雖說飛躍期讓人累得難以想像，不過當從另一面來看，發現寶寶又掌握了一些新技能是很神奇的。
>
> ─Instagram 貼文

寶寶胃口不好嗎？

寶寶可能會把每一節的餵奶時間都拖長，實行需求性哺餵（有需要就餵）的寶寶，可能會表現出整天都想吃奶的樣子；至於瓶餵的寶寶也會將喝奶的時間拖長。這些不守規矩的寶寶喝奶時把時間花在乳頭／奶嘴上，又嚼又囓咬，

不是真的在喝奶；這是一種安慰的形式，他會經常吃到睡著，而乳頭還含在嘴裡。此外，不論親餵或瓶餵，寶寶在喝奶時都可能會緊抓媽媽的衣服或胸部，一副害怕放掉唯一慰藉來源的模樣。

寶寶是不是睡不好？

寶寶現在或許睡得沒之前好，有些可能會在夜裡醒來好幾次，要求餵奶；有些是一大早醒來，還有些是拒絕白天的小睡。因為寶寶規律的餵食與睡眠模式產生了重大的改變，所以正常的規律作息變得一團亂。想了解更多與睡眠及飛躍相關的資訊，請參見「睡眠與飛躍式進步」。

寶寶更常吸吮拇指了嗎？

寶寶可能初次發現自己的拇指，又或比之前更常吸吮拇指或奶嘴，或吸吮的時間變長了，就像吸吮乳頭或奶嘴一樣，這是在尋求撫慰，只要滿足了就有可能避免掉另一場啼哭。

寶寶現在比較安靜，不那麼活潑了？

寶寶現在可能比平常安靜，或是沒那麼活潑，他可能會躺著一段時間，眼睛四處觀望，又或者只是瞪著前方，這只是暫時的現象，他的聲音和動作很快就會被新的模式取代。

> 當我用奶瓶餵女兒喝奶的時候，她把一隻小小的手伸進我上衣裡，我們稱為「撫胸」。
>
> 艾蜜莉的家長／第 12 週

> 寶寶現在唯一喜歡做的事就是被包在揹巾裡，貼在我懷中，非常安靜、完全不會吵人。老實說，我寧可見到她生氣勃勃的模樣。
>
> 妮娜的家長／第 12 週

紀錄情況

🔍 第 3 次飛躍徵兆表 〉〉〉〉

下面是寶寶讓父母知道飛躍已經開始的方式。請記住，這張表是會出現的行為特徵，但未必全部出現。

☐ 比之前更愛哭。

☐ 比平常更想要我找事情讓你忙。

☐ 胃口變得不好。

☐ 對陌生人比從前更怕生。

☐ 比平常更黏我。

☐ 餵奶時想要更多身體上的接觸。

☐ 睡不好。

☐ 愛吸吮拇指，或是比以前更常吸。

☐ 變得比較不活潑。

☐ 變得比較安靜，不愛出聲。

☐ 我還注意到你：

....

父母的憂慮和煩惱

顯然寶寶不是唯一一個受到影響的人，飛躍期全家都會經歷情緒變化，尤其是父母。現在寶寶已經 3 個月大了，父母可能會覺得要在飛躍期保持正面態度且維持耐心，是很大的挑戰。

📢 要應付兒子的啼哭實在很難，我真的受不了了！我寧可一晚起床四次處理一個不哭的寶寶，也不要起來兩次處理一個尖叫的小傢伙。

　　　　　保羅的家長／第 11 週

📢 寶寶哭個不停，想要一直被抱著四處走動時。我好像連最簡單的事情都做不到，這讓我沒有安全感，且把我的精力都消耗掉了。

　　　　　茱麗葉的家長／第 12 週

💡 可能會擔心！

當父母注意到寶寶變得比較黏人、愛哭、睡不好，或者不好餵奶，會產生焦慮、擔心是很正常的事。父母通常會期待看到寶寶進步，就算只有短短的時間沒有進步，父母也會憂心寶寶似乎在發展上有倒退的情形，且失去最近才有的獨立性。

父母會沒有安全感，開始質疑，寶寶是不是不對勁，生病了？或不正常呢？事實上，寶寶正在展現進步的徵兆，全新的世界正等待他去發現，但首先他得處理新世界帶來的巨大改變，這對他來說並不容易。寶寶需要你的支持：你了解他正在經歷一個困難的時期，這就是最大的助力。

💡 可能因此惱怒！

父母必須適應寶寶不正常的生活作息，且無法事先規劃。父母會直覺的把注意力都放在難搞的嬰兒上，但親友對於這種過於「寶寶」的行為似乎頗不贊同，而使父母感受到壓力，覺得自己陷在寶寶的世界裡出不來。

若父母沒能從親友那得到足夠的支援，可能會感到筋疲力竭；假使還得接受一些「自以為好意」的建議，那麼可能會覺得問題無處可訴、孤單，而變得易怒、脾氣暴躁。無論挫折多麼合乎情理，也不能依情緒行事，以任何形式傷害寶寶都是無法被接受的，如果你覺得壓力大到受不了，請尋求幫助。

> 我試著找出寶寶這麼愛哭的原因。我想了解問題到底是什麼？這樣才能處理，我的心情也才能再次恢復平靜。
>
> 蘿拉的家長／第 12 週

> 過去當計畫出現問題時，我就會生氣，所以我改變了態度：現在沒計畫似乎反而能把寶寶反覆無常的行為應付得更好。你相信嗎？我甚至多出了幾個小時的時間呢！
>
> 蘿拉的家長／第 12 週

> 當兒子開始煩躁不安時，我就會被激怒，因為他連一點時間都無法自己玩，要我整天陪他。其他人也都很愛給我建議，告訴我該如何應付他。
>
> 凱文的家長／第 12 週

> 我盡力做，但工作截止日即將到來，同時還得照料產後的太太。生活中的變化太大又睡不飽，我真的覺得事情有點太多了。
>
> 提摩太的家長／第 11 週

當同事告訴先生，兒子和他簡直就是一個模子刻出來的後，他就不再批評我給兒子太多關注了。過去他總覺得我反應過度，寵壞孩子，現在他毫無怨言，事情順利多了。

麥特的家長／第 12 週

─── 小 提 示 **搖晃非常危險** ───

絕對不要搖晃寶寶。搖晃嬰兒容易造成顱下內出血，使得腦部受損，日後可能會出現學習困難，嚴重時會導致死亡。

專欄 · **靜心時刻** ····

研究發現，媽媽一天平均只有 17 分鐘留給自己。改變這件事吧！你值得的，花些時間靜心，而且效果很好，讓你變成更好的媽媽與伴侶。

⏰ 5 分鐘內

放一首最愛的歌，跟著一起唱、一起跳舞、一起打鼓，享受這首歌曲中的每一個音符。

⏰ 10 分鐘內

冥思幾分鐘，2 ～ 15 分鐘就很有幫助了。

⏰ 更多時間

規劃屬於伴侶的時間。如果找不到值得信賴的保母，只要規劃一個下午待在家裡兩個人一起共度，這對維持親密關係很重要，對寶寶也好。

💡 **寶寶黏人的正面效應，你會注意到更多細節！**

寶寶生氣難過時，父母會特別留心，想知道出了什麼問題；這時你也會突然注意到，寶寶真的掌握了一些新技能，或者正在努力掌握。事實上，你會發現，寶寶正在進行一個大飛躍，進入平順轉換的世界。

大約 12 週左右，寶寶就能夠平穩順暢、漸進的感知周遭事物改變的細微方式，他已經做好準備，要在新世界裡進行實驗以發掘新事物。他會選擇對自己有吸引力，且身心都已經做好準備要去嘗試的物品。父母要注意，別催促他，而是要幫助他進行已經表現出來、做好準備的項目。

歡迎進入平順轉換的世界

當寶寶初次進入第 3 次飛躍時，已經能夠認出五感上的平順轉換。例如：他能夠注意音調間的轉換，及身體姿勢間的轉換。擁有這項新能力後，當有人做出平順的轉換寶寶就能牢牢記住，並學習將它運用在自己身上，如身體、頭部、眼睛，甚至是聲帶。

他不僅可以把平順的轉換記錄在自己的身體裡，也記錄在外面的世界，他現在不僅可以學習新事物，還能改良「舊」技能。例如：當學習平穩順暢的從一個姿勢轉換到另一個姿勢後，寶寶就可以感受如何伸手拿取玩具、如何伸展雙腿，並彎曲坐下，或是站立。你或許還會注意，寶寶的動作已經不再像之前那般僵硬或是突兀不穩了，他現在可以做出比較從容而有目的性的動作了。

此外，寶寶對於頭部的運動控制程度變好了，他可以平穩的把頭從一側轉到另外一側，且可以改變速度、

 **增加知識**

大腦的變化

大約在 10 到 11 週左右，寶寶的頭圍會大幅度增加。

透過寶寶的眼睛體驗世界

　　你在過去 24 小時內能發覺的五種平順轉換？順利想出五種應該沒問題！現實中，你體驗的會比這多得多。你可能會覺得回想有點難，因為每天的日常生活當中有太多的平順轉換。

　　為了要幫助你成功體驗平順轉換，這裡舉幾個例子。看見光線的淡入淡出；輕柔緩慢的戳手臂時，可以感受動作的平順轉換；烹調時，氣味會變得愈來愈濃，聞到氣味的平順轉換；飛機起飛時，可以聽到音調變低接著急拉升高的平順轉換；芭蕾舞者藉由肌腱、關節及肌肉中受器的幫助，用手做出的平順轉換動作；將鼻子貼近滴了香水的手背，深深吸一口氣，就能感到嗅覺上的平順轉換；一輛卡車經過身邊時，聽到聲量變大再變小的平順轉換。你可以試著把所有感官都包含進去。

用比較成熟的方式追視物品。寶寶剛出生時與生俱來的反射動作（目光會隨著聲音的方向移動），會在 1 ～ 2 個月大間消失；但是他現在可以有意識的做出相同的動作，且反應比更快。

　　寶寶現在會學習如何「從容」的吞嚥，且順暢程度更勝以往，讓之前「僵硬」的吞嚥嘗試獲得改進。如果寶寶還沒學會平穩順暢的吞嚥，那麼吃固體食物時就容易嗆著。再者，他也會開始辨認聲音中聲調及聲量的平順轉換，並且用咯咯聲及尖叫來進行聲音實驗。

　　寶寶的視力現在已經大幅改善，變得跟幾乎跟成人一樣了。他能用一種受控、協調度良好的方式來追視物品，甚至能在不轉頭的情況下用目光追隨靠近或離開他的人或物。事實上，他能夠掃視整個房間。

　　這次飛躍後，寶寶還只能觀察，或是做一個單一方向的簡單平順轉換；想做另外一個時，或在進行方向的改變前都會有明顯的暫停，這是因為他不曉得動作可以一個接一個流暢的銜接，得下次飛躍時才能學會。

寶寶就是這樣的

　　寶寶喜歡新的事物，當你注意到他有新的技能或興趣時，給予反應是很重要的，他會很喜歡你和他一起分享這些新的發現，而這也能加速他的學習進度。

　　寶寶一天中的每一分鐘都在領會平順的轉換，他整個世界都是由這些平順的轉換所構成，多到無法一次全部了解，也無法立刻全部轉換成他的技能，這要求太高了！寶寶會從這些平順的轉換中選擇他最感興趣的來開始。一個喜歡互動的寶寶（通常容易成為話癆）會選擇聲音，不過也可能會對觀察周遭環境中的平順轉換興趣較高。

神奇的向前飛躍：發現新世界

　　寶寶將新技能玩得愈多、實驗得愈多，就會愈熟練。雖說他自己也能一邊玩一邊練習，不過你的參與跟鼓勵非常重要，在他做得不錯時，加以鼓勵；當他想放棄時，伸手將工作變得簡單些，讓他容易適應，像是：把玩具轉個方向，讓他比較容易抓；把寶寶的身體撐起來，讓他能看見窗外溜過去的貓，或是模仿一些他想發出的聲音。

　　或者你也可以把活動稍微加以變化得複雜、有挑戰性些，讓寶寶玩得久一點。要觀察寶寶是否出現已經夠了的徵兆，請記住，他會以自己的步調來進行；正如同每個寶寶都不同，父母也不同，有些父母在某些領域的想像力會比其他父母來得好。例如：寶寶是體能型，但你卻喜歡說話、唱歌、說故事，或是正好相反，那麼陪寶寶對你來說挑戰性就特別高。不過，無論你和寶寶屬於哪種類型，寶寶一定都能因你的幫助而受益，你可以透過和寶寶的「對話」來鼓勵他運用聲音，而在你回應他努力想告訴你的事情時，他也能學到東西。

　　你可以幫助寶寶探索伸手摸及觸摸物品的能力，如果寶寶的身體夠強健，有些時候別穿衣服，讓他光著身體滾動，拉成坐姿，或甚至拉成站姿，對他都有益處。我們團隊將寶寶在嘗試新技能時，你能幫助他的方式列出來，如果你能提供幫助，寶寶做起來就會簡單多，而且你可能就不會那麼強調非要寶寶「自己玩」不可。

鼓勵寶寶使用聲音

　　如果寶寶對聲音有特別的愛好，那麼鼓勵他使用自己的聲音，像是尖叫、咯咯笑，或發出類似英文母音的聲音；這些聲音從高音到低音，從溫和到尖銳都有。如果他開始用口水吐泡泡，別阻止他，因為他在玩「平順轉換」的動作，過程中，他也在進行聲帶、嘴唇、舌頭以及下顎各種肌肉的運動。

寶寶可能經常會在一個人獨處時練習，他會這樣是因為聲音的範圍，有高／低及母／子音，再加上中間穿插的小小尖叫聲，聽起來就像為了好玩閒聊一樣。有時寶寶甚至會對自己發出的聲音咯咯笑起來，當他發出聊天聲時要回應，並鼓勵他出聲，有了你的加入，他會覺得你有聆聽他說話，而他甚至還會嘗試發出更多聲音。當你模仿他最新的聲音時，收效最大。

✿ 和寶寶聊天

大多數的寶寶都喜歡和爸媽舒服的聊天，當然了，寶寶得先有心情才行，最佳的時機就是他發出聲音吸引你的時候。你或許發現自己會以略高於平時的聲調來說話，這對寶寶說恰好合適，遵守對談的規則是很重要的，當寶寶說了，你就得回應；一定要讓他把話說完，否則他會認為你沒認真聽他說，這樣他就學不到對話的節奏了。這個年紀，說話的題材不居，不過最好選擇你熟悉的領域來分享，偶爾可以試著模仿寶寶發出的聲音，有些寶寶會覺得這樣很好玩而笑出來。這對未來的語言技巧是非常重要的打底工作。

常和寶寶聊天重要，3C 產品的聲音或是同室其他人的談話都無法取代一對一的對談，有人傾聽並回應會刺激寶寶講話的意願，你的熱忱參與扮演了重要的角色。

> 無論什麼時候，只要他出聲，我一定會回應。他如果心情正好，還會咯咯不停的回我，有時候他還會面帶微笑。
>
> 約翰的家長／第 13 週

💡 當他「告訴」你他的感覺時，要回應

寶寶想要東西時，可能會使用某種聲音，通常是一種特別的「注意尖叫」，如果寶寶發出這樣的聲音，一定要回覆他，因為他會覺得你了解他嘗試想溝通的事情，就算當時你沒時間停下來跟他玩也要回應。他之後會開始用聲音來吸引你的注意，這是語言發展相當重要的一步。

寶寶開心的時候，會使用一種特別的「高興吶喊」，當他看到覺得有趣的物品時就會使用這種聲音，用親吻、抱入懷中或是言語的鼓勵來回覆這些喊叫聲是很自然的事，愈多愈好，讓寶寶知道你能夠分享他的喜悅，而且你了解他。

爸媽可以這樣做

當你能讓寶寶笑出來時,你就引起他的共鳴了。你用了完全正確的方式來刺激他,不過別做得太過,因為會嚇到他。但是從另一方面來講,漫不經心的嘗試會讓他覺得無聊,你必須取得一個適當的做法。

💡 教寶寶抓東西

寶寶現在已經生活在一個平順轉換的世界了,所以他對著玩具伸手時,動作會比之前平穩。他才剛領悟,伸手摸還是很困難的,請將玩具放在寶寶伸出雙手就能輕易抓到的範圍,看看他是否能伸出手去抓;將玩具放在他的正前方,因為他的手臂一次只能朝一個方向伸,做一個簡單的動作。現在請仔細觀察,如果他只是剛開始要掌握這項技能,那麼反應的方式或許就會像保羅。

孩子伸手抓玩具但是沒抓到時,請鼓勵他再試一次,或是讓遊戲變得簡單一點,讓他能嘗到成功的滋味。寶寶還抓不準雙手和玩具之間的距離,這個能力要到經歷 23 到 26 週大時的第 5 次飛躍後才能學好。

寶寶對抓物品比較熟練後,就會想玩「抓抓樂遊戲」。因為他能夠平穩的轉頭並觀看房間四周,所以滿世界的東西都等著他抓、感受及觸摸。在經歷過上次的飛躍期之後,大部分的寶寶會把 1 / 3 清醒的時間都拿來玩自己的手,並進行實驗;大約 12 週之後,時間會突然倍增為清醒時間的 2 / 3,之後時間比例就不太會增加了。

💡 教寶寶觸摸物品

如果發現寶寶喜歡用手在物品上輕輕的摸來摸去,那麼要盡量鼓勵他繼續,因為輕撫的動作不僅包含「平順轉換」的動作,還能藉由移動中接觸到物體表面而對物體有所感覺。帶著寶寶在家中四處逛逛,讓他感受各式各樣的用品,

> 📢 兒子看到我準備餵他時,興奮的尖叫還抓住我的乳房,那時候我上衣才解開一半而已。
>
> 麥特的家長／第 13 週

> 📢 保羅開始會伸手抓東西了!他把兩隻手都伸出去抓他前方的玩具。他會把右手放在玩具的一側,左手放在另外一側。接著,當兩隻手都剛好放在玩具前面時,他就會把兩手一拍,合起來,然後沒抓到!他真的很努力嘗試,所以當他發現自己兩手空空時,非常難過。
>
> 保羅的家長／第 13 週

體驗各種觸感：硬、軟、粗、滑、黏、堅固、彈性、刺、冷、濕，以及溫暖；同時利用聲調的幫助來表達物體或表面引起的感覺，寶寶能理解的比他能告訴你的還要多。

> 我在流動的水下方幫女兒洗手，這個動作讓她大聲笑出來。她真是怎麼洗也洗不夠啊！
>
> 珍妮的家長／第 15 週

💡 允許寶寶「檢視」你

寶寶都喜歡檢視爸媽的臉。當小傢伙用手在你的臉上拂過去時，停留在眼睛、鼻子，以及嘴巴上面的時間可能會稍微久一點；他也可能會拉扯你的頭髮或拉你的鼻子，因為這些部分比較容易抓。各種衣服也是很有趣的，寶寶喜歡撫摸並感受纖維的觸感，小心你的耳環！

有些寶寶對父母的雙手興致勃勃，會研究、碰觸、撫摸，如果寶寶喜歡玩你的手，就讓他好好玩吧！慢慢的把你的手轉個面，讓他看你的手掌心，接著再看手背；在你移動手或撿玩具時，別讓手動得太快，或是太快改變方向，讓他觀察你的手。目前他能夠應付的只有簡單的動作，更複雜的則必須等下次飛躍，神經系統另一次發育時才能做到。

💡 准許寶寶玩的時候不穿衣服

這個年紀寶寶比之前都要活潑，他在踢腿和揮手玩的時候，身體已經能感覺到平順轉換的動作了。有些寶寶還會表演有氧運動，例如：將背捲起來，把腳趾頭塞進嘴裡，有些則不感興趣；有些則可能身體的力量還做不到，所以會有挫敗感。

> 兒子像瘋了一樣的讓自己的身體、手臂和雙腿狂動，並在過程中嘰嘰呱呱的叫著。他顯然正在嘗試做某件事，但不管是什麼，看起來並未成功，因為結束時，他通常會生氣的尖叫。
>
> 法蘭基的家長／第 14 週

不管寶寶的性情如何，天氣溫暖的時候，讓他有一小段時間不穿衣服對他是有好處的，在幫他換衣服時，他很活潑，很享受自由自在動來動去的練習機會，沒有尿片和衣服的束縛，更容易成功，而穿上衣服之後，他還能練得更快。寶寶將會認識自己的身體，也能把身體控制得更精準。

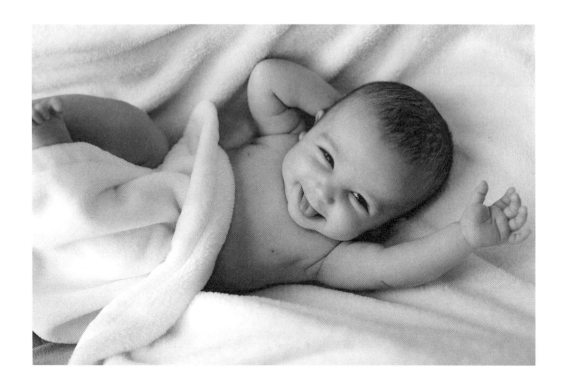

💡 教寶寶翻滾

有些寶寶會嘗試翻滾，不過幾乎都需要大人幫忙。如果你家蠕動的小蟲子試著翻身，在練習時，讓他抓著你的手指頭，百折不撓的寶寶可能可以從腹部朝上翻轉到背部朝上；有些則相反，從背面翻到正面，有些雖然還做不到，但依然堅持不放棄。

💡 自己玩可能不是那麼重要了！

父母偶爾會讓寶寶自己玩，從其中偷點時間！如果寶寶的熱忱減退了，父母可能會拿新玩具出來晃一晃，或是發出聲音，也可能會試著和寶寶說話，讓他維持興致。有父母的幫助，有些能自己玩上 30 分鐘。

許多父母對於寶寶會試著看、聽做的事情感到驕傲，並想融入、幫助寶寶。這時因為有很多要學習以及練習的新事物，所以父母會認為讓寶寶自己玩不那麼重要。

第 **3** 次飛躍紀錄表　　**平順轉換的世界**

 你喜歡的遊戲

　　這個年齡大部分的寶寶都特別喜歡讓爸媽帶著，以緩慢而一致的動作玩「四處移動」的遊戲。所有的親子遊戲應該都要短；在這時，變化比重複要好。

填表說明

　　下面是一些寶寶可能會喜歡的遊戲和活動，對練習最近正在發展中的新技能有幫助。勾選寶寶喜歡的遊戲，比對「你的發現」，看看寶寶最感興趣的物品和他喜歡的遊戲間，是否有關連？你可能得想一想，不過這種思考會讓你對寶寶獨特的人格特性有深入的了解。

☐ 「飛機」遊戲

　　把寶寶慢慢舉高，發出從小漸大或從低升到高像飛機的聲音。當把寶寶舉高超過你的頭部時，他就會自動將身體伸展開來，然後開始下降；當高度和你的臉齊高時，把你的臉埋入他的脖子裡並用嘴輕輕的啵他一下。寶寶會期待你親他並張開小嘴親回來，當寶寶想要再玩一次時，會把嘴巴張開，像預期這個啵一樣。

☐ 「溜滑梯」

　　坐在沙發上，將背部往後靠，雙腳伸直，讓寶寶坐在腿的高處，接著溫和緩慢的滑到地板上，而你則發出像滑梯的聲音。喜歡玩水的寶寶會很喜歡在洗澡時玩。

☐ 當「鐘擺」

　　把寶寶趴在膝蓋上臉朝你，慢慢的將腿左右搖擺，從一邊擺盪到另一邊；發出各種時鐘的聲音，高的、快速的滴答聲，或是低的、慢速的噹噹聲（範圍從高到低，速度從快到慢，或是寶寶喜歡的）。一定要牢牢的抱住他，且確定他的頭和頸部肌肉已經足以跟著節奏移動。

☐ **膝蓋當馬騎**

讓寶寶趴在膝蓋上臉朝你，慢慢的將腿上下搖擺，做出走路的動作，讓他上下擺動，好像騎馬一樣；同時發出噠噠的馬蹄或搬運的聲響，寶寶會很喜歡的。

☐ **輕咬的遊戲**

坐在寶寶面前，確定他盯著你。將臉朝他的肚子或鼻子慢慢貼過去；同時發出逐漸變大的拉長聲，或是改變音調。例如，啾～碰，或是啊～蹦，或是類似寶寶自己會發出的聲音，然後在他的肚子或鼻子上輕咬一下。

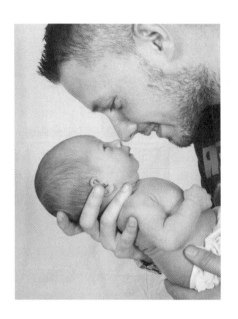

☐ **感覺布料**

一邊做家事一邊玩吧！折衣服的時候讓寶寶的手滑過布料，感受不同的材質，像是毛料、棉布、絲或尼龍，讓他的手滑過布料。寶寶喜歡用手指和嘴碰觸布料，麂皮、皮革或是毛氈也都可以嘗試。

☐ **爬山**

採取一個稍微傾斜的坐姿，讓寶寶可以在你的身體上走路或爬山。一定要牢牢抱好，你是實際上出力氣的人，在他試著要走路或爬山時支撐他。

☐ **跳上跳下**

體力好的寶寶在父母的腿上喜歡重複滑動的動作，你可以讓他跳上跳下、平穩的轉圈圈，或是把他從左移到右，他會發出笑聲。再次提醒，一定要緊緊抱好，並扶好頭部。

你喜歡的玩具

☐ 手搖玩具。

☐ 鐘裡的鈴舌。

☐ 搖搖椅。

☐ 可以發出緩慢尖長聲或合音的玩具。

☐ 手搖鈴。

☐ 具仿真臉孔的娃娃。

 你的發現

以下表上所列出的技能是你寶寶在這個年紀可能會展示的技能。請別忘記，寶寶不會把表上的所有項目都做了，而是換選擇這時最適合他的技能來做。

✏️ **填表說明**

· **飛躍開始前**：勾選表中寶寶可能已經選擇的新技能，這張表只是讓你對寶寶的偏好有概念，他會決定先發展哪些技能？填完表後，你就可以每次的飛躍後，解鎖寶寶獨特的人格特質。

· **飛躍開始後**：寶寶早晚會展現表中的技能：用的是他自己的時間和方式，這與智力無關，而是取決於個性。將所有的表格填好，並在寶寶成長時，經常回顧這張表，這樣你就能擁有一張完整的總覽，可以顯示出寶寶的興趣和偏好（最早做及最晚做的事）。

（註：紀錄表內的我表示父母，你表示寶寶。）

寶寶大約是在這時開始進入飛躍期：＿＿＿ 年 ＿＿＿ 月 ＿＿＿ 日。

在 ＿＿＿ 年 ＿＿＿ 月 ＿＿＿ 日，現在飛躍期結束、陽光再次露臉，我看到你能做到這些新的事情了。

第3次飛躍紀錄表

你的發現 ▶▶▶ 身體的控制

日期：＿＿＿＿＿＿＿

☐ 即使你累了，我也幾乎不必支撐你的頭部。

☐ 當想要聽或看時，你可以平穩的把頭從一邊轉到另一邊。

☐ 現在你可以平穩的追視某個玩具。

☐ 你更活潑、更有精力，和過去相比，更會扭來扭去、轉來轉去。

☐ 現在換尿布變得比較容易了：換的時候，你會玩耍似的抬起小屁股。

☐ 握住我的手指，你可以獨立的從正面翻到背面或相反。

☐ 你把腳趾塞進嘴裡，把自己纏成一團。

☐ 只要握住我的兩根手指，你就可以拉高成坐姿。你已經強壯到足以在幫助下變成坐姿，當然了，出力氣的是我！我一直支撐著你。

☐ 在我的膝蓋上時，只要我採取稍微後傾的姿勢，你面對著我，當我握住你的手引導時，即使搖搖晃晃，你還是可以被拉高站起來；若還無法做到，我必須提供助力，過一陣子你就能自己做到。

☐ 你坐在嬰兒彈跳椅或是躺在遊戲墊上時，可以用兩隻腳把自己蹬離。

☐ 我注意到的其他事情：

....

....

透過寶寶的眼睛體驗世界

　　寶寶如何表達他的喜愛之意？有些看到喜歡的東西會變得比較活潑，他會手舞足蹈，甚至整個身體都會動。對於這些活潑主動的孩子，父母的反應就會比較快，例如：把寶寶放在能觀察的環境，或是把他感興趣的物品，放進他手裡。比較不活潑的孩子，則多半是盯著他喜歡的東西看，要發現讓他的興趣就比較困難。寶寶愈安靜、不主動，就愈難發現。

　　仔細觀察就能發現，寶寶是如何指出他喜愛，或是想玩的物品；如果給他回應，他會覺得你了解他的訊號，這能鼓舞他，讓他認識環境的嘗試變得容易一些。請試著列出五種寶寶提供給你的訊號，幫助你更了解他。

🔍 你的發現 ▶▶▶ 聽與說　　　　　日期：_____

☐ 噢噢！都是你的聲音！尖叫、大吼大叫，聲音還可以在大、小、輕柔、低和高間輕易轉換。

　（寶寶已經可以用聲音產生平穩流暢的轉換了，他不僅了解平順轉換，還能夠用聲帶來進行。）

☐ 能發出全範圍的新聲音，從這次飛躍開始，聲音和真正講話時的母音很像，你最常發出的聲音是：

　　☐ 咿 ee　　　　☐ 喔嗚 ooh

　　☐ 噢 oh　　　　☐ 啊 aah

　　☐ ㄟ ehh　　　☐ 哎 ay

　　☐ 其他：＿＿＿＿＿＿＿＿＿＿＿＿＿＿＿＿＿＿＿＿＿＿＿＿＿＿

☐ 當躺著或坐著時，常會「說」一整套故事。

☐ 發現自己能吐出口水泡泡，你常會覺得很好玩，做的時候一直笑。

☐ 我注意到的其他事情：

_____

_____

🔍 你的發現 ▶▶▶ 看　　　　　日期：_____

☐ 把兩隻手翻來翻去，兩面都細細觀察並研究。

☐ 研究兩隻腳移動的樣子。

☐ 研究臉、眼睛、嘴和頭髮。

☐ 研究家人的衣服。

☐ 喜歡研究：

_____

_____

你的發現 ▶▶▶ 抓、碰觸、感受　　　日期：＿＿＿＿＿＿

☐ 用兩隻手來抓和拿東西。

☐ 故意、有意識的用兩隻手來抓玩具。我將玩具放在你能抓到的距離內，而且就在你的正前方，不然對你來說還是會太難。

☐ 如果有人給你玩具或其他的物品，你會故意、有意識的用雙手來拿。

☐ 可以上下搖晃手搖鈴或會發出聲音的玩具。

☐ 你最喜歡搖動的玩具是：

☐ 研究並擺弄我的雙手。

　　（大約在 4 個月左右，大部分的寶寶都會開始用手指和眼睛檢視物品，而不再放進嘴裡；有些在 3 個月左右就會開始。）

☐ 喜歡研究人的臉、眼睛、嘴和頭髮等，你愛用雙手觸摸，就像用雙手檢查並學習。

☐ 不僅用雙手探索身體的部位，連衣服也是。

☐ 喜歡用雙手發現事物，不過你依然會把東西放進嘴裡。你可以感受和和成年人不同的事物。

☐ 有時候喜歡摸自己的頭，從脖子摸到眼睛。

☐ 有時會把玩具順著頭或臉頰搓過去。

☐ 我注意到的其他事情：

你的發現 ▶▶▶ 其他技能　　　日期：＿＿＿＿＿＿

☐ 透過看、聽以及抓，或是「說」某件事情的方式，清楚表達你對物品的喜愛；會等著「說話」的對象繼續他正在做的事。

☐ 面對不同的人你會採用不同的「行為」。你會根據對象而有不同的看、微笑、說話或是移動方式。

☐ 如果你太常看、聽、感覺或是做相同的事，就會明白的表現出無聊的樣子；突然間，變化變得相當重要。

☐ 我注意到的其他變化：

隨和期：飛躍之後

　　大約在13週左右，相對平靜的時期來臨了！寶寶又變成一個快樂的小人了，父母也會對他神奇的進步速度感到欣慰。

　　寶寶比之前聰明多了，當他被帶著四處走動，或坐在父母的膝蓋上時，行為表現就像一個小小的人。有想看或聽的物品時，他會將頭轉往正確的方向或挪動位置以取得一個好視角；他的眼睛會一直盯著身邊進行的事，對著每一個人笑；有人和他說話時，他會「回答」，歡樂又活潑。家裡其他的人現在更有興趣將他當成一個「人」來看待，他在家中已經占有一席之地，他所屬之地！

　　女兒現在正在對各種物品培養興趣。她會對不同的物品選擇說話或是尖聲大叫，我觀察她時會想，天啊！實在太聰明了，連這些都能注意到？

　　　　　　珍妮的家長／第13週

　　看到寶貝能自得其樂實在是太棒了，她深情款款的跟軟毛玩具或人聊天。

　　　　　　茱麗葉的家長／第14週

　　小傢伙肯定變得更有智慧了。她這些天老是一直東看西看。她喜歡我帶她四處走動，她的頭還會左右轉，為了能看清楚。

　　　　　　漢娜的家長／第14週

　　現在親子間的互動交流太多了，因為她對任何事情都有反應。我和她玩一次遊戲後，她就等著我和她再玩一次；現在她「回答」的次數也多了很多。

　　　　　　艾詩莉的家長／第13週

女兒現在機敏多了。她對每件事都有反應，有聲音時就會立刻把小小的頭轉過去回應，突然間她在家中取得了小小的地位。

愛蜜莉的家長／第 14 週

女兒向來隨和又安靜，不過現在變成了小話癆。她比之前愛笑，常發出咯咯聲。我很喜歡把她從床上抱出來，看她接下來要做什麼？

伊芙的家長／第 14 週

兒子隨時都想和我黏在一起，這是開始飛躍的徵兆。現在他更容易覺得無聊，彷彿準備好要迎接新事物一樣，他白天不想小睡，胃口非常好。飛躍後，他似乎聰明多了？

艾登的家長／第 15 週

兒子比之前有趣太多了，因為他實在進步的太明顯。他會用一個微笑或咯咯聲回應，頭也能轉向正確的方向。因為他軟軟胖胖的很好抱，我很愛把他抱在懷裡。

法蘭基的家長／第 14 週

| 第 **4** 章 |

第 **4** 次飛躍式進步

充滿事件的世界

所有飛躍中最麻煩的一次

神奇的第 **19** 週
（約 5 個月大）

大約在 19 週（或 18 ～ 20 週），也就是 4 個半月上下，寶寶會進入另一個飛躍期。他想嘗試之前沒有過的事，因為他取得了學習新技能的系列延伸，他開始實驗各種事件。事件指的是從一個模式平順轉換到下一個模式之間一個短暫、熟悉的序列。

成人每天的經驗可以被分成各種理所當然的熟悉事件。例如：看到一顆球掉在地上，你知道球會回彈，或許彈跳幾次；如果有人往上一跳，你知道他會落地。你知道高爾夫球揮桿，以及網球發球的初始動作及後續動作，但寶寶來說，沒有事情是他能預期的。

第 4 次飛躍帶來的新改變，實際上是從約 15 週（或 14 ～ 17 週間）開始的，他的世界改變了，他不知道如何應對，飛躍影響了他的五感，他需要時間及安全感才能逐漸接受，他會再次展現和爸媽在一起的強烈需求，並以自己的步調在新世界裡成長。

遺憾的是，從這次起難帶期的時間會比之前長，這次大約會持續 5 週，有些可能是短短的 1 週，有些則是長到 6 週。如果寶寶比平時難帶，那就要密切觀察，他是否在嘗試掌握新技能，請參考第 4 次飛躍紀錄表中的「你的發現」，看看要注意些什麼。

難帶階段：神奇飛躍開始的信號

在難帶階段寶寶會比平常愛哭，特別是要求多的寶寶，他會哭、啜泣，甚至哼哼唧唧抱怨的次數明顯比過去多，他直接表明想跟爸媽在一起。個性隨和的寶寶稍微沒那麼難纏，或者說至少次數沒那麼頻繁，他和你在一起時，通常會哭得少些；他會堅持你得全心全意關注他，雖然不會一直要你帶他四處逛，不過會期望醒著時你能一直逗他開心；如果沒事讓他忙，就算坐在你的腿上，他還是會特別任性，繼續亂發脾氣。

簡單來說，寶寶進入一段新的難熬期 3C 期（愛哭、黏人、愛鬧脾氣）。這段期間不僅是寶寶，甚至你也會憂慮、易怒。幸運的是，當時間過去，寶寶就會再次成為家中的陽光，並且能夠做許多新事情。

如何得知寶寶已進入難帶階段？

寶寶在進入難帶階段時，除了 3C 之外，還會出現其他特徵：睡不好、要求更多關注、一直想和你在一起、胃口不好、情緒不穩、無精打采以及頭部比之前需要更多支撐。

💡 寶寶是不是睡不好？

寶寶晚上可能不容易被安置下來睡覺，要他晚上乖乖睡覺比之前難，他可能會躺著、清醒沒睡；夜裡可能要再餵一次奶，或是一個晚上要求餵多次奶，早上醒來的時間也比平時早很多。想了解更多與睡眠及飛躍相關的資訊，請參見「睡眠與飛躍式進步」。

💡 寶寶變得怕生嗎？

除了你，寶寶可能會拒絕坐在其他人的膝上，又或者如果有陌生人看他及說話，都會讓他不高興。如果爸爸白天大部分的時間不在，他甚至可能會出現害怕的樣子，若遇到長相和你相差很大的人，他怕生的問題會更明顯。

💡 寶寶要求更多關注嗎？

寶寶有可能會要你和他一起做些事、逗他開心，或一直看著他。有些寶寶平常會自己玩，但是現在玩一會兒都不能；你一走開，他就會哭起來。

女兒看見阿姨時，非常不高興，並撕心裂肺的尖叫，把臉埋在我衣服裡，好像看一眼都很害怕。我妹是黑眼珠，她化了黑色妝，看起來很嚴厲。我是金髮，臉上幾乎都不化妝。

妮娜的家長／第 16 週

兒子不再對戴眼鏡的人笑了。他只是直直瞪著，臉上一副嚴肅的表情，直到對方把眼鏡摘掉，他才會出現微笑。

約翰的家長／第 16 週

💡 一直想和你在一起！

寶寶拒絕被放下,不過要是你能陪在一旁,且經常摸摸他,他或許會同意。

💡 頭部需要更多支撐嗎?

當父母把難纏的寶寶帶著四處走時可能會注意到,現在必須更常支撐他的頭部和身體,當你把他抱在懷裡時,你會意識到他感覺起來更像新生兒,他會有點往下滑,特別是哭鬧時。

💡 寶寶情緒不穩嗎?

有些**寶寶**的情緒在這段期間起伏很大,有時整天笑咪咪,但到了第二天就整天哭鬧。情緒的起伏轉變可能就在瞬間,像是前一分鐘還在尖聲笑著,下一分鐘就哭得淚眼汪汪;有時候甚至笑到一半就哭起來。有些父母認為,笑和哭都非常戲劇化、誇張,很不真實。

💡 寶寶胃口不好嗎?

接近飛躍期時,不管寶寶是親餵還是瓶餵,和平時相比都可能有暫時性胃口變小的情形,他可能更會因為四周的情況而分心,又或是很快開始玩起乳頭而拒絕把奶水喝完,幾乎所有親餵的媽媽都會把這當成訊號,覺得應該成改採其他形式的營養供給了。有些媽媽會覺得寶寶是對自己產生排斥,其實不是,寶寶就是單純的煩躁難過而已。

📢 在兩次餵食間,我必須特別關照兒子。過去他可以自己安靜的躺著,現在他就想要有人逗他玩。

約翰的家長／第 17 週

📢 女兒想要更親近我,這對她來說很不尋常。只要我放開她,就算只有一秒,她也會立刻哭,但如果我或先生把她抱起來,就又平安無事。

伊芙的家長／第 14 週

📢 APP 告訴我飛躍期快到了,很準確。我發現女兒突然間就要求我給她更多關注。隨著時間過去,情況變得更加嚴重,我只好整天背著她,讓日子好過一點。

愛琳的家長／第 17 週

傑克從一個小小孩子變成一個完全不知道自己想要什麼的青少年,什麼對他來說都不夠好!老天爺,請幫我度過這難過的第 4 個飛躍期,拜託。

—Instagram 貼文

💡 寶寶比之前安靜嗎？

寶寶可能有一小段時間不再發出他熟悉的聲音，或是偶爾會一動不動的躺著，目光呆滯失神，又或是像在擺弄自己耳朵。寶寶無精打采或是出神是很常見的，父母可能會發現寶寶的行為不太對勁而心生警惕，但實際上，這種冷淡的行為只是暴風雨前的寧靜，這是一個信號，表示寶寶正處於要進入飛躍期，他將會學習並獲得許多新技能。

> 大約在 15 週左右，女兒的喝奶量突然開始變少。5 分鐘之後，她開始繞著我的乳頭玩。這種情況維持 2 週後，我決定用嬰兒配方奶來當作奶水的補充品，但是她完全不喝。在這 2 週的時間裡，我擔心她會出現營養不足的情況，特別是奶水量開始減少。不過現在她又恢復之前的樣子了，而我的奶水量也一如以往的豐沛。事實上，我的奶水量似乎還更多。
>
> 漢娜的家長／第 19 週

紀錄情況

🔍 第 4 次飛躍徵兆表 〉〉〉

下面是寶寶讓父母知道飛躍已經開始的方式。請記住，這張表是會出現的行為特徵，但未必全部出現。請記住，沒有一個寶寶會做出表上全部的行為。寶寶會多少種並不重要，他會選擇最適合他的技能。

☐ 比之前更愛哭。

☐ 常常脾氣壞、愛使性子或煩躁不安。

☐ 比之前要求更多關注。

☐ 頭部現在需要更多支撐。

☐ 要求更多身體的接觸。

☐ 睡不好。

☐ 胃口變得不好。

☐ 變得比較安靜，不愛出聲。

☐ 沒之前活潑。

☐ 情緒起伏得很厲害。

☐ 愛吸吮拇指，或是比以前更常吸。

☐ 我還注意到你：

....

父母的憂慮和煩惱

難帶階段不僅是寶寶辛苦，你也辛苦。你可能會筋疲力竭又生氣，有時甚至會沈重到難以負擔。

💡 可能覺得筋疲力竭！

在難帶階段多數的爸媽都會抱怨自己更疲憊了，頭痛、噁心、背痛的情況增加，或是出現情緒問題。有些「幸運」的父母還要同時跟一個以上的問題奮戰，只好怪罪於睡眠缺乏、不斷背著愛尖叫，或是老是不開心的寶寶身上，事實上，真正的原因來自於寶寶持續哭鬧所引起的壓力。有些爸媽會諮詢兒科醫師處理寶寶的問題，或至復健科處理自己的背痛問題，但真正的問題在於，父母已經精疲力盡、無法應付。這時，請將時間留給自己，偶爾讓自己偷閒。別忘記，寶寶終究還是會學會他新技能，到時又會是笑臉迎人的可愛寶寶。

💡 可能無計可施！

很多爸媽在難帶階段的尾聲會感到困擾：寶寶難纏、煩躁、難過似乎沒有理由，也沒有確切的原因。這時你可能會想起一些「善意」的提醒：你「寵壞」孩子了，或許，你太順著孩子了；你可能會想，乾脆放任寶寶哭久一點吧！

> 📢 兒子拒絕繼續喝奶，而且開始狂哭、亂發脾氣，那時我才剛開始讓他把奶水嚥下去。下次餵奶時，事情再度發生，我氣到不行，所有能讓他分心的小技巧全都不管用。我感覺在原地繞圈圈，所以乾脆把他放在地板上，然後讓他撕心裂肺的大吼大叫。當他終於哭完，我回到房間餵奶，他總算把一瓶奶喝完了。
>
> 鮑伯的家長／第 19 週

Tips

希望你記住，寶寶是需要被安撫的，放任他哭對於幫助他度過難帶階段並沒有幫助。當寶寶哭到停不下來，而你已經無計可施，不知如何是好時，在失控前還是及早尋求協助吧！千萬不能搖晃寶寶，會對他可能會造成傷害，有疑問時，務必諮詢兒科醫師。

只要女兒開始新一輪的哭鬧，我的脾氣就會忍不住上來，因為我才離 10 秒。我決定放她自己哭，不理會。

艾詩莉的家長／第 17 週

最近兒子晚上 8 點就開始尖聲哭鬧。在連續兩個晚上都過去安撫後，我受夠了。我讓他一直哭到 10 點半。他顯然很堅持要哭，我就讓他堅持！

凱文的家長／第 16 週

專欄 · **靜心時刻** ····

唉呀！這次對你和寶寶或許是最難熬的一次飛躍。別忘了先把壓力擺一旁，堅持一天的三次靜心時刻！

⏰ 5 分鐘內

稍微按摩雙手。從手肘一直按到指尖，然後把手放在每一根手指上，朝著指尖方向搓揉並稍微拉一拉手指末端。你的雙手會煥然一新，又可以重新努力了。

⏰ 10 分鐘內

花一點時間，檢視今天要做的事。如果覺得壓力太大，就拿掉一些，告訴自己，就算家裡不像從前一樣整潔，地球也不會停止轉動。

⏰ 更多時間

出門做你愛做的事。觀賞歌劇、逛博物館、購物、親近大自然，做什麼都可以。

寶寶需要更長的時間來探索新世界

由於第 4 次飛躍的難帶階段持續的時間比之前幾次都長，所以父母立刻就會意識到，這次不一樣：寶寶的進步似乎較慢，對於過去喜愛的事物可能突然厭惡。不過，不必擔心，從這次開始，新技能更為複雜，寶寶只是需要更多時間學習。

> 寶寶進步的很慢，他 15 週之前的發育快多了。過去這幾週他的進度幾乎停滯不動。這件事讓人很難過。
>
> 麥特／第 17 週

> 兒子幾乎在新發現邊緣，不過似乎被什麼東西絆住。我和他玩的時候感覺少了什麼，但是我不知道為什麼。現在我也玩起了等待遊戲。
>
> 史提夫的家長／第 17 週

💡 新能力正開始結果

大約 19 週左右，父母會注意到**寶寶**又再次嘗試學習新技能了。這是**寶寶**開始探索世界的年紀！世界提供了龐大的事物，**寶寶**會選擇最適合、最想探索的學。父母可以幫助他朝做好準備的方向探索，而不是隨便選一個，或每樣都試。

> 女兒這週已經開始嘗試多新事物了。我突然間醒悟，才 4 個月，她就能做到這麼多事，我以她為榮。
>
> 珍妮的家長／第 18 週

歡迎來到事件的世界

　　經過上次的飛躍後，寶寶已經能夠看、聽、聞、吃及感受到平順的轉換，並用眼睛、頭、手臂、腿腳、聲音等親自試驗；不過在某個時間點之後會停止發展，他能夠了解的僅止於此。等到寶寶取得第 4 次飛躍後的新能力，可以意識並試驗這次飛躍期的事件後，就能夠看、聽、聞、吃、感受短系列的平順轉換，並且自己做。

　　這項新的能力會影響寶寶的行為，在能夠依序進行幾項平穩的動作後，他就更有機會可以把物品抓在手裡。例如：他或許可以連續重複幾次相同的平穩動作，並試圖將玩具左右或上下搖晃及重複壓、推、重敲或擊打。此外，他也能夠進行一個接一個平穩流暢的動作。例如：可以用一隻手去抓某樣物品，然後試著把它遞給另一隻手；或可以抓住一個玩具，然後立刻嘗試放進嘴裡；又或者能夠翻轉玩具，從每一個可能的角度來觀察，從現在開始，他已經能將任何能夠觸及的物品進行徹底的檢視。

　　此外，寶寶還能學習如何調整身體、上臂、下臂、雙手以及手指的動作來觸及玩具所在的確切位置，並能不斷學習如何修正自己的動作。例如：如果玩具偏左邊一點，他的手會用一個平穩的動作往左移動；如果偏右，他的手會立刻往正確的位置點移動。相同的動作會應用到靠近手、離手較遠，或是懸掛在比較高或比較低的玩具上，例如：他會用一個平穩的動作看、伸手碰，然後抓住並往自己的方式拉，所以現在能說他是「真的」能夠抓住東西、把東西撿起來了。只要東西在他伸手能及的範圍內，他就能夠伸手摸到自己選擇的物品，並且把它抓住。

POINT

寶寶就是這樣的

　　寶寶喜歡新的事物，當你注意到他有新的技能或興趣時，給予反應很重要。他會很喜歡你和他一起分享新發現，而他的學習速度也能因此提高。

當寶寶能做出一短串平穩流暢的動作後，就能利用這些動作來嘗試各種古怪的動作了，像是：扭轉或翻轉身體。他現在或許能輕易的滾動轉身，或是用背部進行身體的旋轉；並嘗試爬行，因為他現在已經能把膝蓋抬高、撐離地面，並進行伸展。

他也可能會開始學習發出一短串的聲音、用聲音進行動作，就像運用身體嘗試做動作一樣。在上次的飛躍之後他就開始發展出話匣子的本領，母音和子音交替出現，並慢慢把這些聲音運用在「句子」裡說出來。例如：「阿吧——吧吧——塔塔」等「嬰兒語」，現在他對於聲音的運用就跟身體其他部位一樣靈活。

全世界的嬰兒都是從這些序列開始說起的。舉例來說，俄國、中國以及美國的嬰兒最初開始使用的嬰兒語都一樣；最後，寶寶會把嬰兒語發展成自己國家母語的正確用字，而不再使用嬰兒語，並會更熟練的模仿圍繞在身邊所聽到的語言，因為他在發出類似的語聲時，夠獲得回應與讚美。

很顯然，大家的祖先一定都覺得聽子女說出「爸爸」或「媽媽」時，很像是對個人的稱呼，因為「爸爸」或「媽媽」這兩組字在很多不同的語言裡都非常類似。而實際的情況則是：寶寶正在拿相同的聲音元素，即爸爸或媽媽來組成短的、熟悉的序列，進行技術性的實驗。不過，這時剛好也是寶寶開始會認字的時候。

寶寶現在可能已經開始辨識聲音中一個短系列的式樣與／或平順轉換。他會被一串音階往上或往下的音符吸引，會回應所有表達贊同的聲音，會被罵人的聲音嚇到，用哪種語言來表達這些情感並不重要，因為他以後自然會了解語調以及高低音間的差異。他現在第一次能夠在吵雜的聲音中間挑出一個特定的音，也開始能認出一些短的、熟悉的語調。貝多芬第五交響曲的前奏部分就是一個很不錯的例子：噹噹噹噹。

增加知識

你知道嗎？

研究人員發現，對寶寶彈奏莫扎特小步舞曲的某一部分，如果樂句被隨機的暫停所干擾，寶寶會出現明確的反應。

寶寶現在會學著看一小串熟悉的影像序列，像是：他可能會對球的上下彈跳及手裡瓶子的左右搖動著迷。例子多到無法估計，這些全都被喬裝成正常的、每日的活動或事件，例如：攪動湯匙、槌打釘子、開門關門、將麵包切片、磨指甲、梳頭髮、自己抓癢、在房間來回走動，以及全範圍下的其他事件和活動。

這裡要提及兩個事件世界具備的基本特徵。首先，成人經歷事件的方式通常是一種不可分離的整體。例如：成人會看到一顆彈跳的球，而不是球起球落，就算是在事件剛開始，成人也知道這是一顆彈跳的球；只要事件繼續下去，就會是一個單一且相同的事件，一個有個名稱的事件。其次，成人會定義大部分的事件。例如：成人講話的時候，字與字間不會清楚的隔開，而是一字一字順著下去，不會暫停；聽話的人會自行在字詞間進行分隔，但這些字是一次全部聽到的。這正是事件在感知上的特殊型態，大約在寶寶 14 ～ 17 週大之間開始出現。

 **增加知識**

大腦的變化

寶寶腦波的記錄顯示，大約在 4 個月左右，腦波會出現巨大的變化。還有，大約在 15 ～ 18 週之間，寶寶的頭圍會突然增大。

POINT

透過寶寶的眼睛看世界

把你每天看、聽、做或是經歷到的 10 個事件列成表。這張表寫起來會比之前飛躍的各張表來得容易，因為你很簡單就可以感受並了解到那是事件。寶寶意識到這世界的方式會和成人經歷的方式愈來愈接近。

① _____

② _____

③ _____

④ _____

⑤ _____

⑥ _____

⑦ _____

⑧ _____

⑨ _____

⑩ _____

神奇的向前飛躍：發現新世界

寶寶愈常接觸愈常玩事件，對事件的了解就愈多愈熟悉。他選擇要先由哪些開始其實沒關係，他可能會對音樂、聲音或文字有較多的關注，也可能選擇觀看或觀察，又或者選擇體能活動。之後，他要將學習得來的知識和經驗運用到另一項技能的學習上是蠻簡單的。

💡 對身邊的事物充滿好奇

寶寶除了想要利用新技能進行實驗外，對於身邊進行中的事物也極有興趣；這一點可能占據了他清醒時的大部分時間，因為他會想多看、多聽。更好（或更糟糕）的是，他伸手能及的每一件玩具、家用品，以及花園或廚房的用具，他都會伸手去拿。你已經不再是他唯一的玩具了，他會嘗試藉由手腳的推進，介入周邊的世界，並向著新的事物而去；現在他花在玩抱抱遊戲的時間比較少了，有些爸媽甚至會感覺有點受到排斥。

即使如此，他還是跟從前一樣需要幫助。寶寶會對周圍的整個世界感到著迷是很常見，或許你已經感受到這些新的需求，你得準備充足的玩具讓他選；然後看著他的反應，萬一遇上困難，無法自行解決，你再伸手相助。此外，你也要盯著寶寶，確定他在伸手抓玩具時，正確的使用雙手、雙腳、四肢以及身體，如果發現問題，可以協助他進行一些練習，像是：**翻轉、轉身**，有時候甚至是**爬行、坐下或是站起來**。

你也可以給寶寶機會練習雙手和手指，藉此發現最微小的細節，並給予他時間好好看、聽。從現在開始，寶寶不僅會在吃東西的時候看你，甚至還會試圖從你嘴裡搶食。你會注意到寶寶對物品進行了各種實驗，而你可以提供幫助。例如：你可以利用手上的物品玩「躲貓貓」（peek-a-boo）遊戲，又或者你可以**幫助寶寶發展語言技能**，因為他已經可以講出「嬰兒語」，也能了解他最早說出來的一些字彙。這是開始閱讀的好時機，看書既令人愉快又具有教育性。

你可以利用這次飛躍的要素，來幫助寶寶，並試試下面的遊戲。

💡 小小研究員！一點細節也不放過

有些**寶寶**對最小的細節也不放過！如果你家裡有一個小小研究員，他會從各個面向觀察事物，而且非常仔細，他會把時間都花在檢查物品上。

一點點小凸起都會讓他大驚小怪。等到他將東西敲打、觸摸或搓揉，並好好感受質地、檢查形狀和顏色後，好幾世紀都過去了。似乎沒有什麼物品能逃能過他追根究底的目光以及愛刺探的心，如果他決定要檢視，就會做到鉅細靡遺的程度。如果他要研究你的手，通常會從某根手指頭開始，先敲敲指甲，然後看一看，感受它動的樣子，接著再繼續下一根手指；如果他要檢查你的嘴巴，通常會把每一顆牙齒都檢查一遍。你可以用玩具和他感興趣的東西來刺激他觀察。

📣 女兒以後肯定會當牙醫。她每次檢查我嘴時，我都快悶死了。她先是四處探查，然後把一整個小拳頭用力塞進我的嘴裡。她表達得很清楚，她認真工作的時候不想被打擾，而我只是想試著閉上嘴巴，親親她的手。

愛蜜莉的家長／第 21 週

💡 是一個真正的「觀察員」

日常生活中每天都充滿了寶寶可能會喜歡看的事件，像是：爸媽準備食物、佈置餐桌、穿脫衣，或是在花園中工作。寶寶現在已經能夠了解各種活動中不同的事件，如果他喜歡觀察，就讓他好好觀看你每天的活動吧！例如：把盤子擺在桌上、切麵包、做三明治、梳頭髮、剪指甲指、割草等。你只需把他放在一個完美、安全的位置來觀察你正在進行的事，這對你來說不會添麻煩，對他來說，也是個愉快的學習經驗。

💡 是抓物狂？！什麼都抓

最容易把爸媽搞到發火的莫過於寶寶什麼都要抓的執念，只要在他伸手所及的範圍內，經過時不管看到什麼都抓，如植物、杯子、書本、音響、眼鏡，只要他探索之手經過之處，無不遭殃。這

📣 我家小傢伙看到我在做三明治就會開始發出聲音、踢腿並伸出雙手。她顯然知道我在幹什麼，而且叫我餵她。

漢娜／第 20 週

種行為會讓爸媽無比困擾，有時還會導致意外受傷，如果堅定的跟他說，「不」，嘗試阻斷他這種抓物狂的行為，有時候可能會有用。

咬人不好玩！

寶寶現在變得強壯，有能力造成身體上的疼痛了。他可能會對著你的臉、手臂、耳朵和頭髮咬、嚼、拉扯；也可能會捏你、擰你的皮膚。有時候太用力，還會真的讓你受傷，沒有人覺得這樣是有趣的事。

有些父母在寶寶變得太興奮時，會加以指責，希望立刻讓寶寶明白，他太過分了。通常採取方式是大聲、嚴厲的喊出「唉喲！」如果發現寶寶正準備發動新一波的攻擊，則會用「不可以」來警告。這個年紀的寶寶已經能夠了解告誡的聲音，如果他不停止這類行為，你應該要走開，冷靜下來，並將他放入嬰兒床或遊戲欄內玩，以提供所需要的中斷作用。

什麼都想吃一口

大多數的寶寶在這年紀還是什麼都喜歡吃的。寶寶會想伸手抓你正在吃或正在喝的東西嗎？大部分的寶寶都會，所以當膝蓋上坐個扭來扭去的寶寶時，要小心別喝熱茶或熱咖啡。只要一沒注意，他就可能突然伸手抓杯子，然後熱飲就會翻倒、灑得他雙手和臉到處都是。

> 兒子的嘴巴因為預期而張開，他就用這張開的嘴來抓我的三明治。無論抓到什麼，他都會立刻吞下去。有趣的是，他似乎什麼都愛吃。
>
> 凱文的家長／第 19 週

能「找到」東西了

當寶寶開始熟悉事件的世界，具有物體恆存的概念後，他就能辨認出物品，就算被遮住一部分也可以，這時可以開始和他玩「躲貓貓」和「玩具捉迷藏」遊戲了。這個年紀的寶寶還是很輕易就會放棄的，如果你看到他一臉困惑的看

著被遮住一半的玩具,那麼不妨在他的理解範圍內,把玩具藏成他容易辨識、找到的模樣。

💡 可能可以說出「嬰兒語」

你家寶寶會講「嬰兒語」嗎?有時寶寶聽起來好像真的在講故事一樣。這是因為在事件的世界中,寶寶運用聲音的靈活度就跟他身體其他的部分一樣,他會開始重複已經知道的音節,並且把這些音節串在一起變成句子,像是「嗒嗒嗒嗒」和「吧吧吧吧」。他可能也會拿語調和音量來實驗,當他聽到自己發出了一個新的聲音,可能會暫停一下,笑出聲來,然後再繼續說話。

盡可能多和寶寶說話還是很重要的。試著去回應他說的話,模仿他的聲音,當他「要求」或「告訴」你什麼的時候要回應他,你的反應可以鼓勵他練習使用聲音。

💡 了解自己最早的用字

寶寶對於辭彙的理解能力高於說話的能力,他雖然還無法自己說出單字或辭彙,但卻可以了解辭彙或短句。你可以在他熟悉的環境中,試著問他,「你的熊在哪裡呀?」而你可能就會看到他真的在找自己的玩偶熊。

當發現寶寶能理解第一個短句時,你會雀躍不已並引以為傲。最初,你可能不相信並且一直重複,直到相信這不是巧合,之後你可以創造一個新的情境,來讓寶寶練習。舉例來說,你可以把小熊放在房間裡的任何地點,並測試寶寶是不是知道它在哪裡。很多父母在寶寶這個年紀時會改變對他講話的方式,例如:把語速降下來,而且常會用單獨的辭彙或疊字來代替整個句子。

> 我家客廳的牆上掛著一幅花的畫作,而另一面牆上則掛了兒子的照片。當我問他,「花在哪裡?」或是「保羅在哪裡?」他總是看向正確的圖片。這不是我的想像,因為這兩幅圖分別在相反的牆面上。
>
> 保羅的家長/第 23 週

💡 寶寶的第一本書

寶寶很喜歡看可以顯示事件的繪本。如果你的寶寶也喜歡,他或許會想自己抱著書,甚至會很努力的把書抱住,專心看圖片,但通常過不久,書就會出現在他嘴裡了。

💡 寶寶可能喜歡音樂

如果寶寶是個出正在萌芽中的音樂愛好者，那麼就可能會被樂音吸引，並喜愛各種類型的聲音，就值得你刺激並鼓勵他。有些寶寶伸手抓玩具或物品，是為了知道它們會發出什麼類型的聲音？他四處找會發出聲音的物品，並不斷實驗若以不同的速度轉動或擠壓它們時，發出的聲音是否會改變？準備一些會發出聲音的玩具或物品讓他玩，並幫助他正確使用。

💡 有自己的意志：有趣又難纏

寶寶會想自己決定要做什麼，而他也不吝於讓你知道。他想要坐起來，成為所有事件中的一員，興致來時還會參與，但最重要的是，他看到什麼都想要，這一點讓你累壞了。有些爸媽認為寶寶還太小，不能讓他看到什麼就摸，當寶寶在懷中扭來扭去，動個不停，想拿看到的東西時，爸媽可能會用抱抱或或是緊緊擁抱遊戲來讓他分心，但這會達到反效果，寶寶會更堅定決心，更賣力的扭動，想從爸媽的手中掙脫。

睡覺和進食的也一樣，寶寶會自己決定他想何時睡覺，何時起床，何時用餐。例如：起床、睡覺或吃飯的時間都由他決定，他想吃的時候就會要求供應食物，是否吃飽也由他認定。你可以說，這是你和他之間發生的第一次權力抗爭。

📢 兒子變得相當有個性，有自己的意志。他會讓你知道他要什麼，不要什麼，清楚有力。
法蘭基的家長／第 21 週

📢 女兒每次和我一起坐在椅子上時，都會去抓立燈燈罩上的流蘇。我真的不喜歡她這樣，所以我會把她拉開，跟她說，「不可以！」
珍妮的家長／第 20 週

爸媽可以這樣做

💡 教寶寶翻身，把翻身變成遊戲！

或許你已經看過寶寶以背為支點打轉、扭來扭去，想要從肚子朝上的正面翻身成背面朝上。如果有，代表小傢伙已經可以用身體的幾個部位玩短系列的順暢動作，他已經生活在事件的世界了。無論如何，能夠連續做出幾個順暢的動作並不代表他就能成功的翻轉身體或爬行，這通常要經過不少次錯誤的嘗試及練習才能做到。

下面提供幾個遊戲，讓寶寶透過玩樂的方式來練習翻身：

⚙ 讓寶寶仰臥，背部朝下平躺，拿一個彩色的玩具貼近他，他為了要摸到這個玩具，就會奮力伸出手並且轉身，只要不停住，身體就會自然翻轉過去。當然了，你必須對他的努力加以鼓勵，也要對他的嘗試多加讚美。

⚙ 讓寶寶俯臥，胸朝下，你在他身體左後方或右後方，手裡拿個彩色玩具。當他轉身想去摸玩具時，將玩具向他背後中間的地方移，待他轉到比能摸到玩具多轉一點、超過某個點後，就會翻轉過去，頭在過程中剛好可以自動提供助力。

寶寶會翻身了，也討厭穿褲子，她像一隻聖伯納犬一樣直流口水，她正深處在第 4 次飛躍期中，免不了會出現「我就是需要媽媽」的這種任性症狀。

—Instagram 貼文

📢 我認為兒子可能想爬，不過他還不知道怎麼爬。他又扭動又蠕爬，不過並未前進，那時他真的很難過。

法蘭基的家長／第 20 週

📢 女兒不斷嘗試要翻身。翻不成的時候她就非常生氣，做什麼都無法讓她高興。

艾詩莉的家長／第 20 週

📢 兒子瘋狂的練習如何正確翻身。不過當他臉朝下俯臥時，會把雙手和雙腿同時舉起來，瘋狂的拉扯呻吟。

約翰的家長／第 21 週

💡 幫助寶寶坐著進行探索

　　如果寶寶因為必須持續用一隻手把自己撐起來而感覺疲累，你就幫助他吧！當他能舒服的坐著並空出雙手自由玩耍，他會很開心。例如：把他放在膝蓋上，一起檢視玩具。再者，當他坐起來後，就能用完全不同的角度來玩玩具。觀察他坐起來後，對玩具的玩法是否不一樣？或許你還會看到一些新活動呢！

　　我初次把兒子放在遊戲椅裡，用靠墊支撐他坐起來。他馬上發現玩具不一樣的玩法。當我把他的塑膠鑰匙圈給他後，他先是開始在遊戲桌上用力敲打，然後持續把它扔到地上，連續做了 20 次。他覺得這件事實在太好玩了，所以開心的笑著。

保羅的家長／第 19 週

💡 教寶寶爬，有時候有用！

　　這個年紀的寶寶常會想要爬，癥結在於前進的部分。大多數的寶寶都愛往前移動，而他也嘗試了，並擺出正確的起始姿勢：把兩個膝蓋夾在身體下，屁股抬高，然後一蹬，只是沒能成功。有些寶寶會坐在自己的雙手和膝蓋上，把身體的重量向前向後移動；也有些蠕動的小蟲子會往後溜，因為他是用雙手來蹬；更有些是用一隻腳來蹬，然後變成原地轉圈。有些幸運的寶寶則是擺弄了一陣子，然後正好做對了一個往前的動作，這是一個例外，並非這個年齡的慣例。

　　很多父母會試著幫寶寶爬行，像是小心翼翼把寶寶扭動的屁屁往前推，或是把各式各樣吸引寶寶注意的東西放在他伸手能及的範圍之外一點，試著引誘他前進，這些操作有時候會成功，寶寶多多少少移動了一點距離。有些寶寶爬行的方式是把自己重重的往前一摔，有一些則是肚子貼地，用雙腿把自己往前推，同時還用兩隻手臂引領自己往對的方向過去。如果你模仿寶寶努力嘗試的樣子，他會覺得好笑；他還會很愛看你示範如何正確的爬行，幾乎所有有爬行問題的寶寶都會對大人的示範著迷，你試試看就知道了！

POINT 光著身體扭動

　　寶寶如果想學會翻身、側轉以及爬行，就需要練習，如果他沒穿衣服和尿布，學起來會好玩得多，也會容易得多。大量的體能運動可以讓他有機會認識自己的身體，並提高他對身體的掌控。

💡 給寶寶機會練習雙手和手指

寶寶都喜歡用一個順暢的動作來練習摸、抓及拉近玩具，並以各式各樣的方式來進行操控，像是搖晃、敲打或戳碰，他想多探索，就讓他盡情試吧！寶寶多功能遊戲桌就能提供許多種類的手及手指練習，通常桌子的檯面上會有一個可以讓寶寶轉動且發出聲音的按鈕，拉或壓時會發出聲音，也有可能是可以上下滑動的小動物，或可以轉的旋轉輪和球等等。

很多寶寶都很喜歡功能遊戲桌，因為每一個按鈕在寶寶握上去時都會發出不同的聲音，不過別期待小傢伙一開始就能正確了解並使用，他只是剛入門的菜鳥！當你看到寶寶努力想做什麼卻總是事倍功半時，你可以握著他的手，一起操作；如果他喜歡透過觀察別人來模仿，你也可以先示範。無論採用哪種方式，你都可以鼓勵他以玩樂、靈巧的方式來運用他的小手。

> 波波正在展示誰是老大？這些日子以來，不斷地跟在玩具後面跑，無論抓到什麼都往嘴裡塞，他現在的小睡也是依自己的喜好來。
>
> —Instagram 貼文

💡 允許寶寶探索世界

在事件的世界裡，寶寶的雙手、手指就像身體其他的部分一樣，可以連續做出幾個流暢動作。因此，他可以檢視放在手中的物品，把東西轉來轉去，並加以搖晃、敲打、滑上滑下，並將部分塞入嘴裡品嚐、感覺。

如果寶寶對探索很熱衷，你可以給他玩具或不同形狀及不同材質的物品，像是圓形或方形的木製或塑膠玩具，不同材質地的布料或紙張，如柔軟的、粗糙的以及平滑的。很多寶寶喜歡玩空的洋芋片袋子，因為它可以慢慢改變形狀，

> 兒子的健力架掛在嬰兒床上好幾週，他有時會看一看，但不玩。不過，從這週開始，他突然開始伸手抓，碰觸所有的按鈕，對整個健力架進行探索。不過，他很快就累了，因為他必須一直用一隻手把自己撐著。
>
> 保羅的家長／第 18 週

揉皺的時候還會發出美妙的沙沙音。大多數寶寶對不規則形狀的物品特別沒有抵抗力，他會想碰觸、看、吃。例如：邊緣不齊或有凹痕的東西，像塑膠鑰匙就會挑起他細看及檢查的慾望。

POINT 打造一個寶寶能安全活動的家

寶寶的活動力提高了許多，是時候檢查家中的安全性了。

☑ 絕對不要把小東西，像是鈕扣、別針或硬幣放在寶寶拿的到的地方。

☑ 寶寶坐在你膝上喝奶時，得先確定他無法突然伸手抓到裝有熱飲的杯子。（熱飲絕對不能放在寶寶伸手能碰得到的範圍內，像是高桌上，以免他想碰試著去拉桌腳，或去拉桌布時熱飲潑灑在他身上。）

☑ 爐子和壁爐的四周用防護板或圍欄擋起來。

☑ 有毒性的物質，像是松節油、漂白水和藥物要放在寶寶不能接觸到的範圍，可能的話，放在小孩無法開啟的容器裡。

☑ 電源插頭一定要用插座蓋保護好，家中所有地方都不要使用延長線。

💡 讓寶寶學習等待

大部分的爸媽會認為寶寶在這年紀應該學習耐心，所以回應寶寶的速度不一定會像從前那麼快。現在當寶寶想要某樣物品，或是想做某件事時，你可以請他稍微等一下，例如：在他在抓取食物之前，讓他等幾分鐘，稍微慢下來。

💡 依寶寶的程度調整耐心及規則

當寶寶學習新技能時，可能會做出試驗爸媽耐心的行為，你可能會試著勸阻他；但破除舊習慣、學習新規則，是發揮新技能最好的方法。雖然你可以開始要求寶寶，但過與不及都不好，你和寶寶都必須依照他的學習進度來調整，並重新協調規則，這樣才能再次恢復平靜與和諧。

　　請記住，從現在開始寶寶不再需要完全依賴你來讓他開心了，因為他已經開始接觸周遭的世界。他現在能做、能了解的事比過去多，而且他覺得你全部都知道，你會認為他很難對付，但他則認為你才是！如果你看出類似的行為，那你正經歷他人生第一次的獨立奮鬥，他初次展現具自我意志的行為，既有趣卻也難纏。

寶寶的動機是什麼？

　　寶寶做事情的動機是什麼？父母喜歡看寶寶順暢的翻身或努力坐起來，但如果只把身體技能當成目標，那麼並不是在幫助他，了解其中的「為什麼」不僅更重要也更有趣。你的孩子為什麼喜歡翻身？為什麼想坐起來？為什麼喜歡練習移動身體？單純是身體上的慾望，還是寶寶想多探索一下世界？他是受了驅使，想將身體擺放在更容易讓多看、多感受的位置嗎？

　　一方面來說，粗動作純粹只是達到目的一種手段。它可以讓寶寶學習、練習其他從事件世界得來的技巧，如抓取、觸摸、感受等。

　　想想看，還有哪些動機可以促寶寶來運用他的身體做事呢？和另一半談談這件事，密切觀察孩子，並相信自己的直覺，因為沒人比你更了解寶寶。

你認為寶寶的動機如下：

_____

_____

_____

_____

第 **4** 次飛躍紀錄表　　**充滿事件的世界**

🔍 你喜歡的遊戲

這是一些你家寶寶現在可能會喜歡的遊戲和活動，對他練習最近正在發展中的新技能有幫助。

🖊 填表說明

勾選寶寶喜歡的遊戲，比對「你的發現」，看看寶寶最感興趣的物品和他喜歡的遊戲間，是否有關連？你可能得想一想，不過這種思考會讓你對寶寶獨特的人格特性有深入的了解。

☐ 快樂聊天

盡量常和寶寶說話，例如：他看、聽、吃以及感受到及正在做的事物，用的句子要簡短、簡單，強調重要的字。像是，「摸摸看草地」、「爸爸回來了」、「聽，門鈴響了」，或是「張開嘴巴」。

☐ 我要……

首先，跟寶寶說，「我要……（效果的暫停）捏你的鼻子囉！」然後，抓住他的鼻子，輕輕的捏一下。同樣的方式可以運用在耳朵、手和腳上，找出他最喜歡的。如果經常和寶寶玩這個遊戲，他就會清楚你下一步要做什麼；然後他就會愈來愈興奮的看著你的手，當你抓住他鼻子時，他就會一邊尖叫一邊笑。這個遊戲可以讓他熟悉自己的身體，以及和身體部位相關的字彙。

☐ 閱讀繪本

拿顏色鮮豔的繪本給寶寶看。他甚至會想看好幾幅圖，要確定這些繪本的顏色鮮豔、圖面清楚，其中包含了他認識的物品。和寶寶聊聊這些圖，如果房間裡有，把它指出來。

☐ 童謠律動

很多寶寶真的很喜歡童謠，特別是還伴隨著動作時，像是英文的《Pat-a-cake, Pat-a-cake, Baker's Man》（做蛋糕、做蛋糕，蛋糕師傅）以及中文的「大象」等，不過寶寶也喜歡一邊聽著歌曲並跟著節奏被輕輕搖晃。寶寶可以透過歌曲的旋律、節奏和聲調來辨認出歌曲。

□ 搔一搔癢

這首不少人都很熟悉的英文童謠很適合配合搔癢，寶寶會喜歡。

"This little piggy went to marke（這隻小豬上市場）

And this little piggy stayed at home （這隻小豬留在家）

This little piggy ate roast beef （這隻小豬吃烤肉）

And this little piggy had none（這隻小豬什麼都沒有）

This little piggy went （這隻小豬）

Weeweeweewee all the way home."（威威威……一路回到家）

唱這首歌的時候，把寶寶每一隻腳趾頭輪流搖一搖，在最後終於輪到你的手指頭時，讓手指頭爬上寶寶的身體，對他的脖子搔癢。

□ 躲貓貓

找一塊紗布巾把寶寶的臉遮住，問他，「寶寶在哪裡？」看他是否能自己把紗布巾從臉上拿掉。如果不能，握住他的手，慢慢的把紗布巾拉掉。每一次當他能再看見你的時候，說「咘」，以幫助他記憶這個事件。這個年紀的寶寶玩的遊戲保持簡單就好，不要太難。

□ 照鏡子

通常來說，寶寶會喜歡先看鏡子裡面自己的反射，並對著自己微笑。然後，他就會去看你的反射，接著再看看真實的你。這種情況通常會讓他感到困惑，所以會來回的看好幾次，好像無法決定哪一個才是真正的爸媽。如果你對他說話，他就更驚奇了，因為突然之間有聲音來自真正的你，然後他可能就會笑起來，並向你依偎靠去。

 你喜歡的玩具

□ 沐浴玩具：洗澡時，可以使用各式各樣的家用品，像是量杯、塑膠漏斗、花灑、澆花器以及肥皂盒。

□ 多功能遊戲桌或是軟的檯子，可以在上面玩。

第**4**次飛躍紀錄表

☐ 有握柄或是凹洞的球，最好有鈴鐺在裡面。

☐ 塑膠或是吹氣的手搖鈴。

☐ 可以蓋上蓋子的容器，裡面放些米或豆子。

☐ 會啪啪作響的紙。

☐ 鏡子。

☐ 其他寶寶的照片或圖片。

☐ 其他物品或動物的照片或圖片，寶寶認得出來的。

☐ 童謠、手指謠。

☐ 能轉動的輪子，如玩具車上的輪子。

你的發現

　　所有的寶寶在進入事件的世界時，都會獲得相同的認知能力，這是一個能提供各式不同新技能讓寶寶探索的世界。寶寶可以選擇最符合自己性向、興趣及體格的事物來探索，有些對於感官、觀察或體能方面特別擅長，有些則是什麼都想試試看，但是不想進一步精進。每個寶寶都是獨一無二的。

　　下表所列出的技能是寶寶在這個年紀可能會展示的技能。請別忘記，寶寶不會把表上的所有項目都做了，而是選擇這時最適合他的技能來做。

填表說明

- **飛躍開始前**：將表中寶寶能做的事情勾選起來，還不能做的事情／技能，先不要勾選，並將你第一次發現寶寶能做的日期寫下來。表中的項目大多數在第 1～3 次飛躍期是做不了的，請記住，這張表不是反應寶寶的智商，他也沒有落後，他只是做了選擇。

- **飛躍開始後**：這次表的比較長，因為這是一次大的飛躍。寶寶已經獲得了一些新的個別技能，不過因為擁有新的心智能力，他也會以前 3 次飛躍獲得的舊技能為基礎來建立新的技能。新舊技能可以整合成為更複雜的全技能。

　　對於這一點，不要太驚訝，因為這是一個大飛躍，將來你會察覺，寶寶也會。這也正是為什麼相較於之後才去做的事，寶寶對於選擇馬上就去做的事，態度上比較苛求，就算選擇時是下意識的決定也一樣。

你會發現，和之前的飛躍期相比較，這次從表上勾選的項目會變少，而寶寶的個性也會一天天的顯露出來。

（註：紀錄表內的我表示父母，你表示寶寶。）

寶寶大約是在這時開始進入飛躍期：＿＿＿ 年 ＿＿＿ 月 ＿＿＿ 日。

在 ＿＿＿ 年 ＿＿＿ 月 ＿＿＿ 日，現在飛躍期結束、陽光再次露臉，我看到你能做到這些新的事情了。

🔍 你的發現 ▶▶▶ 身體的控制　　　　　　日期：＿＿＿＿＿＿

☐ 突然變得很活潑，一被放到地板上，會開始把身體的每一部分都動起來。

☐ 會從仰臥，翻成俯臥。

☐ 會從俯臥，翻成仰臥。

☐ 俯臥時，可以把雙手完全伸展開來。

☐ 會把屁股抬高，試圖往前蹭，但不會成功。事實上，願意嘗試比是否成功還重要。

☐ 俯臥時會用手腳把身體撐高，試圖往前移動，但是不會成功（做這個動作還太早了些）。

☐ 嘗試「蠕爬」（爬行前的預備動作，不是用雙手和膝蓋，而是在地上挪動自己）。

☐ 做到稍微往前或往後移動一點了。

☐ 坐在我面前，握著我的手指頭時，可以把自己拉成坐姿。

　　（寶寶能做到這個動作的最早時間大約在 4 個月左右，不過第一次成功可能要等到 8 個月大。平均能做到的時間是 5 個月 3 週。）

☐ 背靠著我時，自己可以坐直。

☐ 嘗試要自己坐直起來，大致也可以成功。你會斜斜靠在自己的前臂上，頭稍微往前傾。

　　（寶寶在 4 ～ 8 個月間，如果被成人擺在適當的位置上，可以靠自己第一次成功的坐起來；平均第一次做到的年紀是 5 個月又 1 週。時間範圍內的任何一個時間點做到都算正常。早做到未必好，你的孩子是獨特的。）

☐ 若用兩根手指頭夾住你的拳頭，你就能把自己拉高變成站姿。

　　（寶寶第一次能做到的時間大約在 5 ～ 12 個月之間，平均是 8 個月。有些寶寶最快能做到的時間在這次飛躍期間的尾聲，下次飛躍開始之前。）

☐ 可以用直立的坐姿穩穩的坐在餐椅上，不過椅子上必須有靠墊支撐。

☐ 喜歡動嘴巴。如會透過各種方式讓嘴唇皺起來，或是把舌頭伸出去。

你的發現 ▶▶▶ 抓、碰觸、感受　　　　日期：＿＿＿＿＿＿＿

☐ 可以成功的抓住東西了。

☐ 能用雙手抓住伸手可及範圍內的物品，就算你沒盯著看也能抓到。

☐ 你能單手抓東西，有時候用左手，有時是右手。等你長大一點才能知道你是不是左撇子，現在兩隻手都能靈活使用（跟大多數的大人不同）！

☐ 可以把東西在雙手之間來回遞送。

☐ 握著玩具時，右手可以和左手做相同的動作。

☐ 喜歡把別人的手塞進嘴裡。

☐ 別人說話時，你會去摸他的嘴，或甚至把整隻手都塞進去！

☐ 會把玩具或物品塞進自己的嘴裡感受。

☐ 會把玩具或物品塞進自己的嘴裡咬。

☐ 可以自己把蓋在臉上的紗布巾拉掉，一開始很慢，但是愈做愈快。

☐ 能認出玩具或是熟悉的物品，就算被其他物品部分遮蓋也能認出來。你試著把障礙物移開，不過一旦不成功，很快就會放棄。

☐ 會用力敲打桌上的玩具（和攻擊性無關，只是充滿熱情而已）。

☐ 會故意把玩具從桌上丟到地上（不是要惹我生氣，或是頑皮，純粹只是要探索接下來會發生什麼事，你喜歡東西撞擊地板的聲音。）

☐ 會試著抓剛好在接觸範圍外的物品。

☐ 會試著玩多功能遊戲桌。

☐ 了解某件特定玩具的用途，例如：會去按玩具電話上的按鈕。

☐ 會研究細節，對玩具的微末細節及自己的手和嘴等特別感興趣。

你的發現 ▶▶▶ 觀察　　　　日期：＿＿＿＿＿＿＿

☐ 用著迷的眼神盯著「事件」，像是跳上跳下的球、上下敲打的鎚子、前後切的麵包刀、上下梳的梳子、來回攪拌的咖啡棒等。

☐ 我說話時，你認真的看著我的嘴唇和舌頭。

☐ 會用目光尋找我，可以轉頭來做追視的動作。

☐ 會尋找被遮住一部分、看不見全貌的玩具。

☐ 對鏡子裡自己的反射有反應，像是害怕或笑。

☐ 會用手把書拿著，盯著上面的圖片。

🔍 你的發現 ▶▶▶ 聽

日期：_____

☐ 會集中精神認真聽從雙唇之間發出的聲音。

☐ 對自己的名字有反應，也能認出房間裡的其他聲音。

☐ 能從夾雜著不同聲音的混合音中分辨出特定的聲音。

☐ 能了解一個或一個以上的字。例如：如果我問你，「你的小熊在哪裡？」你會看著小熊。小熊必須放在它常放的地方，不然將無法產生正確的反應，因為尋找，對你來說，還是太困難。

☐ 對贊同或是責備的聲音能產生適當的反應。

☐ 認得出童謠、童歌或是你最喜歡的兒童電視節目片頭曲的前幾節音樂。

🔍 你的發現 ▶▶▶ 說

日期：_____

☐ 可以用雙唇和舌頭發出新的聲音；能發出「捲舌音」，如「rrr」聲音。

☐ 發出的聲音大部分是：

  ☐ ffft-ffft-ffft   ☐ arrr   ☐ vvvvvv

  ☐ rrr   ☐ zzz   ☐ grrrr

  ☐ sss   ☐ prrr   ☐ brrr

  ☐ 會用 d、b、l、m 這些子音

☐ 會說嬰兒語，使用的是你最早認識的「字」，如摸摸／媽媽、爸爸、阿爸、哈達哈達、噠噠、塔塔（不是所有的寶寶都能做到，不過你卻很喜歡）。

☐ 你最喜歡的一些「字」是：......................

☐ 打呵欠時會發出聲音，你也知道這些聲音。

🔍 你的發現 ▶▶▶ 肢體語言

日期：_____

☐ 想被抱起來時會伸出雙手。

☐ 肚子餓時會咂咂嘴唇。有時候會揮舞手腳，更明確的表達肚子餓的訊息。

☐ 會張開嘴，朝著食物和ㄋㄟㄋㄟ伸手。

☐ 吃飽時會把口水或東西「吐」出來。

☐ 吃飽時會把奶瓶或乳房推開。

☐ 吃飽時會把頭偏離奶瓶或乳房。

你的發現 ▶▶▶ 其他技能

日期：＿＿＿＿＿＿＿

☐ 會誇大自己的動作，例如：當我對你咳嗽回應時，你會再咳嗽一次，然後笑出來。

☐ 不耐煩時脾氣會變壞。

☐ 如果你沒能去做想嘗試的事，會大聲尖叫。

☐ 現在有一件喜歡的軟式玩具：

    ☐ 衣服

    ☐ 拖鞋

    ☐ 玩具

    ☐ 充氣動

    ☐ 玩偶

    ☐ 其他：

Tips

    完成這張表不需要花太久的時間，這張表日後可以提供你一個很好的概念，讓你了解寶寶人生前 20 個月裡的選擇、興趣及被激勵的方式，以讓你對寶寶的個性有更深入的了解。此外，這段時間的大腦發育將為寶寶未來的人生奠定基礎，每次都花幾分鐘來完成，日後可永久珍藏。

隨和期：飛躍之後

在 21 週左右，相對平靜的時期開始了。許多爸媽會讚美寶寶有主動精神，有企圖心，現在寶寶似乎精力無窮。他會以極大的決心與享受的態度來探索四周的環境，對於只能和爸媽一起玩，愈來愈沒耐心，他想要有所行動。一旦見到任何感興趣的物品，就不會放過任何一個從你身上掙脫的機會，他現在顯然獨立多了。

寶貝女兒現在把背對著我，喝著她的奶瓶，她坐得直直的，一點也不想錯過她周圍的世界，她現在甚至想自己拿奶瓶。

蘿拉的家長／第 22 週

兒子開始討厭被背在揹巾裡了。因為他非常活潑，我本來以為他想要有更多的空間，但當我把他的臉朝前方背著，他什麼都看得見後就高興了。

史提夫的家長／第 21 週

兒子坐在我膝蓋上時，嘗試想要躺得很平，這樣才不會錯過任何在他背後發生的事情。

法蘭基的家長／第 23 週

今天我把兒子的第一套嬰兒服送人，心中一陣失落。時間過得真快，不是嗎？要放手並不容易，這是一種非常難過的經驗，兒子在轉眼間似乎長大了許多。現在我跟他的關係變得不一樣了，他成為一個更像自己的人。

鮑伯的家長／第 23 週

我現在幾乎都不把兒子放在遊戲欄裡了，那裡太小且受到太多限制。

鮑伯的家長／第 22 週

好動的寶寶現在不需要別人把想要的物品遞過去，因為他會扭動身體，蠕爬至物品所在的地方。

> 女兒從仰臥翻身變成俯臥後，不斷蠕爬去拿她的玩具，她以後或許會用爬的去拿。她整天忙得像蜜蜂，甚至連哭的時間也沒有。她似乎比之前任何時候都快樂，我們也是。
>
> 珍妮的家長／第 21 週

> 寶寶往四面八方又爬又滾，我沒辦法叫她停下來。她試著想從自己的餐椅裡爬出來到沙發上。還有一天，我們發現她已經在往狗籃的半路上了。洗澡時也很忙，只要她開始踢水，浴盆裡幾乎就沒剩下了。
>
> 珍妮的家長／第 21 週

在這次的隨和期，大部分的寶寶都會比之前快樂，甚直連愛哭鬧的寶寶也不例外。這或許是因為他現在自己能做的事情變多了，所以不會那麼無聊。

> 我的小傢伙現在的心情真是愉快。她愛笑又會「說故事」。看著她感覺真美妙。
>
> 茱麗葉的家長／第 23 週

> 兒子突然間變得比較好帶了。他已經調回正常的日常作息，現在也睡得比較好。
>
> 法蘭基的家長／第 23 週

> 兒子出乎意料的甜美可愛，沒一句抱怨就去睡覺，和過去幾週相比，他午睡的時間變長了。現在的他和之前整天哭鬧的情況非常不同，只有幾次情緒起伏，我們的關係正朝穩定的方向改善。
>
> 保羅的家長／第 22 週

> 我非常享受再次和女兒相處的每一分鐘。她真的太可愛了，非常隨和。
>
> 愛席莉的家長／第 22 週

專欄 · 10 件飛躍期父母必知的事！ ····

　　寶寶經歷了心智發育的前 4 個飛躍期，在短暫的時間裡變化非常大，他是真的長大了！很多父母都說，第 4 次飛躍期進入事件世界後，對寶寶來說真的很困難。這一點並不讓人覺得意外，真的，因為這次的飛躍結合了之前飛躍的所有能力，並在這個基礎上進行建構。

　　你可能已經注意到了，寶寶年紀愈大，改變的力道就愈強，所以我們整理出一張 10 件飛躍期中家長必須知道的事，讓你更清楚在接下來的飛躍期中應該期待什麼。

父母應有的期待！

❶ 你可以按照年齡來分析、預測某個飛躍期的發生日，但是寶寶自己的選擇會更獨一無二。

❷ 善用難帶階段提醒自己，寶寶快要出現新技巧了。書裡會告訴你飛躍的徵兆，這樣你才不會錯過。

❸ 飛躍不是運動技能競賽！書裡還要帶你認識重要程度相當的其他發展事項。

❹ 書裡會提供飛躍的徵兆表及紀錄表來提醒你，幫助你找出飛躍期難帶階段中寶寶的行為模式。

❺ 你在飛躍期間可以採取主動，給寶寶幫助和指引，讓你們之間建立起安全又牢固的聯繫，這是給寶寶的生命禮物。

❻ 技能出現的時間點範圍很大！不要把注意力放在最早可能出現的年齡，因為大部分的寶寶都是在後面階段才將新技能展現出來。

❼ 重要的是寶寶的意願，而不是爸媽期待的最終完美結果。

❽ 別忘了，周遭情況的影響，如搬家或失業的壓力，都可能讓你別辨不出難帶階段，但也沒關係。

❾ 飛躍對寶寶和家人都會產生壓力，這也意味著身體的抵抗力會變弱。請多留心，這有時也會導致鼻塞、流鼻涕！

❿ 飛躍意味著進步，即使一開始感覺起來像倒退一步。

寶寶在相同的年紀飛躍

所有的寶寶都在大約相同的年紀經歷心智發育的飛躍期，時間點則從預產期算起，他們在相近的年紀取得相同的新能力來感受及了解新世界的各種層面，但這並不表示所有的寶寶都有完全一樣的經歷。新能力可以讓他掌握許多新技能，並且數量多到他無法一次全部探索完畢，所以他必須選擇自己認為有趣的先行探索。

透過寶寶的眼睛看世界

每一次飛躍時都花 10 分鐘來完成寶寶所做的選擇清單。你會驚奇的發現，在他所做、以及偏好的事中存在一些模式。10 年之後，當你回頭去看這些清單和你寫下的紀錄，就會明白他早在 10 歲時就顯示了人格特質。填寫表格正是解碼寶寶個性發展的最好機會。

選擇時是出於直覺、特有的，寶寶不會跟成人一樣考慮該培養哪些技能比較好，也不會考量長期性的優勢，他僅是專注於對他最有吸引力、最能引起興趣的。所有的寶寶都會「選擇」不同的項目來探索，而這也正是每個孩子獨一無二的原因。

看寶寶的選擇是一件相當有趣的事，因為他以最純真的方式反應自己的個性，但你未必能輕易看出來，這也是我們敦促你填寫飛躍紀錄表的原因：讓你領悟驅策寶寶、讓他產生動機的理由。

第 2 件

多練習，才會熟稔

寶寶會從每次的飛躍紀錄表中選擇現在發育階段最符合他興趣、也最適合他的事項來挑戰。他能立刻掌握新技能嗎？會也不會。爸媽一般會立刻注意到飛躍期中寶寶展現的新技能，它就好像突然憑空出現了。事實並非如此！你只是注意到最終的結果罷了。

有些技能掌握起來比較困難。你的寶寶可能會覺得很有趣，並選擇在飛躍後繼續努力花時間、精力去掌握。寶寶在練習這些極度渴望探索的新事物時，會需要你的幫助，你的幫助能讓他有能力培養他最感興趣的技能，否則他遭遇挫折後很可能就會放棄，那就可惜了。以下是一些最能幫助寶寶的方式。

‧促成型教養（Facilitating Parenting）：聽起來複雜，其實相當簡單。為了讓寶寶有所發現，你必須操控情況，讓寶寶能夠自己做到一些事，並從經驗中學習，如果你接手幫他把事情做好，他就什麼都學不到了。舉一個「抓」的例子，如果你每次都把玩具送到寶寶手上，他就不會學習抓物品，因為你已經很有效率的幫他做好了；又或者如果玩具擺放的位置剛好超出他能力所及的範圍，每次嘗試都註定失敗，那麼他可能就會完全放棄。促進型教養會事先預防出現這兩種失敗的

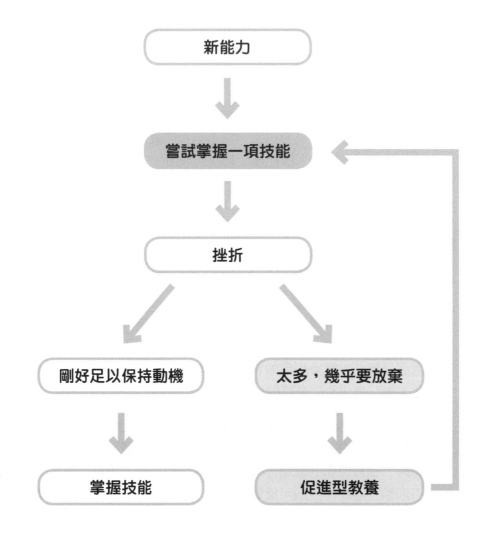

新能力

↓

當試掌握一項技能

↓

挫折

剛好足以保持動機　　　太多，幾乎要放棄

↓　　　　　　　　　↓

掌握技能　　　　　　促進型教養

狀況，做法是：讓寶寶付出一點努力，就能比較輕易的抓到目標物，如果他抓不到，你就把它稍微挪近，讓他自己抓到。這很符合邏輯，給寶寶學習的機會，促成他的獨立性！

· **有嘗試就讚美，不是只讚美成功**：研究顯示，孩子的嘗試及努力如果受到鼓勵、讚美，他就會成長。寶寶也是一樣的，他進行嘗試，學做某些事情時，得花很多精力並不容易。寶寶會因為你的讚美與鼓勵而成長，不要吝於告訴他，他挑戰了自己，做得很好。不斷挑戰自己達成目標可提升孩子的自信及獨立性，使他認知失敗只是學習過程的一部分，之後就算無法立刻取得成功，也不會輕易放棄，這是你給他最棒的生命禮物。

· **避免過多挫折**：無論用什麼方式促進寶寶學習，也不管給寶寶多少鼓勵與讚美，挑戰失敗就會產生挫折，成人非常了解這種感覺。寶寶和成人一樣，能從小挫折中學習並帶來更大的推進力，再次努力嘗試，或以另一種方式來達成目標。不過，要小心別讓他受挫太多，不斷的失敗會產生極大的挫折感，而讓寶寶完全放棄，這不是你的初衷。身為父母你比任何人都了解你的寶寶，當你覺得他受夠了甚至承受不了時，應該主動將難度降低，回應寶寶的嘗試，或是給他足夠的協助，讓他能成功做好。

第 3 件

飛躍不是體能競賽！

你的孩子還不會走路嗎？喔！天啊！他還不會爬？！這樣的比較常會把你搞瘋，讓你沒有安全感。事實上，就算是自信滿滿的父母也會厭惡這樣的言論，又或應該說「刻薄的提問」？

　　請別忘記，人類的智能有七種形式，體能只是其中的一種。成人容易把注意力放在嬰幼兒的體能上，並不是因為它比較重要，而是因為它最容易觀察與比較；相反的，若要觀察到寶寶在感官上的成長，難度會高很多。例如，想觀察寶寶用手指輕觸物品的邊緣所感受到的觸感並不容易。因此，成人較不會把注意力放在這些「小」事情上，較傾向於投注容易觀察及評量的大動作上。請聽我們一句：每個健康的人都會學走路，你家寶寶是早點走，還是晚一點走，差別其實很小。把注意力放在非體能的技能上吧！這對孩子的發展或許更加重要呢！

3C 外的難帶特徵可能只出現幾項

　　多數的寶寶都會在相同的年紀出現飛躍，不論他想不想都會發生，時間也不會受影響。雖說心智發育期和青春期不一樣，但你可以把飛躍期拿來和青春期類比。雖然每個孩子都會在大約的年紀經歷青春期，但影響卻因人而異；有些可能會變得頑固而叛逆，有的則變得更加內向。寶寶在難帶階段的反應也各有不同，他甚至還可能覺得其中一個飛躍期比其他困難，這是再正常不過的事。

　　當寶寶經歷飛躍時，會更需要父母提供支援。如果寶寶非常外向，很會表達，那麼要看出他是否處於飛躍期相對來說比較容易，小少爺或小小姐肯定會讓你知道的。不過，對於比較安靜、隨和的寶寶來說，就沒那麼容易了，因為他可能不會清楚的表現出來。因此，爸媽必須更仔細觀察，才能接收寶寶需要更多額外安慰與支援的訊號。

扮演主動的角色

在飛躍期時，你絕不是孤立無助的。如果你使用本書提供的紀錄表或是用我們團隊的 app 來計算時間點，那麼你就能預測寶寶何時會進行心智發育的向前飛躍。有了這些資訊，當 3C 出現時，你就能輕鬆應對，本書能支援父母，也能建議你以最好的方式安慰並支援寶寶。在寶寶經歷難帶階段時，你可以透過安慰、撫觸來提供安全感，讓他感覺被愛，藉此來幫助他。

你也可以在他邁入難熬、探索新世界的時期引導他、支援他。在閱讀本書後，你更能深入了解寶寶的大腦正在進行哪些變化，並幫助、引領他度過學習過程。

「可能做出」及「最早可能」的年齡

在每次的飛躍中，我們將寶寶第一次「可能做出」及「最早可能」做某件事的最早時間列出來。正如同之前陳述的，寶寶不會一次做完所有技能，因此我們說「可能做出」這些技能第一次出現的可能年齡差異很大，有時候甚至會相差好幾個月，因此，我們也將孩子掌握某些運動技能的平均年齡與「最大」年齡一起列出來（因為爸媽想知道，但請記住，這些平均值說明不了什麼）。

每一章裡我們都會說明與年齡相關的飛躍期，以及寶寶在該次飛躍時會取得的新技能，等於是將相關技能最早可能出現的年齡透露給你了。因此，你能在寶寶開始培養新技能前加以注意，並辨認出徵兆及注意事項。

Tips

每一章都附有飛躍紀錄表，請勾選你注意到且寶寶正在進行的項目。請注意，寶寶可能只會做一部分，而你卻「沒」注意到！回頭檢視表是一件有趣的事，你可能會發現他的行為及徵兆有模式可循。

本書僅針對寶寶最初 20 個月中發生的心智發展飛躍做說明，之後你就得靠「自己」了。我們團隊一直收到關於第 10 次飛躍之後會發生什麼事的提問，事實上，如果你知道寶寶在難帶階段的特性及反應方式，那麼當他長大進入幼兒期以及發育期時，要辨識出來也會容易很多。

第 7 件

重要的是意圖，不是結果

當我們對寶寶開始做某件事情的最早年齡進行說明時，有些父母會很震驚。舉例來說，像是畫汽車、梳頭髮、剝橘子皮或是穿衣服，這些事對寶寶來說當然是不可能做到的，不是嗎？如果你要的是一個完美的結果，那麼沒錯，嬰幼兒做不到。即使是 3 歲大的孩子要畫出一輛汽車、剝一顆完美的橘子也得費一番功夫！甚至要自己將頭髮梳理整齊、穿好衣服，挑戰性都很高。

如果你只看最終結果，把門檻訂得很高，那麼對還在發育中孩子來說並不公平。發育講究的不是完美的最終結果，而是意圖。若他在紙上畫了幾條線，說那是馬，它就是馬；若他剝了半顆橘子皮，那你就應該感到驕傲，並幫他將剩下的皮剝掉；若他抓起梳子，隨意在頭上摩擦二下，就是梳頭髮了；若他穿褲子時前後相反，口袋跑出來，仍舊值得讚美。

如果你認真對待寶寶最初的嘗試，並且適當讚美，那麼你努力追求的完美結果才會較快降臨。正向的言語與支持可以鼓勵孩子繼續嘗試，畢竟，要練習才會完美。

第**8**件 周遭環境的影響

　　有時你可能沒注意到難帶階段已經到來，畢竟如果生病了，寶寶也會黏人、愛哭又愛鬧脾氣。這些行為是因為飛躍，還是因為生病呢？

　　如果不幸，發生難以負荷的壓力使整家都失衡了，那麼寶寶感受到也是很符合邏輯的。你可能會疑惑，這個難帶階段到底是因為飛躍，還是因為意外情況造成的？好消息是：就算你沒能清楚發現難帶階段的到來，寶寶還是會進行飛躍。不需要自責！生活中總有一些時刻會遭遇壓力及變故，像是：搬家、工作忙碌，又或有家人生病或過世。當你或家人正經歷這類的生活事件時，要注意到寶寶正在經歷飛躍期是比較困難的。

　　但你不可能避開所有的壓力，所有人都會經歷人生的困難期，但是透過給彼此的支持，寶寶將會知道，你就陪伴在他身邊。更重要的是，你不必對寶寶隱藏你的感覺，無論你喜不喜歡，他都會承接你的情緒，別試著騙他，誠實表現你的感受。不過，一定要讓他知道，他是你的慰藉及支撐，就算在難帶階段也是。

　　此外，如果生活中有重大改變，請試著提前規劃，並考慮將時間和飛躍期錯開，以免對寶寶造成雙重壓力。例如：將停止親餵的時間、第一次送托的時間，延至兩次飛躍期期間。不要和飛躍的時間撞上，**讓寶寶輕鬆應付**，你也能愉快的辨識出寶寶是否正在進行飛躍。如果你避不開改變以及外部壓力，那麼一定要給寶寶更多關注，並陪在他身邊。

壓力＝抵抗力降低！

飛躍對寶寶來說是有壓力的，且對家人也有影響。壓力會影響身體，所以抵抗力可能會變弱。因此，寶寶在進入難帶階段後生病的次數變多，也沒什麼好意外的。

值得慶祝的理由！

要將飛躍當成值得慶祝的理由可能很難，因為難帶階段同時也會到來，但別忘了，難帶階段很快就會過去，之後你就會注意到寶寶有很大的進步。因此，雖然每次飛躍對親子來說可能都相當難熬，但這也是寶寶正在經歷健康心智發育的徵兆，他正在往前大幅進步呢！

第 5 章

第 **5** 次飛躍式進步

進入關係的世界
（因果關係）

分離焦慮浮現

神奇的第 26 週
（約 6～7 個月大）

　　大約在 25 到 27 週間，也就是 6 個月左右，寶寶會開始出現第 5 次重要飛躍的徵兆。他以前次飛躍的事件知識為基礎，開始能了解事物間許多不同類型的「關係」，並藉此建構世界。

　　寶寶能意識到的關係中，最重要的就是二件物品間的距離。成人把這件事視為理所當然，但是對寶寶來說，這是一個令人感到驚慌的發現，是一個非常大的改變。世界突然間變得很大，而他只是其中小小的微粒；他想要的物品可能置放在高高的架子上，他拿不到。爸媽會走開，有時只是走到隔壁房間，但他無法跟隨過去，對他來說，爸媽就遠到了天涯海角，就算他已經適應了爬行，但爸媽移動的速度比他快太多了，可能會離開他。

　　這個發現對寶寶來說實在太嚇人，讓爸媽在這幾週內都會相當費神。但是當你了解這分恐懼與不安的源頭，就能幫助他了。當然囉！寶寶一旦學會控制自己與想要物品之間的距離，他能做的事就比從前多。不過在那之前，他會需要你更多的支援。

　　寶寶透過所有的徵兆，向你顯示他正要度過飛躍期，時間大約在 23 週左右（22 ～ 26 週間），正是寶寶會變得比之前更黏人的時間。他會提前感覺到這次飛躍的到來，並注意到自己的世界已經發生改變，他正看、聽、聞、品嚐，並且經歷、感覺之前從沒有過的世界。

　　他的腦海被一團糾結在一起的新印象占據了，不僅需要掌握某種舊有、熟悉的技能並且回到父母身邊。父母提供的安全感與溫暖可以幫助他放鬆，讓新的一切逐漸被理解，而他也能以自己的步調在新的世界裡成長。這次的難帶階段會持續 4 週左右，雖說有時候短到 1 週，不過也可能長到 5 週。

　　寶寶在這次飛躍中必學的技能就是處理父母與他之間的距離，所以在 29 週左右，這個新技能突然開始發展起來後，會有一陣子又變得難纏。

難帶階段：神奇飛躍開始的信號

當寶寶了解他的世界正在改變時，會變得比較愛哭。這時很多父母會說自己的寶寶愛鬧脾氣、愛哭、愛哼唧或是不滿足。如果寶寶已經有堅強的意志，他甚至會表現得比從前任何一個時刻更焦躁不安、不耐煩或是麻煩。幾乎所有的寶寶在被抱進爸媽的懷中，或是在爸媽附近時，都比較不會哭。

寶寶可能比之前更黏人、更暴躁、更愛哭、更睡不好、更怕生、更需要關注，也會變得無精打采、胃口不佳，且不想停止肌膚接觸。此外，父母還會注意到相當特定的事，像是拒絕換尿布，或是更常伸手去摸柔軟的物品。

簡單說，寶寶正進入你現在應該已經熟悉的難帶階段。這段期間不僅對寶寶難熬，對你也是，而且還會讓你擔憂、精神緊繃，引起怒氣與口角。但事情不是只有壞的一面，因為擔心，所以你會將寶寶看顧得更仔細，也會發現他正在做許多新技能。

如果寶寶比平時難帶，那就要密切觀察，他是否在嘗試掌握新技能，請參考第 5 次飛躍紀錄表中的「你的發現」，看看要注意些什麼。

女兒開始會自己站起來了。她會出聲要求，生氣的命令我必須過來待在她身邊，保證我會在她身旁幫助她拿到玩具。

漢娜的家長／第 25 週

兒子最近處在一種特別的狀況。他不知道自己想要什麼，他會傷害自己，然後哭起來。無論我做什麼都無法安撫他。我從未見過他經歷這麼艱難的階段。

歐提斯的家長／第 24 週

如何得知寶寶已進入難帶階段？

除了 3C（愛哭、黏人和愛鬧脾氣）外，寶寶還會出現一些其他徵兆，讓你知道他要進入難帶階段。

💡 是否睡不好？

寶寶的睡眠時間可能比之前少，和以往相較，大多數寶寶有入睡困難的問題，或是比較快醒來。有些寶寶白天不想小睡，有些則是晚上不想上床睡覺，有些甚至兩種狀況都有。

💡 夜裡會夢魘？

有些寶寶會睡得很不安穩，有時睡覺會翻來覆去，看起來像是做惡夢的樣子。

💡 變得怕生或要求更多關注？

寶寶怕生的情況更明顯也更頻繁，他不喜歡其他人看他、跟他說話或是摸他，也不想坐在別人的膝蓋上。幾乎所有的父母都會注意到，從這個年齡開始，他甚至希望你出現在他直接能看到的地方，就算身邊沒有任何「陌生人」也一樣。

因為他在這次的飛躍獲得了新能力，喚醒他的陌生人焦慮，開始注意及控制自己和父母之間的距離，他想要爸媽陪他和他一起玩，就算看著他

也好。寶寶可能會堅持要你抱在懷裡或膝上，不過他也可能不會滿足於坐在你的膝上，他想要探索，卻又不想離開舒服的膝上。

> 兒子晚上上床和白天小睡時都會伴隨著恐怖的哭鬧。他憤怒的狂吼、用最大的音量高聲狂叫，讓自己喘不過氣來。我真的處理不了！我覺得似乎再也看不到他安安靜靜躺在自己小床上的模樣。我只能祈禱狀況不會一直持續下去。
>
> 鮑伯的家長／第 26 週

> 女兒睡得非常不安穩，有時眼睛閉著還會發出非常大聲的尖叫，一副作惡夢的樣子，所以我會把她抱起來安撫。這幾天，我晚上讓她在浴缸中玩耍，希望這樣能讓她平靜下來，容易入睡。
>
> 愛蜜莉的家長／第 23 週

> 兒子不喜歡在遊戲墊上玩太久。我得讓他霸在我的膝上，不然就是帶著他四處走動。
>
> 法蘭基的家長／第 27 週

我只要一動，女兒就會害
怕得哭出來。

艾席莉的家長／第 23 週

兒子一直吵著要坐在我的
膝上。但是只要一抱起來，我
就幾乎控制不了他了，他在我
身上爬來爬去，手亂拿亂摸，
我覺得很困擾。我想跟他玩遊
戲，不過他不想玩。老實說，
當他拒絕玩遊戲時，我覺得被
排斥，於是把他放回遊戲欄裡，
他馬上就放聲大哭。不要那麼
難搞，行嗎？

麥特的家長／第 27 週

兒子一直拒絕在早上和晚
上喝奶。他不想喝的時候就直
接把乳頭推開，真的很痛。當
他睡不著時，又會想吃，但只
吃一點點並一直打瞌睡。

麥特的家長／第 26 週

現在吸手指頭才是大事。
當兒子開始覺得累的時候，大
部分都會把大拇指放進嘴裡，
並將頭靠在小熊上睡著。畫面
讓人動心。

史提夫的家長／第 23 週

女兒一直鬧到要作亂的地
步，當她想得到關注時，行為
就很糟糕，愛鬧性子。我必須
整天陪她玩，或找事讓她忙，
才能相安無事。

珍妮的家長／第 25 週

兒子一天比一天怕生。我
必須待在他一直能看到的地方，
不然就必須和他靠很近。我一
走開，他就會跟爬過來。

麥特的家長／第 26 週

小傢伙會在突然間沉默的
凝視四周。一天出現不只一次
時，我就會不安心並開始想，
她是不是有什麼不對勁？我不
習慣她無精打采，一副無聊的
樣子。

茱麗葉的家長／第 24 週

當女兒發現低聲哀號和高
聲抱怨無法讓她從遊戲欄中出
來後，就放棄了。她會坐下來
吸自己的手指頭，手裡還拉著
她的毯子，非常可愛。

艾席莉的家長／第 24 週

💡 胃口不好？

在這次的飛躍，無論是親餵還是瓶餵的寶寶，有時奶會喝得比平時少，甚至拒喝，就連副食品也可能被拒絕。現在寶寶對於吃喝，興趣較低，吃完一餐的時間也較久。

💡 拒絕換尿布？

寶寶被放下來準備換尿布或穿衣服時會哭，因為不想要爸媽擺弄他的衣服。

紀錄情況

🔍 第 5 次飛躍徵兆表 〉〉〉

下面是寶寶讓父母知道飛躍已經開始的方式。請記住，這張表是會出現的行為特徵，但未必全部出現。

- ☐ 比之前更愛哭。
- ☐ 常常壞脾氣、使性子或尖叫抱怨。
- ☐ 希望我找事情讓你忙。
- ☐ 想要不斷有身體上的接觸。
- ☐ 睡不好。
- ☐ 可能會夢魘。
- ☐ 胃口變得不好。
- ☐ 不想被換尿布／穿衣服。
- ☐ 對陌生人比之前更怕生。
- ☐ 比之前要求更多關注。
- ☐ 變得比較安靜，不愛出聲。
- ☐ 沒之前活潑。
- ☐ 愛吸吮拇指，或是比以前更常吸。
- ☐ 會伸手去拿絨毛玩具，或是比之前更常抱。
- ☐ 我還注意到你：

....

....

💡 更常拿柔軟的物品尋求慰藉？

　　大多數的寶寶，會喜歡軟的東西，他會比之前更常去拿布偶、拖鞋、小毯子或是衣物，有時會邊抱邊吸大拇指，這樣似乎可以讓他鎮定下來。

> 我們到第 5 次飛躍了，換尿布變得困難，就像幫貓換尿布、穿衣服一樣。有人幫貓穿過衣服嗎？請告訴我。好在這只是暫時性的情況。
>
> —Instagram 貼文

父母的憂慮和煩惱

💡 你已經筋疲力竭了，甚至比之前更累！

　　有個需求性特別強的寶寶，父母可能會筋疲力竭，覺得在這次的難帶階段中完全被摧毀，而且到結束時，可能會抱怨自己胃痛、背痛、頭痛及精神緊繃。

> 當我發現自己出現「真想把寶寶扔進箱子裡」的想法時，我一定會嘗試用不同的角度來看待事情。例如：第 5 次飛躍一開始，之前的乖寶寶就被帶走，替換成一個不抱不睡、晚上頻頻醒來、像膠水一樣黏的寶寶。或者我應該心存感激，並享受這額外的擁抱。因為有一天，他就不會想一天 24 小時、每週 7 天都跟我在一起了，我會想念這一切。
>
> —Instagram 貼文

💡 擔心寶寶因為長牙哭鬧！

　　當爸媽遇上孩子難帶卻找不到問題時，經常會覺得困擾，但到這個年紀爸媽會很自然的猜想，是不是長牙不舒服？事實上，飛躍造成的黏人、難纏和長牙沒什麼關係。許多寶寶會在難帶階段開始長牙，有些則是在兩次飛躍間長牙，當然，如果寶寶在經歷飛躍時開始長牙，可能就會變得超級麻煩。一般來說，當寶寶接近 6 個月大時，下方的前牙就會萌發出來，在週歲生日前，通常會長出 6 顆牙；到了兩歲半，最後的乳牙會長出來，擁有 20 顆牙，第一套牙就完整了。

小提示 **注意！**

　　高燒、腹瀉和長牙無關，如果寶寶出現任何一個症狀請及早就醫。

女兒現在脾氣超壞，只想坐在我的膝上，或許不是因為長牙。但長牙的問題已經困擾她 3 週，她好像很不舒服，但問題依然還沒過去。

珍妮的家長／第 25 週

你可能會被惹怒！

當寶寶要求特別多且不斷暴躁啼哭，而你又什麼辦法都想盡，他卻依舊難帶又難搞時，可能會讓你感到非常困擾，甚至覺得受夠了、忍不下去了（尤其是難帶階段接近尾聲時）。請記住，有時出現生氣和挫敗感不是什麼不正常或危險的事，真的取採行動才是！在你失控前，請盡早尋求協助。

你可能已經無計可施！

用餐時間可能會出現親子衝突。當寶寶不想吃而你還得繼續餵，不管用哪種方式餵，玩樂的、施壓的，通常都於事無補並使你感到厭煩。

意志力強的寶寶在拒絕時可能會非常頑固，這時會讓一樣頑固（but out of concern!）的爸媽感到非常生氣，所以用餐時間就會意味著戰爭。當這件事發生時，請保持冷靜，不要把它變成戰爭，再怎麼說，你無法強迫不寶寶吃。在難帶階段，許多寶寶的進

小傢伙變得很愛掉眼淚。據醫師說，他有一堆牙齒等著要長出來。」（他的第一顆牙在 7 週後才出現。）

保羅的家長／第 27 週

晚上我必須不斷起身，把奶嘴放進女兒的嘴裡。突然間，她完全清醒了，時間是半夜 12 點半，她一直醒著直到清晨兩點半。我那天頭痛欲裂，還因為帶著她來回走動而背部疼痛。我直接崩潰了。

愛蜜莉的家長／第 27 週

兒子哭到我都快神經質了，我對「不哭」簡直太迷戀了。這種情況造成的緊繃耗盡了我全部的精力。

史提夫的家長／第 25 週

那週難熬到可怕。兒子什麼原因都能哭，他要求要我不斷的關注他，我用揹巾帶著他四處走，雖然他很喜歡，但我因為花力氣背他以及他沒完沒了的哭而感到疲累。晚上當他又開始在床上發起脾氣時，我感覺自己真的非常生氣。過去一週以來，這樣的事情層出不窮。

鮑伯的家長／第 25 週

食狀況都不好，這是暫時的，但如果你挑起爭端，在難帶階段結束後他可能還會繼續拒吃，甚至變成一種習慣。

到了難帶階段尾聲，你可能會感覺寶寶能夠做的事比你認為可能的多很多，而這是正確的。父母還是需要在身邊安慰並照顧寶寶，不過，可以開始用不同的活動來轉移他的注意力並讓他分心。

💡 寶寶開始展現新能力

26 週左右，你會發現寶寶再次嘗試學習一項或一項以上新的技能。這趟幾週前就開始的關係世界發現之旅正要開花結果，而寶寶也開始選擇最適合他的新技能了，他會根據自己的性向、喜好和身體結構（physical makeup）來進行選擇，而你可以協助他。

專欄 ● **靜心時刻** ● ● ● ●

大部分的媽媽如果知道還有工作未完成，就算安靜下來也無法真正放鬆。但只要身心能放鬆，就能以更簡單的方式來完成工作。

⏰ **5 分鐘內**

聽一首古典樂放鬆大腦，即使古典音樂不是你喜愛的類型。

⏰ **10 分鐘內**

寫一封愛與讚美的感謝函給另一半，請他也做同樣的事。

⏰ **更多時間**

開始運動。對於輕微的憂鬱症和焦慮症，運動通常是一種治療的「處方」，簡單散個步就可以達到放鬆的效果，簡單、積極又自然。

歡迎來到關係的世界

寶寶人生第一次能夠意識到各種因果關係，並採取行動。整個世界都是由關係構成的環環相扣，寶寶看到的某樣物品可能與他看、聽、感覺、品嚐或聞到的東西有關；這些案例他可以無限展示給你看，當你知道如何尋找這類物品時，也就能辨識出來了。

寶寶發現兩個物體或是兩個人間一直都有實質距離存在。當然，他與你的距離是他最早注意到並進行反應的事情之一；你可以增加彼此的距離，甚至讓距離大到他不喜歡的程度，當他意識到他對這件事無能為力且沒有主控權時，就會開始哭。

寶寶了解物品可以在另外一個物品的裡面、外面、上方、下方、旁邊，或是兩者之間，他愛用玩具來理解、印證這個概念。其次，他也開始探索因果關係並認知自己能讓某些事情發生。例如：按下一個按鈕，就能播放音樂，他想要繼續探索，自然就會被音響、電視、燈座、玩具鋼琴等物品吸引。

> 一整天兒子都在把他的玩具從玩具箱裡面拿出來又放進去。有時他會把所有的東西都扔到遊戲欄外面；有時則會小心翼翼的讓每一件玩具穿過遊戲欄的柵欄。他會把遊戲桌上的東西清空，也會因為在浴缸把瓶子和容器裡的水倒出來而興奮不已。最傑出的是在喝奶時，把我的乳頭拿出來，一臉認真嚴肅的研究，又把我的乳房上下搖晃，吸一下，看一下，然後再研究，好像試圖了解乳房怎麼會出現東西。
>
> 麥特的媽媽／第 30 週

他現在能夠理解人、事物、聲音或狀況間彼此是有關係的；或者聲音會跟某件物品或某個特定的情況有關。例如：廚房裡忙亂的吵雜聲代表媽媽正在準備餐點、前門叮噹作響的鑰匙聲則意味著爸爸（或媽媽）回家了。

寶寶也開始知道人（動物／物品）之間的關係，就算兩個人分別離開，他還是會注意到彼此的關係，像是他和父母間彼此相屬、狗狗有自己的食物和玩具，這個發現讓他謹慎又不安。

寶寶也開始知道動作之間是有因果關係的，當步驟出錯時，他能看出來。例如：當東西掉在地上，媽媽叫了一聲，很快彎下腰去撿；或兩個人意外撞在一起；或是小狗從沙發上跌下來等，這都不是一般會出現的事情。有些寶寶會覺得突發狀況非常好玩，有些則會被嚇壞，也有些會好奇，更有些會以驚奇或嚴肅的眼光看待這些事。畢竟，他看到原本不應該發生的事。

寶寶也會發現他能夠協調身體、四肢和手的動作，並組合起來使用；待了解後他就會拿著玩具做出更多事來。他學爬時會變得更有效率，或是能夠自己坐起來，被人拉著站起來，又再坐下。有些寶寶在一點協助之下，能夠踏出第一步；有些特別厲害的甚至不必別人幫助就可以做到，時間就在下次飛躍開始前。

我發現兒子很怕烘焙店的切麵包機。當麵包進去時，他會用眼睛瞄我，好像在問，「你確定沒問題嗎？」當我對著他微微一笑，之後他看著我，然後他又怕了起來，接著又再次看著我。

保羅的家長／第 29 週

增加知識

大腦的變化

在 22 ～ 26 週間，寶寶的腦波活動會增加。

學習掌握身體技能對寶寶來說可能是很可怕的。他可以自己扶站，但卻不確定要如何再次坐下而不會跌倒，接著他就哭了，要求別人幫助，他非常清楚身體什麼時候失去控制。他還需要學習如何保持身體平衡，保持平衡和能夠正確測量距離很有關係，只要掌握這點，就能學會平衡。在第 5 次飛躍紀錄表中的「你的發現」，會讓你了解該如何幫助寶寶。

當寶寶意識到「關係」，並開始以自己獨特的方式來「玩」的時候，他就會運用到前幾次飛躍中取得的新能力，像是感官、樣式、平順轉換以及事件間的「關係」。

這種「看」的能力以及對「關係」的實驗改變了寶寶的行為及做的每一件事情。寶寶現在看到的世界是充滿了因果關係，他意識到了自己和別人、物品與物品、人與物品、自己與他人與事物，以及自己與自己四肢之間的關係。

你可以想像，當寶寶發覺這一切時有多震驚，對成人來說，這些「關係」很正常，你早已學會與關係一起生活，但是寶寶還沒有。

POINT

透過寶寶的眼睛看世界

為了能夠理解寶寶，你必須想像你生活在一個完全依賴某個特定的人的世界。當你意識到那個人可以離開你走開，而你卻無法移動、追不上且無能為力的時候，情況是不是很令人害怕？

如果你為某個物品拍了一張虛擬照片，你知道有但卻無法真正看見，是什麼感覺呢？觀察你的四周，想像一下，地板在書桌下面、電腦螢幕後面連接著電線、你的腿在桌子下面，就算看不見，你也知道那些事物依然在那裡。

你看到多少物品是放在其他物品的裡面、上面、下面或後面，有很多東西你看不見，但大腦會為你補上。想想看你每天觀察、維持，或是改變的關係數量有多少？寶寶正初次面對物體恆存關係，所以這次的飛躍如此重要。

神奇的向前飛躍：發現新世界

寶寶需要時間（有時好幾週），及協助讓他運用新能力進行練習並實驗，才能確實掌握新技能。你可以給他機會來玩關係，在沒成功時，你可以鼓勵、安慰他，並提供新想法給他。

給寶寶機會接觸關係，只要他想，就與他分享你的感官經驗，接觸得愈多，他以後愈能了解及運用。透過觀察、操作及感官刺激他很快就能輕鬆的把這分理解運用在其他領域中。

女兒有一顆球，不太重，她喜歡把球稍微往空中拋，或在地上滾。當我把球對著她滾回去時，她抓住了。

艾席莉的家長／第 27 週

女兒會把自己的積木、奶嘴和小熊一起堆在籃子裡。她站起來的時候，會把玩具從地上撿起來，丟到椅子上；也會把東西穿過嬰兒床欄杆，推到她的床上；但如果在床上，又會把所有的東西拋出去。她喜歡看自己的成果。

珍妮的家長／第 30 週

女兒超愛對東西倒下的方式進行實驗。她一直拿各種東西來嘗試，像是奶嘴、積木和杯子。然後，我給她一根從芝麻街大鳥身上拿下來的羽毛，她驚喜不已。她偏愛會發出噪音的東西。

妮娜的家長／第 28 週

天啊！當盤子掉在地上，破成碎片時，兒子居然大聲笑了。我從沒看過他笑成那樣！

約翰的家長／第 30 週

我把一隻玩具熊上下顛倒的拿著，讓它發出聲音。之後，我把熊放到地板上，兒子馬上爬過來，把它一陣翻滾，直到熊發出聲音。他非常著迷，不斷的把熊翻來翻去。

保羅的家長／第 33 週

💡 喜歡「移動」玩具

請讓寶寶把玩具放在某個物品的裡面、旁邊或下面；把玩具從某個物品裡面扔到外面，或從上面扔到下面、穿越某個物品拉出去。寶寶樂於讓物品像一陣旋風似的飛來飛去，但這個瘋狂暴力的行動能精準的提供大腦所需的資訊，讓大腦了解新世界的關係。

給寶寶一個屬於他的櫃子，讓他可以把東西從箱子裡清出去，而你也能簡單的再整理好；或給他一個箱子，讓他能把東西放進去，或放在箱子上，甚至將箱子上下顛倒。允許他把東西穿過床的欄杆，從欄杆中推出去，或越過上方拋出去。這些都是提供對爬行還沒發生興趣的寶寶探索關係的理想方式，讓他能了解上、下、裡、外的觀念。

💡 喜歡把東西弄翻

另外一種能讓寶寶玩關係的方式是把東西翻轉及跌落下去。這是一種用看和聽來了解的方式，或許他想得知某個特定的東西碎裂成幾塊的樣子，你可以觀察他開心推倒積木塔的模樣（你得再幫他堆疊起來）。不過，推倒廢紙簍也能得到相同的樂趣，翻掉貓咪的水盆和裝食物的碗也會讓他非常開心。

如果寶寶想嘗試讓東西滾動，例如：裡面有鈴鐺的球或是瓶子，就把它變成遊戲，再滾回去給他。

💡 對於內含他物的物品感興趣

寶寶對於「內含他物」的玩具可能會感到相當困惑,像是裡面含有小鴨的球,這種球在操作的時候會發出聲音,或是玩具鋼琴。不只是玩具,裡面有其他東西的物品,寶寶也會覺得有趣。

💡 會嘗試將玩具拆開

寶寶會發現在關係的世界裡物品是可以拆開的,當他發現玩具有這種可能,就會想把它拆開,像是拉拉杯、樂高積木、串珠或是鞋帶;任何黏附在玩具上面的物品,他都會嘗試摳、拉,如衣服上的釦子、標籤、吊牌、貼紙;填充動物的眼睛和鼻子;玩具汽車的輪子、拉扣和車門;甚至電器上的蓋子、按鈕和連接的電線。無論何時,只要能拆就拆。簡單說,他實驗時會把東西毀了。

💡 喜歡看一個物品消失在另一個物品裡

有時寶寶喜歡把物品放進另外一個物品裡面,但這只是偶然現象,到下次飛躍之前,他只能分辨不同的形狀和大小。

寶寶也喜歡看一個東西是如何消失在另外一個東西裡面。

我喜歡第 5 次飛躍!我發現寶寶會試著把東西弄清楚,並做出有意義的動作。今天早上他發現袋子裡有東西,並花了 10 分鐘想要鑽進去!

—Instagram 貼文

兒子不斷的把自己的襪子拉掉。

法蘭基的家長／第 31 週

女兒會試著把不同種類的物品塞在一起。很多時候,大小正確但是形狀不對。再者,她還不夠精準,如果東西塞不進去,她就會生氣。

珍妮的家長／第 29 週

女兒喜歡看狗狗把碗吃空。對我來說,這似乎相當危險,因為在女兒的注視下,狗狗狼吞虎嚥的速度愈來愈快。

蘿拉的家長／第 31 週

讓居家環境變得安全

寶寶可能會被有為害性的東西所吸引，他會把手指或舌頭伸進任何有洞或凹槽的東西裡，包括電源插座、電器設備、排水口以及狗的嘴裡。

可能可以了解短句和手勢

寶寶現在可以開始看出及領悟某個辭彙、短句或特定手勢之間的關係。不過，只能在置身於熟悉的環境及慣例時才能了解；如果你在一個陌生的地方說出同樣的辭彙，他可能會無法辨認。這項技能要到很久之後才培養得出來。

就算他的技能有限，也足夠學習很多新事物了。如果寶寶喜歡玩辭彙和手勢遊戲，不妨根據他的興趣回應吧！幫助寶寶了解你話裡的意思。用簡短的句子，配合清楚明顯的手勢，跟寶寶說明你正在做的事，讓他看、聞、品嚐、感受，他能了解的比你認為的還多。

> 我在解釋某項事情，或提出建議時，我兒子好像明白我的意思。像是，「我們舒服的散一下步好不好？」或是「我們該上床了！」真是太可愛，但他不喜歡聽到「床」這個字！
>
> 鮑伯的家長／第 30 週

> 當我說，「拍拍手」時，女兒就會拍手、說「上下跳一跳」時，她會屈膝，往上一彈一落，不過，她的雙腳是在地上沒離開的。
>
> 珍妮的家長／第 32 週

開始使用字彙和手勢

寶寶現在開始了解聲音或辭彙以及事件之間的關係了。舉例來說，「碰！」屬於東西掉到地上的聲音。此外，他也能學會手勢和事件之間的關係，但他能做得更多，會開始自己使用辭彙和手勢，如果寶寶試著用聲音或手勢「說」或「問」什麼，一定要讓他知道你被他的潛力嚇到了，請

> 我說，「掰，說掰掰」，並對著正要出門的老公揮手時，女兒也會跟著揮手，並用眼睛盯著我的手。她很清楚，她是在對爸爸揮手說掰掰。
>
> 愛蜜莉的媽媽／第 32 週

每當兒子想做某件事情時，他會把手放在上面，然後看著我，好像在問，「我可以嗎？」他也了解「不行」的意思。當然了，這阻擋不了他繼續嘗試，但是他知道其中的意思。

鮑伯的家長／第 32 週

女兒真是個話匣子，她會跟自己的填充玩具講話，在我的膝蓋上時跟我講話，好像在說一整個故事。她會用各種母音和子音來說話，其中的變化無窮。

漢娜的家長／第 29 週

上週女兒跌倒時，第一次說出「噢！」，當她拍貓咪或是我們的時候，清楚的說出「ㄟ」。我們也注意到，她開始用聲音來組成所謂的字彙，如答答來代表爸爸、汪汪來代表狗、逼代表芝麻街裡面的畢特。

珍妮的家長／第 29 週

兒子會搖頭表示「不」，並發出特定的聲音。我模仿他的時候，他開始忍不住的咯咯直笑。

保羅的家長／第 28 週

兒子通常會抓一本塑膠圖畫書。他不斷的把書頁翻開、合上，目不轉睛的看著圖片。

保羅的家長／第 29 週

當我模仿我家小傢伙正在看的動物發出來的聲音，她真的很高興呢！

妮娜的家長／第 30 週

我們在嬰兒游泳班裡唱歌的時候，我家寶寶突然一起跟著唱。

愛蜜莉的家長／第 30 週

女兒只要一聽到音樂，或是聽到我開始唱歌，立刻就會開始踢腿，搖擺她的小肚子。

依芙的家長／第 32 週

用言語和訊號回應他的表現。教寶寶說話的最佳方式就是多跟他說話，將每天要做的事情用正確的辭彙說出來，並問問題，像是當你把餐盤放在桌上時，說「想吃點心嗎？」讓他聽童謠和他一起玩說唱遊戲，讓說話變得好玩、吸引人。

寶寶說的第一個字

當寶寶開始意識到關係並進行實驗時，他會發現自己能說出第一個字了，這倒不代表他就會開始說話。寶寶他開始能使用言語的年齡有很大的差距，所以如果他稍晚幾個月也不要太擔心。

會喜歡盯著書看

如果你家寶寶喜歡說話聊天，通常也會喜歡繪本的圖片。如果是這樣，你可以讓他自己挑一本自喜歡的書，有些寶寶純粹是因為要練習把書頁翻開、合上，有些則是喜歡看圖片。

可能會又唱又跳

如果寶寶喜歡音樂，那麼一定要多和他一起唱歌、跳舞、玩拍手歌，讓他透過這種方式來練習字彙和手勢的使用。如果你對兒歌認識不多，YouTube 就是你的良師益友！

能保持平衡嗎？ 寶寶可以開始坐

寶寶身體各種部位的骨骼之間也存在許多關係。如果沒有所有肌肉居中努力，身體各個部分之間存在的關係就會消失，人也會像一堆骨頭那般垮掉。大約在這個時間左右，寶寶的粗動作開始發展，可以翻身、撐身體，可以開始試著自己坐起來幾秒鐘，如果他還坐不穩，或你沒信心讓他自己坐著，那麼就幫他一把吧！透過玩樂的方式，示範怎麼坐才能穩，藉以提升他的信心；或者也可以和他玩平衡遊戲，只要開始搖晃，他就必須重新取得平衡。

女兒晚上還是超難纏（她非常討厭上床睡覺）！但是當你說「嗨」的時候，她會揮手，機動性也似乎強多了，她還喜歡坐起來，在地板上和玩具玩的時間也多了許多。

—Instagram 貼文

兒子現在已經學會坐了。他開始是用一邊的屁股保持平衡，並將兩隻手平撐在地板上，之後他會把一隻手抬起來，現在可以完全不用手幫助了。

麥特的家長／第 25 週

當我握住了女兒的兩隻手，她就能保持平衡走得很好。她站著時能越過椅子與電視間的小縫隙，她可以沿著桌邊，繞過彎角走，也可以推著箱子穿過房間。昨天，箱子滑開了，她自己走了 3 步。

珍妮的家長／第 34 週

兒子坐起來時常會翻過去，他也會往前或是往後倒。這時我會笑出來，然後他就跟著笑。

鮑伯的家長／第 26 週

女兒已經可以自己坐，不必害怕會失去平衡了。她上週還做不到呢！有時她會用雙手拿起東西，高舉過頭，然後把東西丟開。

珍妮的家長／第 28 週

寶寶這一週來一直嘗試自己站起來，在某個時間點，她做到了。她在床上時自己站起來了，而且一直保持站立的姿勢。現在她真的能站了，她會利用床、遊戲欄、桌子、椅子或別人的腿讓自己站起來，她現在也會站在遊戲欄旁邊，用一隻手從裡面拿玩具出來。

珍妮的家長／第 28 週

只有準備好了，才會開始學走路

　　當寶寶擁有了解關係的能力且進行實驗後，他才會知道走路是怎麼回事，但不代表真的會做，他很可能不會成功，因為身體還沒做好準備。寶寶在這個年齡時，除非骨頭的重量、肌肉的總量以及四肢的長度和他身體軀幹能達到一個完美的比例，否則是還不會學走路的。

💡 能保持平衡嗎？ > **寶寶可以開始站**

寶寶站不直，或是害怕跌倒的時候，你可以協助他，試著和他玩平衡遊戲吧！讓他熟悉直立姿勢的感覺。在第 5 次飛躍紀錄表「你喜歡的遊戲」中，你能找到很受歡迎的平衡遊戲。

💡 能保持平衡嗎？ > **在協助之下可能可以行走**

如果你發現寶寶想走路，不妨伸手緊緊的握住他，因為他的平衡狀態通常不穩定，並嘗試和他玩一些保持平衡的遊戲，像是從一隻腳把重心轉換到另外一隻腳。不要試著讓寶寶走路，這樣不會讓他學得更快，除非他準備好，不然是不會開始走路。

💡 玩身體各部位的「關係」

寶寶會發展出手的精細動作，開始學習用二隻手指夾取物品，如拇指和食指。如果這個動作讓他感興趣，他就能從地毯上撿起非常小及薄的物品，像是小珠子、玻璃片。此外，他也會用食指來觸摸及撫摸各種不同材質的表面，並藉著檢視小物體的細節來獲得樂趣。因為他現在已經發展出使用拇指、食指來夾取小物品的能力，而不是用整隻手抓。

寶寶現在也開始了解左手與右手間的關連，對於兩隻手同時動作的控制比較好，照這樣下去，他就能開始左右手同時使用了。如果你發現寶寶正嘗試要同時使用兩手，讓他用其中任何一隻手拿著玩具，然後兩手拍在一起，又或是幫助他在手上沒有玩具

📢 女兒會穿過整個房間，眼睛盯著地板上最小的凸起物品或麵包屑，用拇指和食指捏起來，然後塞進自己的嘴裡。我得非常注意，她才不會吃到一些奇怪的東西。現在我讓她自己吃小塊麵包了，最初她不斷把拇指而不是麵包塞進嘴裡，因為她是用兩根手指夾著麵包的，現在她已經開始進步了。

漢娜的家長／第 32 週

📢 女兒有打擊症候群。只要能讓她上手，無論是什麼東西她都去敲打。

珍妮的家長／第 29 週

的時候，做拍合的動作，讓他的兩隻手拍在一起。試試看吧！讓他把玩具往地上或牆上敲，鼓勵他把玩具從一隻手遞到另一隻手上，也看看他是否能把兩個玩具同時放在地上，然後再撿起來。

爸媽可以這樣做

💡 讓寶寶爬上爬下、爬進爬出

如果寶寶已經能爬了，讓他在安全的房間裡隨意爬行。當進入關係的世界後，他就會開始知道自己可以爬上爬下、爬進爬出、爬裡爬外，或穿過某個物品，並熱中體驗自己與周遭物品間的關係。你的寶寶會做和下面案例中寶寶相同的事嗎？

如果你的寶寶也喜歡探險並覺得很有趣，在周圍留些能激勵他繼續探索的物品。例如：把毛毯、棉被或枕頭捲起來，做成一座座小山丘讓他翻爬。當然了，你得依照寶寶的能力調整這座軟綿障礙物的遊戲動線。像是在地板上放一個大箱子，在箱子上挖個洞讓他可以輕易的爬進去；或用箱子或椅子建一個隧道，讓他能爬行穿越；或者用床單搭出一個帳棚，讓他能爬進、爬出、爬到下面。很多寶寶都喜歡開關門，你可以加一至兩個門進去，如果你和他一起爬，那麼樂趣就會加倍！不妨試著加些躲貓貓和捉迷藏來增加遊戲變化吧！

> 我喜歡看兒子在客廳裡玩。他會爬上沙發，再坐來看看沙發底下，然後很快又爬進櫃子裡，又爬出來；接著爬到地毯上，把地毯拉起來，看看底下；再朝著一把椅子爬過去，爬進椅子底下，卡住，哭了一下，然後弄明白該如何出來。
>
> 史提夫的家長／第 30 週

💡 讓寶寶知道你不會離開他

當寶寶處在關係的世界時，幾乎每一寶寶都會發覺父母可以拉開與他之間距離，而且可以走開，離開他。在之前，雖然他的眼睛看得到，但他

> 只要女兒能看到我，一切就都還好。如果看不見，她就會開始哭。
>
> 依芙的家長／第 29 週

還無法充分領悟離開的意思，現在他知道了，這就產生了一個問題。當他了解到爸媽是無法預期的，任何時候都可以把他拋在身後，就算他已經能爬了，爸媽還是可以輕易的將距離拉開，他對自己和爸媽間的距離沒有控制權，這可把他嚇到了。寶寶必須去學習如何處理這個「發展」，並需要時間來理解及練習。

不是所有的寶寶都想要你貼近他。一般來說，寶寶在 29 週時最驚慌，之後會有點改善，一直到下次飛躍開始。在寶寶有需求時回應，給他機會用自己的步調來習慣新的情況。然後，他就會感覺到，當他需要你的時候，你在。你可以經常把他帶在身邊或是以比平常更親近的方式來幫助他。在你離開前先提醒他，或者當你在其他房間時，持續和他說話，即使看不到，也讓他知道你還在。

你也可以和他玩躲貓貓遊戲來練習。舉例來說，當你還坐在寶寶身邊的時候，躲在一張紙後面，接著，你可以先躲在靠近寶寶的沙發後，然後躲在稍微遠一點的櫥櫃後面，最後則躲在門後面。

> 兒子一直尖叫，叫到他被抱起為止，在那之前他一直在鬧情緒。我一抱，他就笑了，對自己的行為感到很高興。
>
> 法蘭基的家長／第 31 週

> 小女兒讓保姆帶時不吃、不睡、什麼也不做，光是哭了又哭。我從沒見過像她這樣的情況。我很有罪惡感，只好把她留下，並考慮要縮短工作時數，不過不知道應該怎麼安排才好。
>
> 蘿拉的家長／第 28 週

> 女兒有好幾天懷疑我會把她放在地板上獨自玩，於是她開始哼唧的哀號，熱情地黏著我不放，所以我只好整天把她背在背上帶著四處走。上週，她還對著大家笑呢！但現在她不笑了，笑容少了很多。她之前有過這種狀況，但臉上還是會掛著一抹淺淺的笑容，現在是不可能了。
>
> 妮娜的家長／第 29 週

💡 讓寶寶跟著你

如果你的寶寶能自己移動了，你就可以讓他跟著你，讓他不會有被遺棄的感覺。首先，事先告訴他，你要稍離開，這樣寶寶就知道他不必用眼睛一直盯著你，可以自己繼續輕鬆的玩。然後你慢慢的移動，並根據他的速度來調整步調，讓他能跟著你。過沒多久，寶寶就會知道他可以控制跟你之間的距離。他也會開始相信你不會完全消失，之後就不會那麼難纏了。

想要靠近你的慾望經常非常強烈，強烈到爬行菜鳥願意多下點功夫，以讓爬行技術能有所提升。這分想跟上你的慾望，及這個年紀可以使用的協調性，剛好提供他所需的額外動機。

💡 提高期望推動進步

打破舊習慣，設下新規則也是培養新技能的一部分。你對寶寶現在能理解的事可以進行要求，但不要過與不及。當寶寶忙著觀察、玩關係時，可能會出現讓你生氣的行為，這是因為舊的行事習慣，以及建立行為規則的方式已經不再適合他現在的進步情況了，親子間必須重新商議出新的規則，才能重新恢復安寧與和諧。

最初，當寶寶進入新的難帶階段時父母會擔心，但當發現寶寶沒什麼問題且還能做更多事情時，就會有點惱怒。從那時起，父母就會開始要求寶寶做一些寶寶力有所及的事，結果就推動了進步。

💡 用餐時的親子戰爭

到了這個年紀，許多寶寶都會了解到某些特定的食物嚐起來就是比較好吃。那麼，為什麼不選擇這些美味的來吃呢？

最初，兒子習慣緊緊的攀在我的腿上，像一隻猴子，我走路時則粘在我的鞋上。我必須把這顆「球」帶著到處去。幾天後，他開始能稍微保持一點距離了。在他爬到我身上之前，我還能往旁邊走個幾步。現在他在我身邊爬的時候，我能進廚房了。他不會真的進廚房找我，除非我待的時間稍微久了點。現在他可以利用兩隻手和膝蓋完美的爬行了，速度還相當不錯呢！

鮑伯的家長／第 31 週

POINT 一直黏人不放

幾週下來，父母如果沒機會繼續每天日常的活動，怒氣就會愈來愈高。當寶寶 29 週後，大部分的爸媽就會透過讓他分心的方式，慢慢取得更多自主的時間。像是讓寶寶哭上一會兒，或是把他放到小床上。不管你決定怎麼做，都要考慮寶寶能夠承受的程度。

不少爸媽一開始會覺得好笑。很快的，幾乎所有的家長都會感到擔心，但當寶寶對食物挑剔起來後就會開始煩惱：寶寶的營養夠不夠呢？於是就開始試著在難搞的小傢伙沒注意時，拿湯匙往他嘴裡塞，又或是整天拿著食物追著他跑。別做這些事！脾氣硬的寶寶被強迫時，甚至會更抗拒，讓吃飯變成親子間的戰場，而憂心的父母反而得回頭應付這種局面。

不要對抗了！你是無法強迫寶寶把東西吞下去的，所以連試都別試；這麼做，有可能只會提高寶寶對食物產生厭惡感。你可以想辦法運用不同的技巧，善用寶寶現在能學習的其他新技能。這個年齡的寶寶可以嘗試用拇指和食指夾捏物品，但是需要練習，讓他自己餵自己對於協調感很有幫助。

寶寶也會喜歡自己做決定，隨自己的心意吃東西會讓吃飯變得更享受。讓他用手指拿東西餵自己會讓他心情好，然後就願意讓你餵他了，雖然他可能會搞得又髒又亂，但你還是要鼓勵他，持續放兩塊食物在他的碗盤裡，讓他有事情忙，有機會練習這次飛躍的新技能。

你可以在鏡子前面餵他，讓吃飯變得更有樂趣。這樣一來，他就能看著你把一湯匙食物放進他或是你的嘴裡。如果第一次不成功也別擔心，很多寶寶都會經歷進食的問題，他也會克服。

💡 摸東摸西、不聽話、討人厭！

寶寶正在學習新技能，不過許多爸媽卻不斷發現必須禁止某些事。例如：已經會爬的寶寶特別愛檢查你的所有物品，所以你會想把某些物品從他手中搶回來，不過，要小心別動手打人。

坦白說，在寶寶的手上拍巴掌「糾正」並不會讓他學到什麼。更重要的，打寶寶是永遠不能被接受的，就算「只」在他手上輕拍也一樣。最好的方法是：把寶寶從他不被允許碰觸的物品堆裡移出來，當他在做違背你規則的事情時，清楚的說「不可以」。

> 女兒變得超沒耐心。她什麼都想要，如果拿不到某件東西，或我告訴她「不可以」時就會發火，並真的開始尖叫。這件事讓我很生氣，覺得她這樣做只是吃定我，她和保姆在一起時，可撒嬌多了。
>
> 蘿拉的家長／第 31 週

💡 沒耐心的小人兒！

寶寶可能因為各式各樣的原因而變得很沒耐性。舉例來說，他不想等食物做好送來。他如果沒能完成或不被允許做某件事，或是你如果沒能用夠快的速度注意他，他就會生氣。

> 女兒在晚餐時間一直表現的很糟糕，甚至還尖叫。她覺得事情進行得還不夠快，所以每吃一口後就開始吼叫、扭動、掙扎。
>
> 艾席莉的家長／第 28 週

第 **5** 次飛躍紀錄表　　進入關係的世界

🔍 你喜歡的遊戲

這是一些你家寶寶現在可能會喜歡的遊戲和活動，對他練習最近正在發展中的新技能有幫助。

✏️ 填表說明

下面是一些寶寶可能會喜歡的遊戲和活動，對練習最近正在發展中的新技能有幫助。勾選寶寶喜歡的遊戲，比對「你的發現」，看看寶寶最感興趣的物品和他喜歡的遊戲間，是否有關連？你可能得想一想，不過這種思考會讓你對寶寶獨特的人格特性有深入的了解。

躲貓貓和捉迷藏遊戲

寶寶現在真的很愛玩躲貓貓和捉迷藏，遊戲的變化超多。

☐ **紗布巾躲貓貓**

把一條紗布巾蓋在你頭上，看看寶寶是不是能把它拉掉。問寶寶：「媽媽在哪裡？」或是「爸爸在哪裡？」寶寶就會知道你還在那裡，因為他聽得到你的聲音。如果他沒試著把紗布巾拉開，牽著他的手一起拉開，同時說：「peeka-boo（皮卡哺）。」

☐ **變化版躲貓貓**

用雙手或書報把你的臉遮住，然後翻開，讓臉蹦出來。寶寶也喜歡看你從一棵盆栽或桌子底下出現。畢竟，在那種情況下，寶寶還能看到部分的你。

☐ **媽媽在哪裡？**

你也可以躲在一個很顯眼的地方，像是窗簾或門的後面，這樣寶寶就可以密切關注窗簾或門的動靜。你要消失的時候，確定寶寶有看到你。舉例來說，你宣布自己要躲起來了（給還不會爬的寶寶），或是他必須過來找你（會爬的寶寶）。如果他沒盯著你看，或是因為別的事分神，就喊他

的名字；目的是教會他，離開隨之而來的就是回來。只要找到你，每一次都要獎勵他，把他高舉起來，或是摟進懷裡；看寶寶最喜歡什麼，就怎麼做。

□ 寶寶在哪裡？

很多寶寶都發現他可以把自己藏在某個物品的後面或下面，他通常會從一塊布或是正在換的衣服開始。好好利用每一次機會，將由寶寶帶頭開始的事變成一個遊戲，這樣一來，他就會知道自己在遊戲中能扮演主動角色。

□ 玩具在哪裡？

試著把玩具藏在手帕下面。一定要用寶寶喜歡，或是和他有關的物品。讓他看到你怎麼藏，藏在哪裡。第一次要讓他能簡單的找出來，物品必須露出一小部分來，讓他看得到。

□ 泡泡浴找一找

和寶寶一起洗泡泡浴吧！試著把玩具藏在泡泡下面，邀請寶寶來找。如果他會吹氣，試著讓他對著泡泡吹氣，也可以給他一根吸管，鼓勵他把氣吹進吸管裡。

語言遊戲

你可以常常和寶寶說話並聽他說話，和他一起閱讀、玩說悄悄話、
文字遊戲，或是一起唱歌，讓說話變得有吸引力。

□ 親子共讀

把寶寶抱到膝上，他通常會很喜歡，接著讓他選一本繪本和你一起閱讀看。不管寶寶看到什麼，都將名稱說出來。如果繪本裡有動物，就模仿動物的叫聲。寶寶通常都很愛聽自己的爸媽發出汪汪的狗叫、哞哞的牛叫、嘎嘎的鴨叫聲。這些聲音是寶寶也能模仿的，之後他可以一起加入。如果他想自己翻頁的話，讓他自己來。

□ 說悄悄話

大部分的寶寶都喜歡有人在他的耳邊輕輕發出聲音或說悄悄話。在他耳邊發出一點氣音，讓他的耳朵有點搔癢感會蠻有趣的，或許寶寶現在也能夠了解吹氣是什麼了。

☐ 帶動唱

帶動唱或手指搖可以用來鼓勵寶寶唱歌說話，並練習平衡感。你可以在網路上找到很多告訴你正確手勢和用語的短片。你可以試試「Giddyup, Giddy-up, Little Rocking Horse」、「This Is the Way the Lady Rides」、或是「The Wheels on the Bus」等英文影片。

平衡遊戲

帶動唱也是很好的平衡遊戲，你也可以在沒音樂的情形下
和寶寶一起進行平衡遊戲。

☐ 玩坐

舒舒服服的坐，把寶寶放在膝蓋上，握住他的雙手，輕柔的把他由左晃到右，讓他把重量由其中一個屁股移到另一邊屁股。你也可以試著小心的讓寶寶往前或往後傾，他會覺得後傾很刺激。你也可以畫圈的方式移動他，先移到左邊、後面，然後右邊、前面，根據寶寶的動作來調整，給他剛好足夠的挑戰就好。或者也可以試試進行坐姿式的「Hokey Pokey」，讓他像鐘擺一樣輕輕的左右搖擺，而你配合著時間說出「滴答，滴答」。

☐ 玩站

在地板上舒服的跪下來，讓寶寶站在你面前，握住他的臀部或雙手，輕輕的把他從左移到右，讓他的體重從一隻腿換到另外一隻腿。換個不同的面來做相同的事情，這次讓他的體重從後面移到前面。根據寶寶的動作來調整，足夠讓他自己找到平衡就好。

☐ 玩飛行

牢牢的抓住寶寶，將他舉高「飛」過房間，讓他起飛以及下降；往左轉又往右轉，在小的圓圈範圍中飛行；或採直線方式，往前、往後，動作和速度要盡可能的多變化。如果你家寶寶喜歡，試著讓他以上下顛倒的方式著陸，讓頭輕緩著陸。當然了，整段飛行期間要充滿著各式各樣不同的聲音，如急速上升的嗡嗡聲等。

☐ 玩倒立

大部分體力充沛的寶寶都喜歡玩鬧和倒立。不過，還是有不少人覺得頭下腳上的倒立很可怕，或是太過刺激了。如果你的寶寶喜歡，你可以嘗試看看，這對他來說，是個健康的運動。

生活遊戲

就現在來說，最好的遊戲就是家裡的生活用品了，
像是清空的櫥櫃和架子，讓寶寶把玩具扔下去和丟開。

□ 專屬櫥櫃

給寶寶一個專屬的櫥櫃，裡面塞滿他喜歡的物品，像是空的紙箱、雞蛋紙盒、衛生紙捲軸、塑膠袋以及裡面裝了東西，搖動時會發出聲音的有蓋塑膠瓶。此外，也可以把拿起來時會發出很大噪音的物品放進去，如較輕的小鍋子、木製湯匙以及湯匙。

□ 「砰」掉下去

有些寶寶喜歡聽見東西掉落下去時發出的噪音。如果寶寶喜歡，你就可以準備一些可以讓他玩「掉落」的物品放在他的餐椅上，然後在地板上放置一個金屬的托盤。把積木拿給他，展示給他看，如何把手上的積木放掉，讓它掉在托盤上發出聲響。

□ 掉下去、撿起來

讓寶寶坐在椅子上。在玩具上面綁一條短繩繫在餐椅上。當他把東西丟到地板上時，教他如何把東西再拉回來。（注意！需在旁邊陪伴孩子玩。）

其他的活動

□ 游泳

很多寶寶都喜歡在水裡玩。有些游泳池特別為幼兒準備了溫水池，還開放特定的時段，讓寶寶可以和他的爸媽在水中玩。（注意！隨時都要非常小心，絕對不可以把寶寶放在水裡沒人照看。）

□ 參觀動物園

對寶寶來說，參觀動物園的可愛動物區、小鹿園地或是鴨子池塘都是非常有趣的事，他可以看見繪本裡的小動物。他會非常愛看小動物搖搖晃晃、啪嗒啪嗒拍水或是跳躍的動作。他特別愛餵動物吃東西，並看著牠們吃。（注意！餵食時手不可太靠進動物的嘴巴！）

你喜歡的玩具

☐ 屬於你的櫥櫃或架子。

☐ 門。

☐ 不同大小的硬紙箱，空的雞蛋紙盒。

☐ 木製湯匙。

☐ （圓的）塑膠疊杯。

☐ 木製積木。

☐ 大塊的建築積木。

☐ 球（輕到你能滾動）。

☐ 繪本。

☐ 相簿。

☐ 童謠、手指搖。

☐ 沐浴玩具（可以把水裝進去、倒出來的物品，像是塑膠瓶、塑膠杯、濾水盆、漏斗、灑水器）。

☐ 玩具汽車（有可以轉動的輪子和可以打開的門）。

☐ 軟式玩具（上下顛倒時會發出聲音）。

☐ 按壓時會發出聲音的玩具。

☐ 鼓。

☐ 鋼琴玩具。

☐ 電話玩具。

小 提 示　請牢記！

　　你的寶寶會挑選最符合他自己傾向、興趣、體格和體重的物品。因此，不要把寶寶拿來比較，每一個寶寶都是獨一無二的。

你的發現

　　下表所列的技能是寶寶在這個年紀可能會展示的技能。請別忘記，寶寶不會把表上的所有項目都做了，而是換選擇這時最適合他的技能來做。

✎ 填表說明

· **飛躍開始前：** 勾選表中寶寶可能已經選擇的新技能，仔細觀察他已經開始做，以及沒做的事（兩者可能一樣多）。因為生活是由許多選擇組成的，選擇說明了很多與個人相關的特質。

- **飛躍開始後：**家長會發現，要完成這張表愈來愈難了，因為例子逐漸具多樣性，因此你必須以不同於成人習慣的方式來看待，並專注在寶寶的意圖與努力上，而非最後結果。舉例來說，如果寶寶喜歡關櫥櫃的門，那麼他是因為喜歡關門發出來的聲音，還是用力關門？又或者是因為被關上的門又會回到櫥櫃「裡面」呢？簡單說，你要仔細觀察寶寶，以發現他的興趣所在，及驅使他做的原因是什麼？這張表會引導你。

（註：紀錄表內的我表示父母，你表示寶寶。）

寶寶大約是在這時開始進入飛躍期：＿＿＿ 年 ＿＿＿ 月 ＿＿＿ 日。

在 ＿＿＿ 年 ＿＿＿ 月 ＿＿＿ 日，現在飛躍期結束、陽光再次露臉，我看到你能做到這些新的事情了。

🔍 你的發現 ▶▶▶ 身體的控制　　　　日期：＿＿＿＿＿＿

☐ 大部分寶寶還不會爬，但是一個真正愛探索體能的寶寶，喜歡往物品（像是櫥櫃或大箱子）裡面爬，也愛往物品（像是椅子或樓梯）下面爬。

（寶寶開始爬的時間差別很大，從 5 ～ 11 個月間都有可能，平均年齡大約在 7 個月大左右。）

☐ 可以在稍微有點高度的斜面上爬來爬去。

☐ 可以爬進／爬出房間。

☐ 可以在桌子四周爬。

☐ 可以彎下身或是身體平平的朝下俯臥去拿沙發下的東西。

☐ 用拇指和食指感受或捏東西的時候愈來愈多。一般父母的焦點都在爬及走上，但是良好的精細動作也一樣重要！

（在 6 ～ 10 個月間會開始使用拇指和食指夾捏物品，平均年齡是 7 個月又 2 週。）

☐ 喜歡用兩隻手拿兩個物品玩，如兩手拿各拿一個玩具，用力互相敲打。

（在 6 ～ 0 個月間會第一次做這個舉動，平均年齡是 8 個半月。）

你的發現 ▶▶▶ 操控物品　　　　日期：＿＿＿＿＿＿

☐ 會把地毯拉高，看看底下。

☐ 會將填充動物上下顛倒拿著，為的是要聽裡面的聲音。

☐ 會在地板上滾動小球。

☐ 總是把滾向自己的球抓住。

☐ 會把物品打翻，像是廢紙簍，把裡面放的東西清空。

☐ 會把東西丟開。

☐ 忙著以各式各樣的方法來放玩具。例如：會把玩具放在籃子的裡面和旁邊、箱子的裡面和外面、椅子的上面或下面，或把玩具推出小床外。你正在玩物品間關係的遊戲，是不是很聰明？

☐ 會試著把一個玩具套進另一個裡面。

☐ 會把玩具拆開，像是將疊疊杯拆開。

☐ 試著把東西從玩具裡面撬出來，如鈴鐺。

☐ 會把自己的襪子拉掉，不是因為爸媽要求，純粹是因為喜歡拉。

☐ 會把自己的鞋帶撬鬆。

☐ 如果放任你，你就會把櫥櫃和架子清空。

☐ 會把東西掉在地上，測試它是怎麼跌落的。因為你喜歡，而且想把東西打破，你正在進行實驗。

☐ 會把食物放進我嘴裡，或是以下人或物的嘴裡：

＿＿＿＿＿＿＿＿＿＿＿＿＿＿＿＿＿＿＿＿＿＿＿＿＿＿＿

☐ 會把門推上，或許是因為喜歡「裡／外」的觀念，也或許是因為你就喜歡關門，我不知道，但是你做這件事的時候，表現得很熱切。

☐ 喜歡用手或布在物品的表面上摩擦。如果我不知道，還會以為你想將物品擦亮，當然囉！你不是忙著打掃，只是喜歡擦的動作，並且在模仿成年人。

你的發現 ▶▶▶ 模仿手勢　　　　日期：＿＿＿＿＿＿

☐ 會揮手再見。

☐ 會拍手。

☐ 會模仿用舌頭發出聲音。

☐ 會學人握手和點頭，雖說我注意到你通常只會用你的眼神點頭！

你的發現 ▶▶▶ 保持平衡　　　　　日期：＿＿＿＿＿＿

□ 會從躺的姿勢，扶坐起來。

（年齡在 6 ～ 11 之間的寶寶，平均年齡 8 個月又 1 週，可以借助東西，如某樣家具，將自己扶坐起來。請記住，這段時間的任何一個時間點都可以；早未必就好，晚也未必就差。）

□ 會扶站。

（年齡在 6 ～ 11 個月間的寶寶會學習扶著東西，讓自己站起來，他通常是借助於家具，平均年齡是 8 個半月。）

□ 在扶著東西站立的時候，你會自己又坐下去。有時候跌坐的力道比你想要的還重。

□ 在有支撐的情況下可以走幾步路。

（寶寶要能獨立自己走路，時間還是嫌早了些。寶寶的頭幾步路通常是在 7 到 12 個月之間，平均的年齡是 9 個半月，這次飛躍的尾聲。不要太在意年齡，每一個身體健康，功能正常的寶寶在時間成熟時，自然會走路，沒有哪個寶寶因為會走路就得獎。表上所有的事情都和學走路一樣重要。）

□ 在這次飛躍的最後，可以扶著邊緣走動，像是嬰兒床、桌子的周圍。

（現在所有的寶寶在心智發展上都能做到這件事了，但是大多數的寶寶在體格上還不行，不是沒興趣、忙著練習別的技能，就是單純的還不夠強壯。）

□ 有時候，在扶住東西的情況下，能往前一步，從桌子衝向椅子。

（雖說所有的寶寶在心智發展上都能做到這件事，但還是很少做。）

□ 做了一個跳的動作，但其實腳沒離地。

□ 從頭頂的架子上或桌上抓過一個玩具。

□ 會跟著音樂跳舞，會前後搖擺小肚子，看起來真是可愛！

你的發現 ▶▶▶ 說話　　　　　日期：＿＿＿＿＿＿

□ 了解字彙和行動或動作間的關聯性。舉例來說，我注意到你可以把下面的字彙和動作之間聯繫起來：

字彙	行動 / 動作
□「噢」（oo／oops）	跌倒時
□「欸」（aah）	輕拍動物或人的時候
□「哈啾」（a-choo）	打噴嚏時
□ 其他：	

你的發現 ▶▶▶ 看　　　　　日期：＿＿＿＿＿＿＿

☐ 當雙手各拿一個不同的玩具、物品或食物時，你會逐一看。

☐ 會逐一看顯示相同動物的繪本。

☐ 會逐一看有同一個人的相簿。

☐ 會仔細觀察動物或人的動作。如果出現不尋常的動作，你會很喜歡。

☐ 喜歡看的動作有：

　　☐ 有人在唱歌。

　　☐ 有人在跳舞。

　　☐ 有人在拍手。

　　☐ 有人在倒立。

　　☐ 有狗狗從木質地板跑過去，發出答答的聲音。

　　☐ 其他

　　..

☐ 會探索自己的身體，特別是小雞雞／陰部。

☐ 會放很多注意力在玩具或其他物品的一些小細節上。你會檢查：

　　☐ 標籤

　　☐ 吊牌

　　☐ 玩具上的貼紙

　　☐ 其他：

　　..

☐ 會自己選書。

☐ 會自己選玩具。

🔍 **你的發現 ▶▶▶ 親子距離**　　　　日期：＿＿＿＿＿＿＿

☐ 我走開時你會抗議。

☐ 你會跟著我後面爬。

☐ 你玩的時候會一再碰觸我，確定我還在。

🔍 你的發現 ▶▶▶ 傾聽　　　　　　日期：＿＿＿＿＿＿

☐ 開始更加了解字辭或短句的意思，以及伴隨的動作，並且產生關連。例如：
我注意到你能明白下列句子的意思：

　☐ 不行，不可以這樣。

　☐ 來，我們走了。

　☐ 拍拍手。

　☐ 其他：

＿＿＿＿＿＿＿＿＿＿＿＿＿＿＿＿＿＿＿＿＿＿＿＿＿＿＿＿＿＿＿＿＿

☐ 你會注意聽我的說明，有時候似乎還能了解。

☐ 看動物圖片時，喜歡聽動物的聲音。

☐ 你對我的手機興致很高。我講電話時，你會很注意聽從手機裡傳出來的聲音。

☐ 會注意和某個特定活動有關的聲音。這些聲音是我不太會注意，但是透過觀察你，才更知道的，像是：

　☐ 沖洗窗戶的嘩啦聲。

　☐ 雨刷跳動的吱吱聲。

　☐ 手機震動的嗡嗡聲。

　☐ 鍵盤的喀喀聲。

　☐ 其他：

＿＿＿＿＿＿＿＿＿＿＿＿＿＿＿＿＿＿＿＿＿＿＿＿＿＿＿＿＿＿＿＿＿

☐ 會聽自己製造出來的聲音，像是：

　☐ 指甲劃過壁紙的聲音。

　☐ 光著屁股滑過地板的聲音。

　☐ 其他：

＿＿＿＿＿＿＿＿＿＿＿＿＿＿＿＿＿＿＿＿＿＿＿＿＿＿＿＿＿＿＿＿＿

隨和期：飛躍之後

在 31 週左右，相對平靜的時期開始了。約 1 ～ 3 週的時間裡，寶寶會被讚美愉快、獨立、有進步。

法蘭基真是個快樂的寶寶，和他一起開心的玩一點都不難。看到他變得比較積極活潑，我很高興。他做得最好的是在觀察人的部分，他也非常愛講話，是個很棒的孩子。

法蘭基的家長／第 30 週

女兒很顯然成熟一點了。她對我們做的每一件事都有反應。她會觀察所有的事物，我們有什麼，她都想要，她很想成為其中的一部分。

艾席莉的家長／第 34 週

在一段很長的難纏期後，終於迎來了美妙的 1 週。兒子哭得少了，睡得多了。我可以看到某種模式開始形成，一次又一次。我現在和他講話的次數多了很多，無論做什麼我都會加以說明，像泡奶時，我會告訴他該喝奶了；要上床小睡時，我會告訴他該睡覺了，並且說明為什麼他需要小睡。

鮑伯的家長／第 30 週

我們的相處方式似乎有點不一樣，像是一直連著的臍帶終於剪斷了。完全依賴的感覺已經不見，我很快就能靠保母幫忙了。我也注意到，我不必一直控制他，可以給他更多自由。

鮑伯的家長／第 31 週

第 6 章

第 **6** 次飛躍式進步

飽含類型的世界

將世界進行分組

（整合性飛躍）

神奇的第 37 週
（約 9 個月大）

大約在 37 週（或是 36 ～ 40 週之間），也就是 8 個半月左右，你會注意到寶寶正在做，或嘗試做一些新挑戰，因此你會發現他正在進行第 6 次飛躍。

這個年齡的探索看起來常是有條理的。舉例來說，小傢伙會從地板上撿起一些細小的東西，用大拇指與食指夾捏起來，以進行周密的檢查。又或者，初露頭角的小廚師會在他的盤子上探索食物，以他小小的手指頭測試如何把香蕉或是菠菜壓爛？他會以最嚴肅、最專心的表情進行觀察，事實上，這些觀察會幫助他開始將世界進行分類。

你在之前就已經感受到這次的飛躍即將到來，大約在 34 週左右（32 到 37 週之間），你就會預期寶寶比前 1 ～ 3 週難帶。在這段時間，寶寶的腦波顯示，重大的變化又再次發生了。此外，寶寶的頭圍會急遽增加，同時腦中的葡萄糖代謝也會發生變化，並改變寶寶對世界認知的方式。他將會注意到，現在他能看、聽、聞、品嚐並感覺到之前從不知道的事物，這種情況最初會對他形成干擾，所以他會想緊緊的依附在安全、熟悉的事物上：爸爸及媽媽。這次的難帶階段約會持續 4 週，但從 3 到 6 週都有可能。

難帶階段：神奇飛躍開始的信號

所有的寶寶都會比過去幾週愛哭。他看起來似乎愛鬧脾氣、低聲抱怨、坐立不安、煩躁、脾氣壞、不滿足、不受管控、不安或是沒耐心，這些都是能被理解的。

寶寶現在的壓力特別大，因為從第 5 次飛躍後他就知道，爸媽隨時都可能將他獨自留下離開。最初大部分的寶寶會因為這個發現而暫時苦惱，但是幾週過去，他已經學會用自己的方式來應對了。事情似乎變順利了，但緊接著，第 6 次飛躍到來，一切就

> 女兒的行為愛鬧任性，任何物品都要撿起來，然後再扔下去。
>
> 蘿拉的家長／第 35 週

毀了。現在，寶寶想再次跟爸媽黏在一起，而他也完全明白父母隨時都能離開，這讓他更沒有安全感，神經也更緊繃。

如果寶寶比平時難帶，那就要密切觀察，他是否在嘗試掌握新技能，請參考第 6 次飛躍紀錄表中的「你的發現」，看看要注意些什麼。

和之前的飛躍期一樣，寶寶會煩躁、不安，一副準備要製造麻煩的樣子。他也會更怕生、想接近你，甚至比平常更希望你陪。請記住，這段期間對寶寶來說很難熬，他會睡不好，甚至會出現夢魘；白天他可能會比平常安靜，或是表現出超乎尋常的撒嬌行為。在飛躍期間，寶寶可能會拒絕換尿布，甚至打滾扭到幾乎無法換，至於吃副食品，則可能會變成親子戰場。

寶寶和爸媽在一起時，通常就會少哭一點，尤其是當爸媽的注意力都在他身上時，他要爸媽時刻都注意他。

> 過去幾天，女兒堅持一定一直要坐在我的膝蓋上。我想不出什麼她有什麼理由要這樣。我沒帶著她走動時，她會尖叫。用嬰兒車帶她出去散步時，只要停下來，她就會要求我把她抱出來。
>
> 艾席莉的家長／第 34 週

如何得知寶寶已進入難帶階段？

除了 3C（愛哭、黏人和愛鬧脾氣）外，寶寶還會出現一些其他徵兆，讓你知道他要進入難帶階段。

💡 更常黏著你，或總黏著你？

還不會爬的寶寶在父母走動時會變得焦慮，因為什麼也做不了，所以就只能一直哭。對某些寶寶來說，爸媽踏出的每一步，都是製造恐慌的理由；有時他甚至會黏得很緊，緊到你幾乎寸步難行，如果你膽敢出其不意將他放下，他會暴怒到不行！

> 又是非常煎熬的 1 週，兒子哭得很兇。他就是黏著我，緊緊攀附不放，我一離開房間，他就立刻大哭，跟在我後面爬。我煮飯時，他也會抓住我的腳，用一種我動不了的方式抱住我。上床更是一場奮戰，他很晚才入睡。只有我陪他玩，他才願意玩。
>
> 鮑勃的家長／第 38 週

我叫女兒小水蛭，她一整天都攀在我的褲子上，就像一隻小水蛭。這種事情又發生了，她一直要我在她身邊、陪著她、讓她攀附在我身上。

艾蜜莉的家長／第36週

兒子一直都想被抱，他攀附在我的脖子或頭髮上，真的抓很緊。

麥特的家長／第36週

女兒已經睡熟了，不過只要一沾到床墊，眼睛就立刻睜得大大的。天啊！她甚至還開始尖叫！

蘿拉的家長／第33週

陌生人和我兒子說話，或把他抱起來時，他馬上就會開始哭。

保羅的家長／第34週

有訪客上門時，兒子會跑向我，爬到我的膝蓋上，肚子貼著肚子，緊黏著我。

凱文的家長／第34週

我和別人說話時，兒子一定會開始尖叫，叫得非常大聲，好吸引我的注意。

保羅的家長／第36週

兒子不喜歡獨自在遊戲墊上玩。他要求關注，要有人一直在他身邊，他才會開心。

法蘭基家長／第34週

兒子晚上一直醒來。有時半夜3點，他會在嬰兒床裡玩上1個半小時。

麥特的家長／第33週

女兒到晚上很晚都還醒著，不想上床睡覺。她睡得不多。

漢娜的家長／第35週

女兒夜裡會不斷的醒過來尖叫。我把她從小床上抱起來，她馬上就安靜了。之後我把她放回小床，她又睡著了。

艾蜜莉的家長／第35週

兒子經常在夜裡醒來。有一次，他好像在做夢。

保羅的家長／第37週

💡 寶寶怕生嗎？

有其他人在場時，寶寶想要跟爸媽貼近的慾望甚至會變得更明顯，有時甚至連兄姊也不例外，你經常是唯一被允許看他，跟他說話，甚至是唯一被允許能碰觸他的人。

💡 不斷要求關注，或比過去要求更多關注？

大多數的寶寶都會要求更多關注，甚至是個性隨和的寶寶在被獨自留下時也不一定會高興。有些寶寶非得爸媽將全部的注意力都放在他身上才會滿意，他想要獨占父母，並看著自己玩耍；只要爸媽把專注力轉移到其他人或事物上，他就會立刻調皮搗蛋來吸引注意力。

💡 是否睡不好？

大多數的寶寶開始睡得比之前少，有些會拒絕上床、不輕易睡著、醒來的時間也比平時更早；有些是白天特別難入睡，有些是晚上；有些則是不論白天或晚上，醒著的時間都變長。

💡 夜裡會夢魘？

有些寶寶會睡得很不安穩，有時會翻來覆去，看起來像做惡夢的樣子。

> 每一次飛躍時情況都會比之前糟糕，但今晚則是最糟糕的一次。她夜裡大部分的時間都翻來覆去。睡覺時，甚至有兩次夢魘，會哭、低聲嗚咽，並持續約 15 分鐘，然後就醒了。她很黏人，我從清晨 2 點醒來就無法再入睡。
>
> 身為父母，我們常會抱怨在育兒階段，有多辛苦，睡得少或甚至無法睡還得正常工作。但也想想小人有多辛苦吧！他在出生的頭一年中要經歷多次的改變與成長，可能會令他感到害怕，所以就算他需要不斷的保證和安撫又如何？這不就是父母的功用嗎？
>
> —Instagram 貼文

💡 出現超乎尋常的撒嬌行為？

寶寶可能會使出渾身解數，展現所有的技巧來貼近爸媽。除了哼唧和抱怨外，他還會採取截然不同的手法，如親吻、擁抱等，經常在討厭與撒嬌的行為間來回切換，試圖找出最能吸引你的方式。平時比較獨立的寶寶，如果終於開始親近，爸媽通常會感到驚喜。

💡 變得「比較安靜」？

寶寶有一陣子可能會變得比較安靜，與之前相比，你較少聽見他講嬰兒語，也較少見到他四處走動或玩耍。有時他什麼也不做，光是躺著，目光投向遠方。

💡 拒絕換尿布？

當你把寶寶放下來，打算要穿衣服、脫衣服或換衣服時，大部分的寶寶都會抗議、尖叫、掙扎扭動、出現不耐煩的行為，並且還不聽話。

💡 行為倒退，似乎更像幼嬰？

有些父母第一次注意到，已經過去的幼嬰行為又再度出現了。寶寶之前或許有過退步的情況，但是現在寶寶年齡愈大，情況愈明顯。父母通常不喜歡看到孩子退步，這會讓父母沒有安全感，但退步是正常不過的事情，每一個難帶階段都可能發生短暫的退步情形。

> 基本上，神奇的第 6 次飛躍時，寶寶的行為就像個心理上喝醉的人。嗯！就是這樣。
>
> —Instagram 貼文

💡 胃口不好？

許多寶寶對於食物和飲料的興趣似乎都降低了。有些似乎沒有胃口，而且堅持立場，連一些餐食都一起拒絕了；有些則是只吃他自己放進嘴裡的東西；有些還會挑食，把東西灑出來，甚至吐出來。寶寶用餐的時間會比從前長，他用餐時可能會不聽話，不想吃餐盤裡的食物，但一拿開又想要吃；還可能某一天要求吃很多，但第二天卻又拒吃，各式各樣的惱人行為都可能發生。

有時候，我家寶貝什麼也不要。有時候，又變得很喜歡擁抱。

艾蒂莉的家長／第 36 週

兒子變得前所未有的熱情。只要我一靠近，他就會抓住我，緊緊的抱著我。我的脖子上滿滿是他用鼻子摩擦緊挨留下來的紅印子，他不再一下子就把我推開了，有時候，他還會坐著讓我跟他讀一本書。我很愛這種感覺！他終於想跟我一起玩了。

麥特的家長／第 35 週

寶寶用更甜蜜、熱情的行為來表達親近黏人，他到我身邊和我一起躺著，依偎在我身旁貼著我。

史提夫的家長／第 36 週

兒子變得比較安靜，常常躺在一旁，眼中沒有焦距的瞪著。我在想，他是不是有什麼困擾的事情，或是快生病了。

史提夫的家長／第 36 週

穿衣服、脫衣服以及換尿布就是個惡夢。我一把女兒放下來，她就開始尖叫。我快被她逼瘋了。

茱麗葉的家長／第 35 週

女兒有入睡的問題，她哭的方式就和剛出生時一樣。

茱麗葉的家長／第 32 週

我又得在晚上抱著兒子，唱歌來哄他睡覺了，就跟新生兒時期做的一樣。

史提夫的家長／第 35 週

兒子已經 3 天拒喝母奶了，情況非常糟糕，我覺得自己快爆炸了！就在我決定減少親餵時，他又決定一整天都要我餵母奶。那時，我蠻怕自己的奶量不足，因為他什麼也不吃。但是還好，截至目前為止，我沒聽到他抱怨。

麥特的媽媽／第 34 週

紀錄情況

🔍 第 6 次飛躍徵兆表 〉〉〉

　　下面是寶寶讓父母知道飛躍已經開始的方式。請記住，這張表是會出現的行為特徵，但未必全部出現，重點不在於他做了幾項。

- ☐ 比平常更愛哭。
- ☐ 常常脾氣壞、或愛使性子。
- ☐ 比之前要求更多關注。
- ☐ 一會兒笑，一會兒哭。
- ☐ 更常希望有事情讓你忙。
- ☐ 愛黏著我，或是比之前更愛黏我。
- ☐ 出現超乎尋常的撒嬌行為。
- ☐ 愛發脾氣，或是比之前更愛發脾氣。
- ☐ 比較怕生，或是比之前更怕生。
- ☐ 我把你放下不抱你時候，你比平常更愛抗議，或更常抗議。
- ☐ 睡不好。
- ☐ 似乎比之前更常出現夢魘。
- ☐ 胃口變得不好。
- ☐ 嬰兒語說得比平常少。
- ☐ 變得沒之前活潑。
- ☐ 有時候只是安靜的呆坐著。
- ☐ 拒絕被換尿布或穿衣服。
- ☐ 愛吸吮拇指，或是比以前更常吸。
- ☐ 喜歡拿絨毛玩具，或是比之前更常拿。
- ☐ 比之前更像幼嬰。
- ☐ 我還注意到你：

....

....

父母的憂慮和煩惱

💡 你可能沒有安全感！

孩子難帶，父母通常會擔心，並想了解孩子出現這種行為的原因，當相信自己找到了一個好的解釋時，才會放心。正如同第 5 次飛躍，許多父母會認為這次的難帶是因為長牙引起的，長牙的疼痛和飛躍沒有關連性，但寶寶可能得兩種都應付！

💡 可能被寶寶搞得很累或惱怒！

如果孩子需求度高，父母可能會睡得少而異常疲憊，尤其是在難帶階段尾聲，你會覺得自己撐不了多久了。有些父母會抱怨自己頭痛、背痛和噁心。

難帶階段期間，幾乎所有的爸媽都會因為**寶寶**的行為倍感疲憊，並且厭倦寶寶的壞脾氣、沒耐心、愛哭、哼唧，以及不斷要求身體接觸或關注。

> 她很難受，我以為是在長牙，但是牙齒一直還沒長出來。我發現她是在經歷飛躍期！
>
> 莎拉的家長／第 34 週

> 他很容易受驚，半夜哭著醒來。有時候還會一個晚上三次，唯一能安撫他的方法就是把他抱到我們的床上。
>
> 史提夫的家長／第 33 週

> 兒子什麼時候覺得合適，就想吃奶，而且立刻就要。如果這個時間我不方便，他就會大發雷霆。我很怕亂發脾氣會變成一種習慣，他會以又踢又喊的方式來讓事情以他的意思進行。
>
> 史提夫的家長／第 36 週

> 我愈來愈討厭寶寶愛黏人以及哼唧抱怨。我們出門訪友時，他幾乎不放過我，氣得我只想把他從我身上剝開，而我有時候也這麼做了。不過，這麼做只會讓他更生氣。
>
> 凱文的家長／第 37 週

💡 哺乳時的爭吵

每次難帶階段接近尾聲時，多數的哺乳媽媽都會考慮是否停止親餵。寶寶反覆無常，有時想吃，有時不想吃的行為，激怒了媽媽。寶寶持續想以自己的方式來喝奶也是媽媽認真考慮放棄哺乳的一個原因。

當寶寶和爸媽對於應該有多少的身體接觸與關注無法取得一致時，可能就會形成紛爭。

專欄 • 靜心時刻 ● ● ●

給棒棒的自己振奮心神、補充精力的靜心時刻：

⏰ 5 分鐘內

進行 10 次呼吸吐納運動。透過呼吸，釋放緊繃的緊張感，吐氣時說 FFFFFF；快吐完時，說 SSSSS，讓呼吸更深層。

⏰ 10 分鐘內

沖一個冷熱交替的澡：熱──冷──熱──冷。沖的時候，或許感覺不是太放鬆，不過沖完後，身體會有種重生的感覺，精力充沛！

⏰ 更多時間

請家人或是保母幫忙照顧寶寶，讓你和伴侶或好友出去喝杯小酒，開開心心的隨便聊 1 ～ 2 個鐘頭，回家之後，你會重新振作，神清氣爽。

🔆 新能力開始結果

當寶寶 37 週左右，你會注意到他逐漸平靜下來了。如果仔細觀察，會看到他正在嘗試，或是正在進行一些新的挑戰。例如：你可以看到他以不同的方式操弄玩具，他享受新的事物，行為也更專注、更愛研究其中的原理。他從幾週前就開始探索世界的類型，而現在則看到成果，他會開始選擇符合自己天性、喜好、性情及適合自己的新技能。身為一個成人，你在這方面可以提供幫助。

📢 我覺得又碰到一個停滯點了。兒子的玩具躺在某個角落已經幾週了，似乎該提供更多、更刺激的玩具，給他一點挑戰。在戶外時，他非常活潑，因為能看的東西很多，在屋子裡就很無聊。

鮑勃的家長／第 36 週

歡迎來到類型的世界

這次飛躍之後，寶寶會開始理解他看、聽、聞、品嚐及感覺到不同物品間的關係，無論是外在世界的，還是自己身體裡的。他對於自己世界裡的各個層面會更加熟悉。他會發現自己跟爸媽屬於同一種類型，移動的方式完全一樣；有些東西雖然也可以移動，但是方式與人類不同，而有些則無法自行移動等。

當寶寶獲得對類型的認知與實驗能力，他就理解可以將世界分成一個一個的群組，並開始明白，有些特定的東西非常相像，像是看起來類似，或是會發出類似的聲音，又或是吃起來、聞起來，或感覺起來一樣。簡單說，不同的東西可以擁有相同的特質。舉例來說，他現在知道「馬」代表的意思了。無論是棕色、白色或有花斑；在野外、在馬廄，或是照片裡、圖畫中或繪本裡；是陶土或是活生生的，馬就是馬，每一匹馬都可以歸類到「馬」這個類別裡。

當然了，將世界進行分類的全新理解力不是一覺起來就會發生的。首先得好好認識人、動物以及物品，寶寶必須察覺事物一定要有些許相似性，才能歸

增加知識

大腦的變化

寶寶的大腦在 8 個月大左右，會出現重大變化。寶寶的頭圍會大幅度的增加，而腦中的葡萄糖代謝也會發生變化。研究已證實，9 個月大的寶寶（這次飛躍後）能夠在看過一系列的筆繪動物後，對不同種類的鳥、馬（或其他）進行分類。

屬於某個特定的類別。因此，他需要時間來練習、點出這些相似性，當他獲得理解類別的能力後，就會開始對類別進行實驗，如開始用特定的方式來研究人、動物和物體。他會根據相似性來進行觀察、比較以及安排，然後在把他（牠／它）歸在特有的類別下。寶寶了解類別是許多認真測試的結果：他像一個真正的研究員一樣主導調查，同時觀察、傾聽、感覺、品嚐相似處與差異處，並進行實驗。

之後，當寶寶開始說話後，你就會看到他已經發現很多成人正在使用的類別，他有時還會自己命名。舉例來說，把車庫稱之為「車車的家」，公寓稱為「積木房子」，或把蕨類稱為「毛毛植物」，基本上，使用的名稱都能直接反應他發現的特色。

當寶寶獲得將世界分類的能力後，就可以開始進行分類了。他不僅會檢查某種類型的組成（即馬、狗或熊），也會去了解形狀、質地（如大、小、輕、重、軟、硬），甚至是引起悲傷、快樂、甜蜜或開心的原因。

研究顯示，從寶寶玩的遊戲可以看出，從這個年紀後，寶寶的反應會呈現不一樣的特質。研究人員相信，智力首次出現就是在這個年紀。乍看之下，似乎如此，但這並不表示寶寶在這個年齡之前就完全沒有自己的想法。事實上，他有屬於自己的思考方式，能完美的與發育的每一個階段貼合；遺憾的是，成人已經失去寶寶的思考模式，所以只能靠想像了。不過，當寶寶開始使用和成人一樣的方式對世界進行分類後，思考模式就會變得和成人比較相似，你也就能比之前更加了解他。

當寶寶意識到了分類，他就會以一個 37 週大的方式來進行。他會運用前幾次飛躍中取得的能力來執行，因此，在 37 週左右，他會學習對感官、樣式、平順轉換、事件及關係進行分類。而這也會影響寶寶的行為及做的每一件事，他會注意到人、動物、物品和情感可以依共同特徵來分類並命名。

對成人來說，「分類」是很正常的，我們的思想和語言中就充滿了分類但寶寶則是第一次發覺到這件事。你可以想像，當這件事情剛發生在寶寶身上時，他有多驚訝。

透過寶寶的眼睛看世界

透過這個活動，你就能了解要將世界進行分類有多困難。這是成人每天都能做，也正在做的事，但如何進行，卻無法都用言語來描述，我們的腦正忙著做我們無法解釋的事。想像一下，你還處於必須學習分類的階段，你得把房間中所有的物品都重新進行分類，請試著嘗試做 5 個「不完全正確」分類，如「牆上吊掛的物品」，這一個類組裡有：畫作、海報和鏡子。你做了什麼分類不重要，重點在於熟悉分類的過程，這就是寶寶正在進行的事。長大真是一件辛苦的事情啊！

神奇的向前飛躍：發現新世界

每個寶寶都需要時間與協助，才能了解為什麼某個事物要（或不要）歸於某個特定的類別中，你可以給他機會和時間，以他能實驗及遊戲的方式來幫助他了解。需要時，你可以鼓勵並安慰他，展示新點子給他看，給他機會擴大他對於類別的了解，至於由哪些類別先進行探索則沒有差別。

待他對一至兩個類別有想法後，應用到其他類別就比較簡單了。有些寶寶喜歡從認得的物品開始，有些則喜歡從認識的人開始，讓寶寶引導你。畢竟，他無法馬上發現所有的分類，你可以幫助、鼓勵他，並給他機會和時間以探索及遊戲的方式來學習。

寶寶就是這樣的

寶寶喜歡新的事物，當你注意到他有新的技能或興趣時，給予反應是很重要的。他會喜歡你和他一起分享新的發現，而這也能加速他的學習進度。

爸媽可以這樣做

💡 讓寶寶自由探索類別

　　當寶寶開始利用他的能力進行實驗，並嘗試察覺並進行分類時，你會發現他正忙著檢查及比較事物的全方位特徵，像是上下顛倒、折來折去、或快或慢的轉動。他會利用關係來整理出哪些物品具相關性，做的時候，無論檢查哪樣物品，他都會學習認識其最重要的特徵，諸如會不會回彈？輕還是重，摸起來的觸感如何等，然後他就會發現：「這是球，那個不是」，或是「這塊積木是圓形，那塊不是」。

　　女兒整天都在探索事物：角落、插座孔、衣物，以及手能摸到的所有物品。我從前沒見過她做這樣的事。

　　　　　　愛麗絲的家長／第 43 週

　　兒子試圖抓住水龍頭流下的水。他用一隻手把水流抓起來，然後打開，發現手裡沒有東西。他很驚喜，但是他持續做了幾次。

　　　　　　保羅的家長／第 43 週

💡 帶寶寶實驗生活中的各種概念

　　你注意過寶寶是怎麼觀看和他有點距離，但吸引了他注意的物品呢？他通常會把自己的頭從左轉到右，原因是：他在探索並且為了知道，當他在物品的四周移動時，物品依然會保持相同的大小和形狀。請找出寶寶喜歡的物品，及對待它的方式，以提供他所需的學習機會。你可以帶著他一起探索、實驗下面列舉的各種概念。

🌸 一個與比一個多

　　幫寶寶堆疊幾塊積木，再讓他一塊一塊拿掉，或帶著他玩套圈圈玩具，讓他一個一個套進基座的圓錐上，或者你也可以給他一疊繪本，讓他一本一本拿開。想一想，寶寶還能玩些哪些「一個和比一個多」的數數遊戲呢？

　　小傢伙先把一顆珠子放進透明壺裡，然後搖晃它。接著，他又放了更多珠子進去，再次搖晃。他很專注的聽著聲音，覺得很好玩。

　　　　　　約翰的家長／第 41 週

✿ 隨便與謹慎

有些**寶寶**喜歡用「隨便」和「謹慎」的不同態度來實驗、處理人及事物上的不同。如果你看到**寶寶**以隨便的態度進行某項實驗，讓他知道這個態度可能會造成傷害，如打破碗或燙傷，事實上，他知道自己在做什麼。

✿ 重與輕

寶寶會比較玩具和其他物品的重量嗎？如果家裡的環境夠安全，就給他機會實驗吧！

✿ 高低與大小

通常來說，**寶寶**對於「高／低」、「大／小」的觀念都是透過身體在地上爬、向上爬、站立或是走路等，親自實驗、研究得來。他會爬到任何物品的上面、下面、裡面或穿越過去；做的時候安靜沉著，以控制的方式來進行，你幾乎會以為他是計畫後才做似的。

✿ 探索不同的形狀

有些**寶寶**對於不同的形狀特別感興趣，如圓形、方形和有缺口的形狀。他會一直看著這些不同的形狀，並用一隻小指沿著它的周邊摸索，他會對不同的形狀進行同樣的探索及比較。如果**寶寶**對形狀很著迷，給他一組具有各種不同形狀的積木，他會先選出他能辨識的圓形！此外，**寶寶**在家也能找出形狀讓他感興趣的物品，數量絕對夠多。

📢 兒子有時候則會用隨便的態度對待周遭的事物，但有時又謹慎到誇張。如他會用小指觸摸花朵和螞蟻，只為了幾秒鐘之後用力把它們壓扁。我跟他說，「會痛，輕一點」他就會改用小指輕輕碰觸。

鮑勃的家長／第 40 週

📢 女兒會用她小小的食指檢查我的雙眼、雙耳和鼻子。然後，她會搔癢這些地方。接著，當她愈來愈興奮後，她會變得更粗魯，對我的眼睛又推又戳的，拉我的耳朵和鼻子，把手指頭伸進我的鼻孔裡。

妮娜的家長／第 39 週

📢 我女兒會把她經過之處的所有東西都抬一下。

珍妮的家長／第 41 週

📢 兒子嘗試要爬到所有物品的下面，並想要穿越所有物品。他會先看上一會兒，然後開始行動。昨天，他卡在樓梯的階梯底下，我們都嚇慌了！

約翰的家長／第 40 週

💡 檢查物品的組成

很多寶寶都喜歡仔細檢查物品的不同部位。如果你家寶寶也是其中之一，他可能就會對著某樣物品的不同面連續不斷吸吮，又或者按它的頂部、中間或是底部。他的探索可能會令人驚喜。

💡 感受不同材質的觸感

有些寶寶喜歡用手摸東西，以獲得感官刺激並測試類別，例如：硬／軟、粘／滑、粗／細、冷／暖等。請容許寶寶探索，市面上有很多不錯的寶寶觸摸書，具有不同的材質，可讓他玩上好幾個鐘頭。

給他機會進行各種實驗，以讓他更熟悉各種感官。有時候寶寶喜歡將身體的某部位挨著物品摩擦，或是把物品撿起來再沿著身體滾下去，從中得知物品在身體各個部位時的觸感。

💡 提供安全的觀察和探索空間

給寶寶足夠的空間，讓他有機會充分調查所有的類型。有你在旁協助，你就能鼓勵他用爬的穿越你們的家，爬到物品的上面、下面、裡面、外面，並把他舉高到最不可能到達的壁架上，或者讓他在有你的幫忙下，練習上下樓梯。注意！平時樓梯的第二或第三階一定要安裝安全門欄。

寶寶在戶外也能學到很多，請給他足夠的探索空間，但時刻都不要讓他離開你的視線。例如：和他一起到樹林、海灘、湖邊和公園裡散步，或到沙坑、水坑裡玩。

小 提 示　注意！

一定要確認寶寶探索的地方是安全的，而且你的視線 1 秒鐘也不能離開，他總是能以你想都沒想過的方式翻找出一些具危險性的物品。

兒子喜歡亂摸、亂玩櫃子和門上的鎖，即使已經鎖上，他還是會想辦法把它打開。

約翰的家長／第 37 週

寶寶對按鈕非常迷戀。這週他對吸塵器上的每一個凹處和縫隙進行了探索。他偶然會壓到正確的按鈕，吸塵器發出嗖嗖嗖的聲音，簡直把他嚇得六神無主。

鮑勃的家長／第 38 週

我在門口幫兒子架了一個鞦韆椅。椅座下有一個結，那是他最喜歡的地方。他會坐在椅座下面，扶住門柱，把自己撐高一些，這樣結掃過頭頂時，就會接觸到他的頭髮，他就坐在那裡，感受這種感覺。

鮑勃的家長／第 39 週

兒子現在專注多了，有時候他甚至會同時檢查兩樣物品。例如：他會不慌不忙的用一隻手將香蕉壓扁，並用另外一隻手將一塊蘋果碾碎。同時，還會將兩隻手來回檢視。

法蘭基家長／第 42 週

兒子什麼都爬，他甚至嘗試要去攀爬平滑的牆面。

約翰的家長／第 42 週

兒子會檢查沙子、水、米和糖。他會放一些在他手掌裡，然後用一段時間感受它；接著放進嘴裡。

鮑勃的家長／第 40 週

小女兒坐在她的餐椅上，在我發現之前，她已經爬到餐桌上去了。我想現在我背後得長一雙眼睛才行。有一次，她甚至還從她的小椅子上往後跌，她自己都嚇了一跳。

艾蜜莉的家長／第 42 週

💡 提供寶寶「演戲」的機會

寶寶的社交發展漸漸萌芽，從這個時期開始，他就能假裝自己是悲傷、甜蜜或難過了。通常來說，爸媽是最早對寶寶的「表演」信以為真的，有些爸媽甚至會偷偷得意，但也有些會拒絕相信幼小的寶寶有能力故意假裝。事實上，情緒的狀態也是一種類型，意味著你的寶寶可以開始操控你、占你便宜。如果寶寶開始「演戲」，請容許他有成功的機會，但同時要讓他知道，你其實知道他在假裝，以讓他明白，利用情緒雖然重要，但是無法利用來操控父母。

小 提 示　請牢記！

破除舊習慣、設立新規則也是學習使用新能力的一部分。你只能要求寶寶遵守他能了解的新規則，不能過多，但也不要少。

寶寶現在知道自己是一個人，和其他人一樣，他可以開始擔起爸媽或較大孩子扮演過的角色了。換句話說，他和其他人都屬於同一個類別，所以他能夠做其他人做的事情，像是：玩鬼抓人時，他可以像爸媽之前做的一樣，躲起來，然後讓爸媽當鬼；他想玩玩具時可以自己去把玩具拿起來。就算時間很短，你也要回應他的行為，以建立他的自我概念：讓孩子意識到，他正在做讓他人了解他的事情，他很重要是一個獨立的個體。

有些寶寶喜歡扮演給予者的角色，給什麼沒有關係，只要有「給予和接受」的過程即可。如果你的寶寶給予你物品，那麼他會期待能馬上拿回去。寶寶能了解：「我能有……」及「請」的意思，所以若能將語言整合進給予和接受遊戲，將可大幅度提升其對事物的理解力。

💡 同理寶寶的「非理性」恐懼

寶寶在探索新能力時，可能會發現有些事情或狀況是他無法理解的。有些寶寶會因為發現新的危險而心生恐懼、變得害怕。當寶寶突然出現恐懼的舉動時，要對他表示同理及理解。

白天時女兒煩人又討厭，不過到了晚上該上床時，她就表現出一副小天使的模樣。她似乎是這麼想的，「只要我乖乖的，就不必上床睡覺。」不過，在她還不累的時候試圖讓她上床睡覺是沒用的，因為她會拒絕躺下。

珍妮的家長／第 37 週

如果我和別人說話，兒子就會需要我立刻過去幫忙，或者裝出他因為某樣物品弄傷的模樣。

麥特的家長／第 39 週

兒子很愛在鏡子前研究自己身體動的樣子，或是嘰嘰喳喳自言自語時，是怎麼發聲音的。當他在鏡子裡看到其他的小孩時，會馬上燃起熱情，開始揮動雙手和雙腳，並對他發出「喲」的叫聲。

湯瑪士的家長／第 40 週

女兒向來都是喜歡和我一起練習走路。不過，有次她突然停下來，表現出害怕的樣子，甚至只要懷疑我可能會把手放掉，就會馬上坐下來。

艾席莉的家長／第 46 週

這週一個比兒子大一點的女孩來家裡玩，他們各有一個奶瓶。突然女孩把她的奶瓶塞到我兒子嘴裡，並一直拿著奶瓶餵他。第二天，我把兒子抱到膝蓋上，開始餵他喝奶（這是唯一能讓他坐在我膝蓋上的時間），突然間，他把奶瓶搶過去，塞進我嘴裡，開始笑起來，然後自己喝一些，又塞回我嘴裡。我覺得很驚奇，他之前從沒這樣過！

保羅的家長／第 41 週

女兒喜歡把她的餅乾拿給大家看，同時臉上還掛著笑容。當然，她並不期望你會接受餅乾；當她覺得妳快接受時，會很快的把手縮回去。某次，她很驕傲的把拿著餅乾的手伸出去，跟爺爺的狗獻寶她的餅乾，在電光火石間，狗狗將餅乾一口吞下肚了。她吃驚的楞住，看著自己空空的手，然後生氣的哭了。

維多莉亞的家長／第 41 週

現在兒子根本受不了被約束。當他被繫在車內的安全座椅時，就會變得歇斯底里。

保羅的家長／第 40 週

女兒變得越來越搞怪了，她甚至開始喜歡惡作劇。她在嘴裡含滿粥時會說「噗」，噴得我滿手。她也會打開被禁止碰觸的櫥櫃，把貓咪喝的水灑得到處都是。

蘿拉的家長／第 38 週

女兒開始不聽我的話了。當我告訴她「不可以」時，她甚至還笑，就算我生氣了也一樣。不過，當保母跟她說「不可以」時，她卻哭了。我想這是不是因為我上班的關係，所以我在家陪伴她時，出於罪惡感讓步太多。

蘿拉的家長／第 39 週

教養前後一致的重要性

爸媽第一次看到寶寶獨立完成事情時，向來都會感到驕傲，同時也會自然而然的會出現興奮和驚喜的反應。

當寶寶的「惡作劇」第一次出現時，通常是個「進步」，爸媽通常會出現驚訝或是覺得好笑的反應，這對寶寶來說，等於是鼓掌稱叫好，讓他覺得「惡作劇」很好玩，並一次又一次的重複這種行為；甚至當爸媽說「不可以」了，他還照做不誤。因此，對寶寶的教養有必要前後一致，當你有次不允許他做某個行為時，下次發生時最好也別寬容，寶寶最愛測試父母的尺度了。

第 **6** 次飛躍紀錄表 | **飽含類型的世界**

你喜歡的遊戲

這是一些你家寶寶現在可能會喜歡的遊戲和活動，對他練習最近正在發展中的新技能有幫助。

填表說明

下面是一些寶寶可能會喜歡的遊戲和活動，對練習最近正在發展中的新技能有幫助。勾選寶寶喜歡的遊戲，比對「你的發現」，看看寶寶最感興趣的物品和他喜歡的遊戲間，是否有關連？你可能得想一想，不過這種思考會讓你對寶寶獨特的人格特性有深入的了解。

探索遊戲

有些事物對寶寶來說似乎具有絕對的吸引力，不過，
他沒辦法全都自己探索的，因此你可以協助他。

☐ **按壓、開關**

容許寶寶按門鈴，在按下的同時他馬上就可以聽見門鈴聲了；或者讓他按一下電梯的按鈕；在光線很暗時，允許他按壓開關，讓他看到效果並感受正在做事及產生的影響。有時讓他按公車的下車鈴，或是班馬線旁的行人穿越要求燈，跟他說明會發生的情況，他就知道要期盼什麼？藉以教會他正在做的事與發生的事之間的因果關係。

☐ **戶外探險**

大部分的寶寶在這個年紀，都會覺得待在外面的時間怎麼也不夠。帶寶寶到戶外，讓他體會更多新事物，同時看到距離較遠的事物。你可以善用嬰兒推車在鄰近區域走動，不過一定要記得時不時停下來，讓寶寶能近距離看、聽、感受環境。

☐ **穿脫衣物**

很多寶寶似乎都沒時間穿衣打扮，他太忙了，忙著做其他事；但是他很愛看自己，甚至對於自己身上發生了什麼，興趣很高。請善用這一點！用毛巾將寶寶擦乾、在鏡子前面幫寶寶穿衣或脫衣，讓他和鏡子裡的自己玩躲貓貓遊戲！

語言遊戲

寶寶的理解程度通常比你想的高，而他也喜歡展示這一點。
他會開始喜歡拓展字與短句的範圍。

☐ **這是什麼？**

把寶寶在看、聽的物品名稱說出來。當寶寶使用手勢來表達麼時，幫助他把問題轉譯成言語並複述，以教導他用言語來表達自己。

☐ **繪本裡是什麼？**

把寶寶抱在膝蓋上，或是讓他挨著你坐。讓他自己選一本書，並把書給他，讓他自己翻頁，指著他正在看的圖像，並把它的名稱說出來。你也可以指著特定的動物，發出牠的聲音，並鼓勵寶寶複述。如果他已經沒興趣，就先停止，有些寶寶每翻一頁，就需要短暫的擁抱或搔癢，才能保持注意力。

☐ **任務遊戲**

問寶寶是否願意把手中握著的物品給你（手中握什麼都沒關係），如請把湯匙給媽咪，或是請把書給爸爸（同一空間裡的另一人）。或者請他去幫你拿取物品，如請幫忙拿你的小牙刷給媽媽，及請找一找球躲在哪裡？也可以嘗試當他不在你視線範圍時叫喚他，如你在哪裡？讓他回答你，或請他過來，如請你過來媽媽這裡？如果他參與了就讚美他，只要寶寶喜歡，可以一直繼續。

模仿遊戲

寶寶會帶著濃厚的興趣研究別人，他也喜歡模仿別人。

□ **做和模仿**

首先，挑戰寶寶，請他先模仿你正在做的事，然後再由你模仿他，一直輪流進行。試著增加遊戲的難度，如做的同時發出聲音、手的速度時快時慢，或是試著換另外一隻手做，或用兩隻手做等。或者也可以試著在鏡子前面做，有些寶寶喜歡在鏡子前重複姿勢，一邊看一邊做。

□ **對著鏡子說話**

如果寶寶對於嘴的變化感到興趣，可以試著和他一起在鏡子前練習說話。像是在鏡子前面坐下來，發出母音、子音和字，只要是寶寶喜歡的就好。給他時間觀察及模仿，很多寶寶喜歡看自己模仿的姿勢，像是雙手和頭部的動作。試試看吧！如果寶寶模仿你時能看到自己，他就能立刻看到你們是不是一樣。

□ **把唱歌和動作加入遊戲裡**

唱《Pat-a-cake, Pat-a-cake, Baker's Man》（做蛋糕、做蛋糕，蛋糕師傅），讓寶寶感受配合歌曲做動作。為了要讓他能做到，請先把他的手握在你手裡，然後一起做；有時寶寶會自願模仿拍手的動作，或者舉起雙手。這個年齡他還無法依序模仿所有的動作，但是他已經能夠體會其中的樂趣了。

角色扮演遊戲

鼓勵寶寶去扮演各式各樣不同的角色，他可以從中學到很多。

□ **抓到你了！**

和寶寶玩鬼抓人遊戲！玩的時候爬或是走都可以，有時也可以反向操作，你爬或走開，同時清楚的告知你期待他來追你。如果寶寶試圖要抓你，你就要逃；如果寶寶抓到你，或是你抓到了他，抱一下他，或是把他舉高高。

□ **你在哪裡？**

把自己藏起來，藏起來時要讓寶寶看到，然後請他來找你；或假裝他不見了，你要將他找出來，他通常會藏得很快，如躲在他的床後面，或是安靜的躲在角落裡。他多半會選你剛剛躲過，或是前一天躲成功的地點。當你們找到彼此時，請熱情反應。

你喜歡的玩具

☐ 所有能打開、關閉的物品，如門、鎖、抽屜。

☐ 鍋子和鍋蓋。

☐ 門鈴、公車的下車鈕、電梯按鈕、行人穿越燈按鈕或是腳踏車鈴。

☐ 鬧鐘。

☐ 遊戲桌上的按鍵。

☐ 可以撕的雜誌和報紙。

☐ 盤子和餐具。

☐ 比自己大的物品，像是箱子或桶子。

☐ 可以坐在上面，也可以拿來玩的枕頭。

☐ 容器，尤其是圓形；水壺、瓶子。

☐ 所有可以移動的物品，如手把、鎖或旋鈕。

☐ 所有可以移動的物品，如影子、搖曳的樹枝、閃爍的燈光，或隨風中飛揚的衣服。

☐ 各種大小的球，從小的乒乓球到很大的沙灘球。

☐ 會旋轉陀螺。

☐ 有清楚臉孔的娃娃。

☐ 各種形狀的積木，愈大愈好。

☐ 兒童戲水池。

☐ 沙、水、小卵石和鏟子。

☐ 鞦韆。

☐ 每一頁都有一、兩個明顯大圖的繪本。

☐ 有幾個明顯圖像的海報。

☐ 玩具汽車。

你的發現

　　下表所列的技能是寶寶在這個年紀可能會展示的技能。請別忘記，寶寶不會把表上的所有項目都做了，而是選擇這時最適合他的技能來做。

✏️ 填表說明

- **飛躍開始前：**在下次飛躍開始前，完成這張表。如果你能在這次飛躍期間經常翻閱，就會知道要注意哪些項目。雖說寶寶正努力以自己的方式來嘗試，但這次的新技能不是很容易懂，將世界進行分類多少有點抽象。你的寶寶正在進行的分類類型是什麼呢？身為爸媽你也不容

易看出來及了解，還是得靠直覺和觀察，坐下來，陪他玩和聊，以幫助你弄清楚。

- **飛躍開始後：**這張表是透過其他父母觀察寶寶的行為整理而來，所以如果你經常翻閱表格，就會知道如何觀察寶寶？該抱持哪些期待？我們也提供了空白填寫處，讓你記錄寶寶探索類別世界的方式。寶寶會選擇他感興趣的項目做，正如前所述，正是你家寶寶感興趣的部分以及做、處理的方式，造就了他獨一無二的人格特質。請繼續填寫紀錄表，替寶寶做出一張獨特的人格紀錄。

（註：紀錄表內的我表示父母，你表示寶寶。）

寶寶大約是在這時開始進入飛躍期：＿＿＿ 年 ＿＿＿ 月 ＿＿＿ 日。

在 ＿＿＿ 年 ＿＿＿ 月 ＿＿＿ 日，現在飛躍期結束、陽光再次露臉，我看到你能做到這些新的事情了。

你的發現 ▶▶▶ 辨認動物和物品　　　　日期：＿＿＿＿＿＿

☐ 能清楚辨認某些事物，無論是在圖片、影片、照片或是真實世界。

☐ 真的能認出下面的動物和物品：

　　☐飛機　　☐汽車　　☐魚　　☐鴨　　☐貓　　☐狗

　　☐鳥　　☐馬　　☐其他：＿＿＿＿＿＿＿＿＿＿＿＿＿＿＿＿

☐ 表現出能辨識形狀的能力，如圓形，可以從一堆物品裡把圓形的東西挑出來。（當然了，寶寶也可能偏好其他形狀。）

☐ 表現出認為某個東西是髒的感覺，如透過皺鼻子來表達。

☐ 藉由某個具代表性的聲音或動作，或透過＿＿＿＿＿＿＿＿＿＿＿＿
　 方式，來表達你認為某種東西很好玩或是很好吃。

☐ 知道動物或物品的名稱，像是牙刷、貓咪、鴨子或是手機。當我問，「你的小熊在哪裡？」你就會看著它。

☐ 當我說，「去拿你的尿布」，你就會去拿。

☐ 會重複別人說的話。

☐ 喜歡透過其他物品來看東西，如透過沙坑盤的沙子篩網、紗門的網眼，或是玻璃看物品。

你的發現 ▶▶▶ 開始辨識情緒　　　　日期：＿＿＿＿＿＿

☐ 當我對其他孩子友善時，你是明白的。當我第一次把注意力給予其他孩子時，你初次感到嫉妒，但如果我被其他孩子惹惱，你則不會嫉妒。

☐ 當一個絨毛玩具跌到地板上，或是你故意把它扔到地上時，你會安慰它。雖然你安慰的時間很短，短到幾乎注意不到。

☐ 當你想要某件事情被完成時，會表現得特別甜蜜可人。

☐ 會把情緒誇大顯示，扮演的角色會讓照顧者清楚你的感覺。

☐ 你開始明白其他人的情緒，當其他孩子哭的時候，你也會開始哭。

你的發現 ▶▶▶ 角色扮演　　　　　　日期：＿＿＿＿＿＿

☐ 你可以輪流扮演一些角色，並自己發起一場遊戲。

☐ 會和一個更小的孩子玩捉迷藏遊戲。

☐ 會用奶瓶餵我，或是 ＿＿＿＿＿＿＿＿＿＿＿＿＿＿＿＿＿＿

☐ 會「要求」我唱一首歌，如透過以下的方式：

　　☐拍手

　　☐兩手合在一起搓搓

　　☐其他：

☐ 會爬到某個物品後面，或是在頭上蓋一條布，「要求」要玩躲貓貓。

☐ 會把積木拿給我，「要求」我和你一起堆積木。

☐ 其他由你發起的遊戲，以及你做的方式：

小 提 示　**記在心裡**

　　寶寶探索的類別能顯示出他個性相關的訊息。他的表達方式是哪些呢？他是機動型、言語型，或是情感型呢？

你的發現 ▶▶▶ 能在不同的環境辨識人　　　　日期：_____

☐ 在不相關的情境看到熟悉的人，依然可以辨識出來。

☐ 認得出鏡子裡面的人，如看著鏡子裡的人影，可以在房間中找到那個人。

☐ 展現出認得照片中或鏡子裡自己的能力。例如：

　☐對鏡子裡的自己扮鬼臉。

　☐會伸舌頭出來，對著鏡子裡的自己笑。

　☐其他：

....

你的發現 ▶▶▶ 辨識熟悉的人　　　　日期：_____

☐ 可以透過聲音和姿態，清楚的將人物連結起來。

☐ 很多時候都在模仿別人，複製他人做的事。你模仿他人做過的事如下：

....

....

☐ 想要和其他人玩的次數很明顯變頻繁。

☐ 會呼喚和你很熟悉的人。家裡的每一個成員都有專屬的呼叫聲，即你呼喚他的「名字」。

小提示　**請牢記！**

　　所有的寶寶都已經取得觀察並組成「類型」的能力了，一個充滿各種可能性的新世界正在寶寶面前開啟。寶寶會選擇在目前發育階段中最適合、最感興趣且符合他體格以及體重的項目，同時展示出他的偏好以讓他變特別的特質。別把他拿來和其他人比較；每個寶寶都是獨一無二的。在你的發現中，將寶寶在第 37 ～ 42 週的選擇記錄下來，並從中發現寶寶喜歡的類型。

💡 寶寶不可能完成所有項目

這次飛躍的第一階段（難帶階段）和年齡相關，且預期會在約 34 週左右出現；並在 37 週左右進入飛躍的第二階段，開始對類型世界有初步的了解，同時啟動整體觀念上的全面性發展。不管如何，第一批的分類是從經驗中得來的，取得的方式是透過對事物的比較以及實驗，像是「動物」還是「食物」。

至於心智容量（能力）與實際的執行力（技能）間的差異則視寶寶的偏好而定，不同的寶寶對於某些特定類型的掌握度，就會出現好幾週甚至好幾個月的差異。本書中所列的技能和項目都是該項能力最早可能發生的年齡（但未必會在該時間出現），所以父母可以仔細觀察及辨識（初始時可能發展得比較粗淺且不完整），以讓你有能力回應寶寶的發展，並加以協助。所有的寶寶在大約相同的年齡都會獲得相同的能力，但是他要做什麼以及什麼時候做？卻是不一樣的。

隨和期：飛躍之後

在 39 週左右，另外一段相對平靜的時期開始了。在 1 ～ 3 週的時間裡，寶寶會被稱讚進步、獨立、愉悅。寶寶發現令他覺得有趣的事物範圍很廣泛，從在馬背上的人到花朵、樹葉、螞蟻以及昆蟲都是，現在他想多花些時間待在戶外。有些寶寶則會開始想在生活中擔任更重要的角色，他與人的接觸愈來愈頻繁，也比之前更願意和他人玩遊戲。簡單說，寶寶的視野比之前還要寬廣。

> 📢 現在兒子就是個開心娃娃，有時他會自己甜甜的玩上 1 個小時，和過去 1 週相比，就像是換了一個孩子，整天笑呵呵。以前總感覺他有點笨重，但現在就是蓄勢待發、靈活可愛的樣子，不僅活潑還精力充沛、喜歡冒險。
>
> 法蘭基家長／第 42 週

> 📢 兒子了解的事物多了好多，在家裡的「地位」也不一樣了，他現在更融入家裡了。我需要能輕鬆的和他說話，所以他在桌邊可談話的距離內有一個專屬的位置。他對於屋外的其他人也更在意了，他會用嬰兒語和他人接觸，並發出特定的呼喚聲，或是歪著頭表示疑問。
>
> 鮑勃的家長／第 40 週

| 第 **7** 章 |

第 **7** 次飛躍式進步

充滿順序的世界

連續做兩件事的能力

神奇的第 **46** 週
（約 11 個月大）

寶寶是天生的髒亂製造大師，在第 6 次飛躍期間，這項天分更是火力全開。你可能會絕望的想，他拆牆卸瓦、亂丟東西、摧枯拉朽的破壞花招是哪裡學來的？所以當你得知，在第 7 次飛躍，也就是第 46 週（44～48 週，約 11 個月大）左右，情況會有所改變時肯定會長舒一口氣。你會突然發現，他現在做的事和破壞相反，他第一次會將不同的物品組合在一起，同時透過這種方式向你展示，他正出現跳躍式進步。

寶寶現在已經擁有察覺及擺弄「順序」的能力了。他開始意識到，為了要達成目標，他做事時必須以特定的順序來進行才行。大約在 42 週（或 40～44 週）左右，你的寶寶會注意到，他的世界突然發生了變化，他正以看、聽、聞、品嚐及觸摸等感官來感知世界，這對他來說是全新、未知的世界，因此會讓他感到難受。事實上，由於太難受了，所以他會緊緊抓住已知且最熟悉的你。這次的飛躍也是由難帶養階段開啟，通常會持續 5 週，但是時間也可能短至 3 週，或長到 7 週。

難帶階段：神奇飛躍開始的信號

父母可能會認為寶寶在這段期間很難帶、任性、鬧脾氣、哼唧愛抱怨、暴躁易怒、難以管控、焦躁不安，甚至變得嫉妒，情緒陰晴不定。寶寶為了要能和你膩在一起，什麼都做得出來，有些父母會被搞得整天不得空，有些則稍好些。有些小黏人精在感覺有分開的可能時，會表現得很狂亂，甚至用各種方法，和你黏在一起，你可能會注意到他更怕生、想要黏著你和你有更多身體的接觸。

晚上就更麻煩了，他睡不好，也更容易出現夢魘。白天他有可能比平常安靜，但在你幫他換尿布時扭個不停，或者拒絕讓你幫他換衣服或穿衣

> 無論什麼時候，只要寶寶的哥哥靠近他或摸他，他就會立刻開始哭，因為他知道這件事會讓我分神。
>
> 凱文的家長／第 41 週

服。有些寶寶為了讓父母順著他的意做事，會出現超乎尋常的撒嬌行為；有些則特別愛惡作劇使壞。有些會展現全部的特徵，有些則只展現部分。

簡單說，寶寶正在進入難帶養階段，會出現 3C 特徵（愛哭、黏人以及愛鬧脾氣），以及其他幾個典型的特徵。這段期間對寶寶很難熬，對你也是，可能會引起憂慮、惱怒、爭吵，並讓你處在壓力之下。不過，當你和寶寶緊密相處，且給他全部的注意力後，可能會讓他少哭一些，且由於密切觀察，你會看到許多新技能正在發生。當然了，要持續和寶寶黏在一起可能很難，或許是你不想。

> 我做家事時會把女兒揹在背上，或是抱著，不然她會緊緊的黏在我的腿上，讓我一寸也動不了。我也會跟她解釋我正在做的事，像是如何泡茶或折毛巾。我們通常也會一起到浴室，如果我自己去，則會把門開著，原因是為了要看到她，知道她沒有做危險的事，其次則是要讓她看見我，跟在我身旁。這是讓我們彼此安心的做法。
>
> 艾蜜莉的家長／第 43 週

如果寶寶比平時難帶，那就要密切觀察，他是否在嘗試掌握新技能，請參考第 7 次飛躍紀錄表中的「你的發現」，看看要注意些什麼。

如何得知寶寶已進入難帶階段？

除了 3C（愛哭、黏人和愛鬧脾氣）外，寶寶還會出現一些其他徵兆，讓你知道他要進入難帶養階段。

現在比之前更黏你？

有些寶寶會使出渾身解數來靠近父母，甚至恨不得把自己纏在你身上（實際情況就如同字面的意思），沒有外人在場時情況甚至更嚴重。有些未必會黏在你身上，但卻會想辦法盡量靠近，且希望你隨時隨地都能將注意力放在他身上；有些則會不斷回頭看你在哪裡，以確定自己能在你再次離開前就知道。

變得更怕生？

有陌生人靠近他、看著他、跟他講話，或是更糟糕的，對他伸出手觸摸，寶寶黏你的程度可能會變本加厲，比現在黏得更緊。

> 兒子整天都想坐在我的膝蓋上、騎在我的手臂上、坐在我的身上，或在我身上到處爬，或是攀在我的腿上，就像附著在魚身上的寄生蟲一樣。我一把他放下，他就放聲大哭。
>
> 鮑伯的家長／第41週

一刻也不想中斷身體接觸？

有些寶寶一旦抱上爸媽，或是坐在爸媽的膝蓋上，就會緊緊黏住不放，一副不想讓父母有機會脫離的架勢；有些則一旦被放下，或是看到父母穿過房間取物品或做事時就會暴怒。

要求更多關注，沒得到就會嫉妒？

若依高需求寶寶的意思，你日夜都得陪他玩。他想要父母眼中只有他，當你把注意力分給其他人或事時，他可能就會變得任性和頑皮；又或他可能會出現超乎正常的撒嬌行為，以將你的注意力吸引回去。這種行為上的改變會讓父母猜想或意外發現，寶寶可能是嫉妒了。

出現超乎尋常的撒嬌行為？

現在，難纏的寶寶可能找出一些方式，以要求更多身體上的接觸或注意力。這件事會發生得愈來愈頻繁，且以愈來愈複雜的方式出現，像是：他可能會拿書或玩具給你，「要求」你跟他一起玩；或可能會使出各式各樣的花招來誘惑你跟他玩遊戲，如把小手放在你的膝蓋上，偎依著你，或是把頭靠在你身上。通常他會在惹麻煩和扮甜美之間轉換，並採用在當時最有效的方式，以獲得想要的觸摸和注意力。寶寶如果比較獨立，不常尋求太多的身體接觸，父母遇到這種情況通常都會高興得不得了，覺得終於能再次給寶寶一個擁抱了。

特別愛惡作劇？

有些父母會注意寶寶比從前更頑皮，似乎總愛做不被允許的事；又或當爸媽正急著完成某件事，或是忙碌不堪時，他就可能特別愛搞怪惡作劇。

女兒喜歡待在離我很近的地方，不過她還是在做自己的事。感覺她就像人造衛星繞著地球軌道般的環繞著我。如果我在客廳，她就會賴在我身邊玩，如果我在廚房，她就會清空廚房的櫥櫃。

鮑伯的家長／第 41 週

兒子吃奶時，如果我做了其他事或是和其他人說話，他就會大哭。我必須看著他、跟他玩，或是輕輕撫摸他。只要我停下 1 秒，他就會失控地亂扭亂踢，好像在說：「我在這裡。」

麥特的家長／第 43 週

從這週開始，女兒開始把我黏得緊緊的。現在，只有要外人伸出手要抱她，她都會緊抓著我。不過，如果給她一點時間適應，不太快把她抱起來，她最後通常會願意。

艾席莉的家長／第 47 週

身為一個 4 個月大寶寶的保母，我經常瓶餵寶寶，以前我兒子一直覺得很有趣。不過，這週他開始不斷的頑皮搗蛋、惹麻煩，非常討人厭。我想他應該是有點嫉妒。

約翰的家長／第 44 週

兒子有點怕生。當他看到不熟悉的人，或是如果有人突然進入房間，他就會將自己埋在我的脖子間，時間不長就是。他需要時間來習慣。

麥特的家長／第 42 週

女兒現在會來找我，希望我再抱抱她。這週她真的特別惹人憐愛。

珍妮的家長／第 41 週

兒子這週非常可愛，一直黏著我。

麥特的家長／第 42 週

就算離開女兒只有短短一刻鐘，她也會生氣大哭。我回來後，她總會先打我、用手撓我或推我。我離開時若家裡的狗在附近，那麼當我回來時，她手裡就會多 1 根長鬍。

艾蜜莉的家長／第 43 週

💡 脾氣陰晴不定，喜怒無常？

寶寶可能第一天還開開心心，第二天就完全相反。他的脾氣也會突然轉變，上一刻，他還笑著玩耍，下一刻就開始哼唧抱怨。這種搖擺不定的情緒來得毫無預兆，沒有明顯的理由，至少不是你能了解的，相當令人困惑。

💡 是否睡不好？

大多數的寶寶睡得比之前少。他不是拒絕上床、更難以入睡、就是比平時更早醒來。有些寶寶白天會特別難入睡，有些則是晚上情況比較嚴重，有些則是不論任何時間都不願意上床睡覺。

💡 夜裡會夢魘？

有些寶寶會睡得很不安穩，有時會翻來覆去，看起來像做惡夢的樣子。

💡 寶寶變得「比較安靜」？

寶寶有時會暫時變得有點呆滯、活動力降低，嬰兒語也說的比之前少。他甚至會把所有的活動都暫停下來，光是躺著，眼睛看向前方。父母不喜歡這種轉變，認為這樣不正常，可能會逗弄試圖讓做著白日夢的小人兒再次動起來。

💡 拒絕換尿布？

很多寶寶換／穿衣服時，會變得更加不耐煩、無法管控。你才一碰到他，他就馬上哼唧抱怨、尖叫、掙扎、亂扭。有時父母對這個製造麻煩的蠕動小蟲會感到生氣或擔心。

💡 胃口不好？

許多寶寶對飲食的興趣似乎降低了，又或者變得很挑剔，只在自己想吃時才吃，常使父母對這個胃口不好及難纏的進食行為感到擔心或生氣。

> 📢 兒子進食的情況不好。不過，有時候白天他會突然想吃母奶，那時就開始拉我的上衣，晚上他也很常醒來想吃母奶。
>
> 麥特的家長／第 43 週

女兒不讓我有時間處理自己的事，否則她就會開始頑皮，玩我不准她碰的東西，像電話、音響的旋鈕。我必須分秒都盯著她。

　　　　珍妮的家長／第 47 週

女兒一直跟在我後面爬，我覺得這樣很可愛。她如果沒跟著爬，就會把家裡搞得亂七八糟。她會把書架上的書拉下來，把花盆裡的泥土挖出來。

　　　　艾席莉的家長／第 43 週

女兒在前一刻鐘還大哭特哭黏著人，下一刻鐘就開心玩耍，好像開關一樣，馬上就能開或關，我簡直不知如何是好。是不是有什麼東西突然傷害到她了？

　　　　妮娜的家長／第 43 週

兒子現在比之前毛躁不安。到了該上床的時間，我還得強迫他鎮靜下來。他一個晚上會醒來不少次。

　　　　法蘭基的家長／第 45 週

這週女兒又退回用爬的，不走路了。

　　　　珍妮的家長／第 44 週

我家寶寶一晚醒來 2、3 次，下午也睡不好。有時候我得花 3 個鐘頭才能讓她去睡覺。

　　　　珍妮的家長／第 48 週

湯瑪士第一次真正的出現了夢魘。他在睡眠中哭了好久。呃！感覺過了好久好久。他之前從未有過這種情形，甚至偶爾還會尖叫。

　　　　湯瑪士的家長／第 43 週

女兒變得沒之前活潑，她通常只是坐著，眼睛張得大大的往四處看。

　　　　漢娜的家長／第 45 週

兒子變得被動、安靜。有時他就光坐著，眼睛投向遠方好一陣子。我一點也不喜歡，好像他不正常似的。

　　　　鮑伯的家長／第 41 週

穿／脫衣服就是個惡夢。這件事前一陣子也發生過，當時我擔心她是不是下背部不舒服，所以帶她去看小兒科，不過醫生說她的背好得不得了。不過，後來情況又自動消失了。

　　　　茱麗葉的家長／第 46 週

💡 寶寶倒退了！
現在似乎更像幼嬰？

有時一些被認為已經過去很久的幼嬰行為又會再度出現。父母的對於這種情形不太喜歡，認為是倒退的表現，有時甚至會想阻止。不過，難帶階段出現退步是再正常不過的事，這意味著一個更重大的跳躍式進步即將發生。

📢 兒子不想自己拿奶瓶了，他喜歡往後仰，躺在我懷裡，像個小寶寶一樣被餵。前不久他才堅持要自己拿奶瓶的，這種倒退行為讓我有點困擾。好幾次我把他的手放在奶瓶上，可他就是完全不動。我心裡不斷想，「別這樣，我知道你可以做到。」

鮑伯的家長／第 41 週

父母的憂慮和煩惱

💡 可能沒有安全感！

孩子難過的時候，父母會擔心並會試圖找出寶寶現在更常哭的原因，如長牙了？睡眠不足？還是被兄姊捉弄？事實上或許是因為飛躍喔！

💡 可能被寶寶搞得很累、
被惹惱！

難帶階段近尾聲時，父母通常會疲憊不堪，對於寶寶突如其來的要求非常厭煩，特別是在這之前，寶寶已經能更加獨立行事了。

卡爾昨天為什麼哭？我幫他換尿布、我將他放在餐椅上、狗狗從他身旁跑掉、我不讓他咬我，以及我將他放下來去上廁所（5 秒鐘），甚至完全沒有任何原因！第 7 次飛躍對我們的打擊真的很大，我們還有 23 天要熬！

—Instagram 貼文

💡 哺乳時的爭吵

親餵的孩子通常會要求吃更多次的奶，他看起來好像整天都在吃。這也正是難帶階段期間，多數的哺乳媽媽都會考慮是否停止親餵，或至少有時候拒餵

紀錄情況

🔍 第 7 次飛躍徵兆表 〉〉〉

　　下面是寶寶讓父母知道飛躍已經開始的方式。請記住，這張表是
會出現的行為特徵，但未必全部出現，重點不在於他做了幾項。

☐ 比平常更愛哭。

☐ 比平常更常脾氣壞，或愛使性子。

☐ 一會兒笑，一會兒哭。

☐ 比平常更常希望有事情讓你忙。

☐ 愛黏著我，或是比之前更愛黏我。

☐ 出現超乎尋常的撒嬌行為。

☐ 很明顯的愛惡作劇。

☐ 愛發脾氣，或是比之前更愛發脾氣。

☐ 會嫉妒，或是比之前更愛嫉妒。

☐ 比之前更怕生。

☐ 如果我一下子沒和你有身體接觸，你就會難過生氣。

☐ 睡眠品質不好。

☐ 會出現夢魘，或比之前更常出現夢魘。

☐ 胃口變得不好。

☐ 話「說」得比平常少。

☐ 變得沒之前活潑。

☐ 有時只是呆坐著，安靜的做著白日夢。

☐ 拒絕換尿布或穿衣服。

☐ 愛吸吮拇指，或是比以前更常吸。

☐ 會拿絨毛玩具，或是比之前更常拿。

☐ 比之前更像幼嬰。

☐ 我還注意到你：

....

....

的原因。無論如何,小傢伙覺得這是無法接受的,在你還沒行動前,他就開始放聲尖叫了!對持續堅持餵母乳的媽媽來說,好消息是,正常的餵哺模式在難帶階段間一結束就會恢復;只要一切重新安定下來,你就會忘掉當時的氣憤。不過,若負面情緒已經屬於不正常或危險等級時,請採取行動積極處理,傷害寶寶從來不是教會他規矩的方式。

當我不得不在胸前哄兒子入睡時,我變得愈來愈惱怒。當他剛要入睡時,我一移開,一切又必須從頭來過,現在這似乎開始變成一種習慣了。此外,他想要我餵奶的時間多得可怕,不順他的意思,他就開始尖叫。我真的不想再繼續了。

麥特的媽媽／第 47 週

專欄　靜心時刻

讓自己每天都擁有靜心時刻,花一些時間在自己身上,就算少於 5 分鐘也行。

⏰ 5 分鐘內

集中精神盯著喜歡的物品看 2 ～ 3 分鐘,看什麼都可以,只為了你以及你喜歡的一件事花時間。

⏰ 10 分鐘內

讓自己有 10 分鐘的時間閱讀。每天都讀,至少持續將 1 本書或雜誌看完,或許,接下來你會想閱讀系列作品。

⏰ 更多時間

安排一段不受干擾的時間,看你愛看的連續劇或電視節目。

歡迎來到順序的世界

　　從上次的向前飛躍開始，寶寶已經發覺，屬於同一個類組或類別的特定事物擁有非常多的共同點，為了要進行分類，他常需要將其分解並拆開來檢查。舉例來說，他可能會把堆得高高的積木塔一個一個拆開、把鑰匙從鎖孔裡拿出來，或是把抽屜上的握把拔鬆。

　　當觀察和安排「順序」的能力開始起飛後，小傢伙就會開始關心如何連續做兩件事，可以自己建造並把事物連結在一起了。例如：他可以學習從餐桌上拿走鑰匙，並試圖插進櫥櫃的鑰匙孔裡；知道如何利用鏟子來挖沙，然後放進桶子裡；會跟在球的後面跑，對準球並踢出去，無論有沒有你的幫助。

　　在唱歌時，若唱《Pat-a-cake, Pat-a-cake, Baker's Man》（做蛋糕、做蛋糕，蛋糕師傅）時，他開始可以連續做出不同的手勢，而不用你示範。他可能可以：學習用湯匙挖食物，放進嘴裡；嘗試自己穿鞋，先將鞋子脫掉，然後坐下來，拿鞋子磨擦腳，再試圖穿上；把你剛脫掉的毛衣撿起來，然後再放進洗衣籃裡（髒毛衣應該要放的地方）。

　　你的寶寶開始了解，他如果想成功完成嘗試的事，就必須依照特定的順序來進行。你現在可以觀察到，寶寶在嘗試放或堆疊物品前，會先試看看哪些能配對在一起以及如何配對。例如：當他試著把一塊積木堆疊在另外一塊上時，會先對準；把某個形狀積木放進孔洞前，他會將選好的形狀先拿至洞口比一比。他現在的行為之中，比過去了多了更多的「目的性」，他知道自己在做什麼。

透過寶寶的眼睛看世界

　　觀察一天當中，由先後順序動作構成的事情。還真的不少呢！寶寶正在開始學習這件事，所以日常活動時，請將你正在做的事情大聲說出來。例如：說你正在撿的物品，以及你要對它做什麼？在你依序進行一系列的動作時，把所有正在做的事用簡單的言語及步驟加以說明，以讓寶寶容易明白。

你也可以從寶寶的反應中判斷，他開始了解特定的事件在進程中，會如何前後銜接出現。此外，他也知道在一個特定的順序中，接下來的步驟會是什麼？

寶寶現在可以開始指出並依序叫出不同的人、動物和物品的名稱，當他一個人時還是會常用「答」來代替正確的字。當他和你在一起時，會指著物品，要你把名稱說出來，或是讓你發出適當的聲音；或者反過來，由他告訴你物品的名稱，再由你將物品指出來。你會注意到，當你帶著他四處走動時，寶寶會把要你走的方向指出來。

當歌曲結束後，兒子現在會抬頭看我的手機（聲音的來源），而不是喇叭。他現在知道，如果他想聽到更多的音樂，我得在手機上滑一滑才行。

鮑伯的家長／第 48 週

亞當這時最愛的活動就是指出所有能發出噪音的物品。這已經變成每日的活動了。無論我們走到哪裡，我都要發出聲音，以讓他把聲音的來源指出來。有次，當我突然發出哞哞的聲音時，公車站的青少年都愣住了。哈哈哈。

亞當的家長／第 47 週

增加知識

大腦的變化

40 ～ 44 週間，寶寶腦部能察覺並記憶事件發生順序的區域會開始成熟，這項能力對於發現順序的世界是必要的。有個相當吸引人的實驗能顯示這項能力是如何作用的：寶寶坐在家長的膝蓋上，測試桌上有兩個內崁的凹洞，A 和 B。測試者在桌子對面，面對家長和寶寶，當寶寶看的時候，將寶寶最愛的玩具，慢慢藏進其中一個洞裡，再用一塊布蓋住。待寶寶分心 10 秒鐘後，鼓勵他將玩具找出來。

結果顯示，9 個月以下（39 到 43 週）的寶寶不記得玩具在哪個洞裡，而年齡大一點的寶寶卻能記得，12 個月大的所有的寶寶都能正確的記住玩具藏的位置。結果指出，大腦的前額葉皮質（dorsolateral prefrontal cortex）一旦成熟，就能記住。這項能力和寶寶每天的順序感有關，像是用湯匙挖食物放進嘴裡，或是在自己的洗籃裡放滿娃娃的髒衣服，然後放進洗衣機。

　　說出名稱的特定行為是一種把說出的字或聲音與一個人、動物或是物品連結起來的方式；指著或看著後，說出一個字也是一種順序。現在寶寶既然已經能自己觀察並安排順序，他就可以自己選擇及決定，像是：有個寶寶就決定「噁」這個字，不僅要用來表示骯髒，所有他必須小心的事物都適用。

神奇的向前飛躍：發現新世界

　　每個寶寶都需要時間和協助，才能學會將新能力轉化為能掌握的技能。你可以幫助寶寶，給他機會和時間玩順序，並在他成功時鼓勵他，失敗時安慰他。你可以提出新的想法，讓寶寶有許多機會自己接觸順序，讓他以視覺、聽覺、嗅覺、味覺、觸覺等感官來選擇他最喜歡的方式。

　　他接觸到、玩的順序愈多，學習了解的效果就愈好，他喜歡透過哪些方式，觀察、操作、說話、聽聲音、聽音樂或是移動來學習順序都沒有關係。他很快就能把從某個領域取得的專門技能運用到其他領域執行，完全不會有問題，但他無法一次就做到所有的事。

　　你會注意到，寶寶想在能力所及範圍內盡量自己實驗、自己做。如果沒成功，他可能會產生挫折感，有些寶寶可能會尋求互動，有些則可能會挑戰你，你可以做一些他喜歡的事來讓他分心，並告訴他，哪裡做「錯」了、哪裡做「對」了。此外，你也會發現寶寶在「告訴」你，他在第 7 次飛躍後，會開始做各式各樣的新事情。要記得，不要強迫寶寶做事，他會選擇自己感興趣，且適合他現階段發育的事做。

💡 實驗以自己的方法做事

　　當寶寶進入了順序的世界，他第一次了解到做事情如果想要成功，就必須遵照特定的順序。他已經觀察過成人如何進行某種特別的順序，不過他自己卻要透過嘗試和失敗才能掌控，而他的「解決方式」通常很奇特（這種說法算客氣的）。

> 📢 兒子坐在自己的兒童椅上時，會把所有的物品都扔到地板上，然後看我是不是會去撿起來、怎麼撿？我們上超市時，他也對我的購物單做相同的事。我跟他說，「請你把我的購物單緊緊的拿好。」但他還是把單子扔到地上，並在我撿拾時盯著我看，如此重複了大約 10 次。
>
> 亞當的家長／第 47 週

寶寶可能會利用實驗來檢視事情是否有不同的做法。例如：他會嘗試用不同的方式來上下樓梯，或是用左手重複、測試是否能做到右手能做的事；他也會把東西放在（他知道）不屬於原本位置的地方。如果寶寶正在做上述的事情，那麼他就是在實驗，如果將「順序」變化一下，會發生什麼事？他知道髒衣服要放進洗衣籃裡，但是為什麼只能放進洗衣籃，而不能放進垃圾桶或是馬桶裡？畢竟放在那裡也很合適。寶寶在進行這些實驗時，你一定要盯著他，保持安全。

你的寶寶知道你是怎麼爬樓梯的，不過階梯對他來說太高了，所以他必須從一階爬到另一階。不管怎樣，他在每一個階梯都會站起來。

💡 每一件事都想自己來

很多寶寶都會拒絕別人的幫助，堅持其他人任何形式的干擾，他想要做能自己做，或覺得自己能夠做的所有事情。你家寶寶是不是也這樣呢？像是：自己餵食、自己梳頭髮、自己洗澡，或甚至想嘗試自己走路、上下樓梯而不要你伸手相扶。請盡量從他的感受來考慮，這個年齡正是許多寶寶喜歡開始主張獨立的時候。

> 兒子把插頭從電源座上拔出來，試著要放進牆壁裡。他也試過要把有兩個突出的物體插進電源座。我現在甚至得更用心的盯牢他。
>
> 鮑伯的家長／第 48 週

> 女兒想爬到我們的大床時，會把床邊小桌子的抽屜拉開，站到上面，然後再爬到床上。如果她把抽屜拉得太開，整個小桌子就會開始前後晃動。
>
> 珍妮的家長／第 49 週

> 兒子向來都喜歡和我一起練習走路。不過，現在當我握住他的手時，他就會馬上坐下。等我走開後，他就會再試一次。每次嘗試取得成功時，他都會用勝利的眼光看著我。
>
> 保羅的家長／第 46 週

> 兒子不斷試著用鉛筆在紙上塗鴉，就和他哥哥一樣。不過，無論何時，只要他哥哥試著要牽引他的手，向他示範時，他就會自己把手拉開。
>
> 凱文的家長／第 48 週

> 兒子只會吃自己放進嘴裡的東西。我如果餵他，他就會把東西拿出來。
>
> 湯瑪士的家長／第 42 週

爸媽可以這樣做

💡 對挫折表達理解

寶寶愈來愈了解哪些事物應該在一起，以及得依照哪些順序及步驟。他不是在拒絕你的幫助，他只是想自己做，並相信自己知道該怎麼做、什麼都能做。他不想你干擾他，或告訴他該怎麼做，他想要自己做決定。身為父母，你可能不太習慣這點，會自然而然想幫助他，就像你一直做的。你非常清楚寶寶還無法靠自己把他想做的事情正確做好，假如放手讓他嘗試，一定無可避免的會把事情搞得一團亂。

所以父母和寶寶的關注點在這時便產生了歧異，並影響結果：你看寶寶覺得他很難纏，而他卻覺得製造所有麻煩的是你。我們都知道青少年時期會經歷困難的親子考驗，不過，寶寶和幼兒也相差不遠。如果寶寶因為事情做不好，或是不被允許做而感到挫敗，你還是可以用他喜歡的玩具或遊戲來讓他分心，當然每個寶寶不一樣！

💡 可能會測試父母的底線，必要時糾正他

這段時間，父母得花大量的時間將物品從孩子身邊拿走，並糾正他的行為。實際上，寶寶只是想自己做，而你擋著不讓他做，是因為你覺得他沒有能力做，或是認為有危險不允許他做。考量寶寶有可能是想要測試你，且他未必不是不聽話，必要時糾正他，很重要的一點是：清楚說明，為什麼他不被允許做，可能是因為程序錯了，或是因為危險，以讓他能從中學習。

> 現在我們被困在「不，別去碰」以及「不，別去做」的階段。不過兒子完全清楚他想要什麼，不被同意時會很生氣。最近，他非常沮喪，甚至沒注意到他自己態度很強硬。
>
> 法蘭基的家長／第 49 週

小提示 **請牢記！**

破除舊習慣、設立新規則也是學習運用新技能的一部分。你只需要求寶寶遵守他能了解的新規則：不能過多，但也不要少。

💡 當他自我修正、獨立完成事情時，給予讚美

透過讚美，讓寶寶知道他做了「對的」事。不論發生的是什麼行為，他都會感覺良好。不過，大多數的寶寶都會自己要求讚美，當他做了對的事，特別是你之前曾經糾正過的事時，他就會看著你笑，得意洋洋，或是要求你的關注。當然了，他可能會找時間再做，每次都要求你再次確認。

💡 複述寶寶正在玩的詞彙

嘰嘰喳喳愛講話的寶寶在進入了順序的世界後，可能會開始把不同的人、動物和物品指出來，說出名字，如先指出或看著物品，再說出字或詞。如果你注意到寶寶已經在做這樣的事了，要回應他，聽他說話，並告訴他，你覺得他很好，也了解他的意思。不要嘗試去糾正他的發音，而是再次把字或詞清楚的說出來。這樣，等時間到了，寶寶自然就能學會正確的發音。

💡 當他嘗試告訴你一些事時給予反應

有些寶寶會透過肢體語言和聲音來嘗試告訴你一些事，例如：他記得的某些情況，或是他之前曾經看過的某些人。如果你注意到寶寶有這些情況，多和他說話，跟他說你現在看到了什麼？之後他跟你說話，你也要有反應。

兒子不斷想幫忙，他覺得這是有史以來最棒的事了，開心的不得了，但我得多花很多時間陪他。例如：和他一起把一疊尿布放進櫥櫃，得花十倍的時間，他會把尿布放到肩膀上，然後把臉頰靠上去摩擦，再一片一片遞給我。

麥特的家長／第 48 週

女兒開始使用詞彙了，無論她在說什麼，都會把東西指出來。現在，她正處於非常喜歡馬的狀態。只要看到馬，她就會指著，說：「ㄇ」；昨天我們在公園時，一隻大型的阿富汗犬從她身邊跑過去，她也叫牠「ㄇ」。

漢娜的家長／第 48 週

女兒每次把圓環套進錐型筒時，都會看著我，瘋狂的露齒笑並拍手。

伊芙的家長／第 49 週

這週兒子喜歡上了足球。他會非常用力的踢球，然後在我握住的他手時，很快的追在球的後面跑，並笑得很開心，有時甚至必須躺著一陣子才能止住笑。

珍妮的家長／第 49 週

兒子突然對著一隻玩具貓叫「娜娜」。他有很多玩具動物，我們也從沒用過這個詞。當我問他，「娜娜在哪裡？」他就會不斷指著玩具貓。

保羅的家長／第 48 週

我們每週都去游泳。在那裡，我們通常會見到同樣的一群人。有一天，我們在街上遇見其中一位媽媽。兒子立刻叫著，「喔喔～」，並指著她，一副認出她的樣子。之後，他在游泳池看到鄰居家的女孩子，也有一樣的反應。

保羅的家長／第 49 週

兒子會詢問我，他能不能看兒童節目。他會先看著電視，然後看著我，接著再看遙控器，最後再把目光到電視上。他還加上了呼嚕的聲音，以表達的更清楚。

湯瑪士的家長／第 42 週

我試著和兒子一起唱歌，不過感覺沒什麼效果，他似乎不太感興趣，心思似乎被四周的環境占據了。

約翰的家長／第 47 週

我很忙，忙著和兒子一起練習說，「爹地」，以及玩「你的鼻子在哪裡？」的遊戲。但截至目前為止，效果不彰，他只是笑著，在四周跳來跳去，有時還寧可咬我的鼻子或拉我的頭髮。不過，看他變成一個活潑的小傢伙，我就夠開心了。

法蘭基的家長／第 49 週

💡 讓寶寶主導對話和活動

當你發覺寶寶對你正努力讓他參與的對話和活動沒興趣時,就停手吧!他可能正忙著做別的事,一些在當時更吸引他的事,讓他來主導你們之間的對話和活動。

💡 同理寶寶的「非理性」恐懼

當寶寶嘗試使用新能力時,可能會遇上一些還無法完全理解的情況。例如:他會發現新的危險,一些截至目前為止他都不曉得的危險;當他對這些危險有更進一步的了解後,恐懼就會消失。所以,讓他知道你理解他的恐懼。

女兒一直想坐在她的小馬桶上,即使她沒在上面做什麼,也要把小馬桶帶到浴室清空,然後沖馬桶。不過,當她似乎為沖馬桶著迷時,她好像也會害怕。她自己沖馬桶時,她不會害怕,但若是由別人沖,她就害怕,並且一點也不喜歡。

珍妮的家長／第 50 週

女兒對飛機很著迷。無論飛機在哪裡,她都能認得出來,不管是天空上的、圖片裡的。但這週,她突然被飛機的聲音嚇到了。

蘿拉的家長／第 46 週

第 **7** 次飛躍紀錄表 | **充滿順序的世界**

你喜歡的遊戲

這是一些你家寶寶現在可能會喜歡的遊戲和活動,對他練習最近正在發展中的新技能有幫助。

填表說明

勾選寶寶喜歡的遊戲,比對「你的發現」,看看你是否能找出這次飛躍中寶寶最感興趣的物品和他喜歡的遊戲間,是否有關連?

幫忙遊戲

寶寶喜歡感覺被需要,請接受他的幫忙。雖然他可能幫不上什麼忙,
不過可以讓他了解許多常見的生活行為裡包含哪些順序。
此外,也讓他為下次飛躍做好準備。

☐ **幫忙家務**

容許寶寶按門鈴,在按下的同時他馬上就可以聽見門鈴聲了;或者讓他按一下電梯的按鈕;在光線很暗時,允許他按壓電燈開關,讓他看到效果並感受正在做的事產生的影響。有時讓他按公車的下車鈴,或是入班馬線旁的行人穿越要求燈,跟他說明會發生的情況,他就知道要期盼什麼?以教會他正在做的事與發生的事之間的因果關係。展示給寶寶看,你是如何備餐、烹煮及擦拭、清理廚房。跟他說明你在做的事,請他幫忙遞東西給你,並給他一條抹布,一起幫忙,這比他自己的玩具布好玩多了。當你在烤蛋糕時,幫他準備一組專屬的塑膠攪拌碗和湯匙。

☐ **自己穿衣服**

站在鏡子前面最好玩了。試著在鏡子前面幫寶寶脫衣服,並用毛巾擦身體,同時說出正在擦乾的身體部位名稱,最後當他盯著自己時幫他穿上衣服。當你注意到他開始合作時,要求他配合,像是要幫他穿上洋裝或襪子時,請他舉起手臂,或是伸出腿,並在他配合的時候,讚美他。

☐ **自己打理自己**

偶爾也讓寶寶在鏡子前面照顧自己，在鏡子裡看到自己正在做的事，可以讓他學得更快，更有樂趣。像是：在鏡子前面幫他梳頭髮，然後讓他試著自己梳；或是在鏡子前幫他刷牙，之後再讓他試著自己刷。在他洗澡時，遞給他一條毛巾，然後說，「請幫自己洗洗臉。」並在他每次嘗試時都熱情回應，你會看到他感到多驕傲。

☐ **用湯匙餵自己**

讓寶寶用湯匙自己餵自己，或是給他一支安全叉，讓他試著自己吃切成丁的麵包或切塊的水果。餐椅下要放一塊大的塑膠布，這樣你清理他製造出來的髒亂時會輕鬆些。

指物命名遊戲

寶寶對事情的了解程度通常比你認為的還多，
而他喜歡被允許及證明這件事。

☐ **這是鼻子**

摸著寶寶的身體部位，並說明該部位的名稱，這對讓他認識自己的身體，很有幫助。你可以在幫他穿脫衣服，或是坐在一起時玩。像是摸著他的鼻子說：這是鼻子。接著問他：你的鼻子在哪裡？

☐ **指著說**

對很多寶寶來說，指物命名是很好玩的遊戲，像是：指著物品，發出適當的聲音，說出名稱。指物命名遊戲不受限制，到處都能玩，例如：戶外、商店內、遊戲墊上，看繪本時。偶爾寶寶若說錯名稱時，也請你好好享受，不要急著糾正。

帶動唱遊戲

現在寶寶已經可以欣賞、主動參與歌曲以及其搭配的動作和手勢了。他可以開始配合著歌曲做出一、兩個動作。帶動唱遊戲對寶寶的智能發展很有幫助，首先，音樂對於大腦的發育有正面的效果，其次，在觀看其他人唱歌及帶動唱的影片時，寶寶也能學到一些詞彙和手勢的組合。

他會逐漸模仿這些手勢，並要求你重複播放這些歌曲。他要求的方法可能很隱晦，例如：看著你，然後拍拍手，這可能意味著他正處在《Pat-a-cake, Pat-acake, Baker's Man》（做蛋糕、做蛋糕，蛋糕師傅）的情緒裡。YouTube上可以找到非常多的帶動唱影片，你們可以一起觀看，並跟著一起做。

尋寶遊戲

很多寶寶都喜歡尋寶，找出被你藏起來、消失的玩具。

☐ 打開包裹，裡面是什麼？

請寶寶在旁邊觀看，並將玩具用一張紙或是會發出聲音的薯片袋子（洗淨）包起來，之後交給他，請他將玩具找出來。當玩具好像變魔法一樣再次出現時，他會很開心。他每次嘗試時，都給他一些鼓勵。

☐ 在哪個杯子裡？

在寶寶面前擺放一個玩具，用杯子蓋住。然後拿一個一模一樣的杯子放在第一個杯子旁邊，問寶寶：玩具在哪個杯子裡？每次他找到被蓋住的玩具時，都讚美他，就算他沒能立刻找到也要。如果這個遊戲還是稍難了一點，請試著用布巾代替杯子，讓他可以看到布的下面有突出的物品。這個遊戲也可以反過來玩，由寶寶藏，你去找。

 ## 你喜歡的玩具

☐ 木製積木火車。

☐ 玩具車。

☐ 附玩具奶瓶的洋娃娃。

☐ 可以敲打的鼓、瓶罐和鍋盤。

☐ 有動物圖片的書。

☐ 有桶子和鏟子的挖沙玩具。

☐ 球：各種大小，從小的乒乓球到大的沙灘球；軟度適中、中等大小的球是最受足球迷喜愛的。

☐ 大的塑膠珠。

☐ 衣夾。

☐ 填充動物玩具，一擠壓就會發出聲音的。

☐ 兒歌。

☐ 拼圖或有洞可放入各種形狀積木的形狀配對盒。

☐ 自行車、車子玩具或寶寶可以坐在上面的小車子。

☐ 塑膠或木製的大塊、可以組合的可堆疊積木。

☐ 小的塑膠公仔。

☐ 鏡子。

你的發現

下表所列的技能是寶寶在這個年紀可能會展示的技能。特別說明，寶寶不會把表上的所有項目都做了，而是選擇這時最適合他的技能來做。

填表說明

· **飛躍開始前**：在下次飛躍開始前，把你注意到的變化勾選起來。你可能會注意到，這次飛躍後，寶寶學習到的新技能數量遠比之前幾次多。年齡愈增長，要看出寶寶對哪些事感興趣或不感興趣就愈容易了，他會直覺選擇最吸引他的事。隨著選擇的次數增多，他會一點一滴將自己的個性展現出來，且愈來愈清晰。

· **飛躍開始後**：在發育期間經常閱讀飛躍紀錄表，會讓你對於這段期間的應注意及期待事項有基本的概念，於是你自然而然就能觀察到寶寶忽然能做的所有新技能。如果你願意，可以將之後 1 次，甚至 2 ～ 3 次飛躍才開始展現的技能的出現日期填補上去。

（註：紀錄表內的我表示父母，你表示寶寶。）

寶寶大約是在這時開始進入飛躍期：＿＿＿＿ 年 ＿＿＿＿ 月 ＿＿＿＿ 日。

在 ＿＿＿＿ 年 ＿＿＿＿ 月 ＿＿＿＿ 日，現在飛躍期結束、陽光再次露臉，我看到你能做到這些新的事情了。

🔍 你的發現 ▶▶▶ 指出，連結辭彙、聲音與人事物

日期：＿＿＿＿＿＿

☐ 可接連指出我說出名字或名稱的人事物，無論是在圖片、海報或是現實生活中。

☐ 會指著繪本、海報或是現實生活裡的某樣物品挑戰我，要我說出名字或名稱。

☐ 會一邊指著某樣物品、動物或是人，一邊說著他的名字、名稱（或你用來指該物品、動物或是人的聲音）。

☐ 看書時，會看著不同的圖片發出不同的聲音。

☐ 當我問你：「你的 xxx 在哪裡？」你會指出來。

　　☐ 鼻子　　　　☐ 嘴巴　　　　☐ 其他：＿＿＿＿＿＿＿

☐ 會將遊戲反過來玩，先指出物品再說出名稱，如你會指著鼻子，要我說出名稱。當我說某種動物的名稱時，你會模仿牠的聲音。

　　如當我問你，「＿＿＿＿＿＿說了什麼呀？」你會說，「＿＿＿＿＿＿」。

☐ 當我問你，「寶寶有多高呢？」你會把雙手舉高高。

　　☐ 其他：＿＿＿＿＿＿＿＿＿＿＿＿

　　☐ 當我問你：「＿＿＿＿＿＿＿？」時，你會「＿＿＿＿＿＿＿」。

☐ 當想再吃一口時，你會說：「吃吃」。

☐ 當不想做某件事時，你會說：「不要，不要」。

☐ 會在各種不同的情況下使用字或詞彙，因為這個字或詞彙對你來說有特定的意思。例如，你看到髒時，會說：「噁」；當你必須小心某樣物品時，你也會說，因為對你而言，「噁」也有「不要碰」的意思。

🔍 你的發現 ▶▶▶ 開始會使用工具

日期：＿＿＿＿＿＿

☐ 會找東西推，以幫助你學習走路。

☐ 會打開抽屜格，利用它當階梯，爬到櫥櫃或桌子上。

☐ 當我把你抱在懷裡時，你會對我指出你想去的方向，並要我去。

你的發現 ▶▶▶ 明白哪些事要同時做，哪些要依照順序

日期：＿＿＿＿＿＿＿

☐ 知道你可以把一支圓釘推進一個圓洞裡，如你會從一堆釘子裡面挑出圓形的釘子，然後試著把它推進釘板的圓形孔洞裡。

☐ 可以拼好簡單的 3 塊拼圖。

☐ 可以將硬幣投進投幣孔內。

☐ 會試著把不同大小的方形容器套在一起。

☐ 會將拿到手的鑰匙，插進櫃子的鑰匙孔內。

☐ 當你揮打著燈的開關時，會看著燈，對著燈伸出手。

☐ 知道拿著我的電話時就是要講話。

☐ 會將積木放進盒子裡，蓋上蓋子，再打開，將積木拿出來，然後再次重複。

☐ 會將套圈玩具的甜甜圈套成金字塔狀。

☐ 會把車子到處推，還發出「噗噗」的聲音。

☐ 會用鏟子挖沙，然後倒進桶子裡。

☐ 洗澡時會拿水瓢裝水，然後再倒光。

☐ 會仔細檢查 2 個可以疊在一起的積木，然後試著將它們堆疊在一起。

☐ 會嘗試用筆在紙上塗鴉。

你的發現 ▶▶▶ 動作技能

日期：＿＿＿＿＿＿＿

☐ 會以背面倒退的方式爬下樓梯，或是椅子、沙發。開始進行探索前，你有時甚至會用倒退方式的爬出房間。

☐ 會用頭下腳上的方式，要我幫你翻跟斗。

☐ 會曲膝，然後有力的伸展腿，用兩隻腳跳離地面。

☐ 會追著球跑（不管有沒有人幫你），然後「瞄準」目標，再把球踢走。

☐ 會先檢視，在你自己能走到的幾步範圍內能不能摸到另一個支撐物。

你的發現 ▶▶▶ 會邀別人一起玩　　　　日期：＿＿＿＿＿＿

☐ 你現在真的會和我一起玩了。你可以清楚的表達要和我玩什麼遊戲，方法是：自己先開始，然後用期待的眼神看著我。

☐ 你會重複玩遊戲。

☐ 你會裝出有某件事需要我幫忙的樣子，引誘我去幫你，即使我知道你自己就能做到。

你的發現 ▶▶▶ 會玩尋寶遊戲　　　　日期：＿＿＿＿＿＿

☐ 你會去找我藏起來的物品，就算我用其他物品完全遮蓋起來，你也能找到。我經常會把這件事當成遊戲跟你玩，但是未必一直是當遊戲玩，因為我有時不希望你找到。不過，不管怎樣，你總是能把東西找出來！

☐ 你會把屬於別人的東西藏起來。你會等著、看著，當別人發現東西時，你就會笑出來。

你的發現 ▶▶▶ 會模仿一連串的手勢　　　　日期：＿＿＿＿＿＿

☐ 會照順序模仿兩個或多個手勢。

☐ 會研究相同順序的手勢實際看起來的樣子，也會研究在鏡子裡面的樣子。

☐ 當我和你一起唱歌跳舞時，你會模仿各種動作。

☐ 會模仿下面歌曲的手勢：

＿＿＿＿＿＿＿＿＿＿＿＿＿＿＿＿＿＿＿＿＿＿＿＿＿＿＿＿

你的發現 ▶▶▶ 餵自己和別人吃　　　　日期：＿＿＿＿＿＿

☐ 在吃東西或喝東西時，有時候會給別人吃一下或吸一下。

☐ 吃一口東西前會先吹一下食物。當然的，這小小口的「吹」不會真的讓食物變涼，不過你已經在嘗試了，而且還了解這種做法，實在很不錯。

☐ 可以用學習叉把一塊食物插起來吃。

☐ 可以用湯匙把食物挖起來，放進嘴裡。雖然你未必每次都能對準目標，食物有時會靠在嘴巴上，有時只是接近嘴巴。

🔍 你的發現 ▶▶▶ **幫忙家務**　　　日期：＿＿＿＿＿＿

☐ 有時會想幫忙遞東西給我。如尿布，你還喜歡一片一片給！

☐ 如果我要求，你會拿簡單的物品給我。

☐ 例如：

　　☐ 當我梳理頭髮時，如果我要求你去拿梳子給我，你就會行動。

　　☐ 其他：

　　＿＿＿＿＿＿＿＿＿＿＿＿＿＿＿＿＿＿＿＿＿＿＿＿＿＿＿＿

☐ 會把我剛脫掉的衣服撿起來，嘗試放進洗衣籃裡。

☐ 會把洋娃娃的衣服放進你自己的小桶子裡，然後在我的幫助之下放進洗衣機裡。

☐ 你會拿掃帚或吸塵器，「掃」地。

☐ 你會拿布，擦拭桌面的「灰塵」。

☐ 當我烤蛋糕時，你會幫忙「攪拌」碗裡的食材。

🔍 你的發現 ▶▶▶ **穿脫衣物、打理自己**　　　日期：＿＿＿＿＿＿

☐ 試著自己脫衣服，例如：你想把襪子脫掉，卻拉著自己的腳趾頭。

☐ 試著要把上衣脫掉，不過卻沒用。因為你不了解要脫上衣必須把衣服從頭上拉過去，光用力拉前面是沒用的。

☐ 想自己試著穿鞋子或襪子。例如：你握住了自己的鞋子和腳，一起摩擦。

☐ 我幫你穿衣服時，你會幫我。當我幫你穿或脫上衣時，會感覺到你往我的方向靠。你會把手從袖子裡面伸出去，當襪子或鞋子靠近你時，你會把腳稍微往前伸。

☐ 你會自己「梳」頭髮。你不會把所有的結都梳開，其實，還差得遠呢！不過當你看見梳子，你就會把梳子抓起來，推到頭上去，這就是你理解的「梳」頭髮。

☐ 會將牙刷靠在嘴巴上「刷」牙。對你而言，這已經是刷牙了，而我以你為傲。

☐ 你有時（只是有時，但你已經開始）會用小馬桶了。

💡 寶寶的選擇，塑造性格的關鍵

現在，所有的寶寶都有能力可以察覺並擺弄順序了，同時也開啟了一個充滿可能的新世界，而你的寶寶將會進行選擇。在 46 ～ 51 週間，他會根據自己的傾向、興趣、體格和體重從中選出他最喜歡、最契合的來做，而這也是讓他變得特別的原因。這段期間，你可能會抗拒不了拿他和其他寶寶比較，不過請記住，所有的孩子都是獨一無二的。

仔細觀察寶寶，你就會看出他對什麼有興趣。在「你的發現」裡，你可以把寶寶的選擇記錄下來，並思索他可能會喜歡什麼？

> 我試著不對艾薩科還不會走路這件事施加壓力，並將焦點放在他正在做的事上：了解事件的順序、連接個別要素、知道接下來應期待什麼？就像我把尿布包從櫥櫃裡面拿出來時，艾薩科會爬到門邊，挨著門旁坐下，他知道我們要出門了！當我開始在餐盤上準備他的食物時，他會爬到自己的餐椅邊，試圖爬上去。他知道我若拿尿布包，接著就會出門；若準備食物，然後就會坐下來準備吃。他了解的程序愈來愈多了呢！
>
> —Instagram 貼文

先學會走的競賽？！

這個飛躍期的尾聲，最早會走的寶寶可能已經跨出第一步，並且所有的寶寶都已經擁有走路的心智能力，但我們要再次強調，大動作不是唯一的發育指標。

不過，大部分的寶寶還是不會走路的，因為他不是忙著探索其他的技能，就是身體還不夠強壯，還得再等幾個月，才會踏出他的第一步。這絕對是正常的，請記住，寶寶不會因為先學會走路，就在成長中領先，觀察、學習和溝通也一樣重要。

所有健康的寶寶早晚都會走路。在 9 ～ 17 個月間，就算沒有任何幫助，他也會開始學走路。這個時間跨度很大；最早和最晚的年齡間有 8 個月的差距，有些寶寶甚至要再更大一點才會邁出第一步，然而這也沒什麼不對。簡單說，這不是競賽，讓寶寶決定什麼時候做好準備，再踏出第一步就好。

💡 寶寶不可能完成所有的事情！

這次飛躍的第一階段（難帶階段）和年齡相關，且預期會在約 40～44 週左右出現；並在 46 週左右進入飛躍的第二階段；在 40 週左右在整個順序的飛躍期間獲得的能力，將會啟動全範圍的技能與活動發展。

話雖如此，這些技能和活動第一次出現的年齡差異很大，通常在 46 週左右，或甚至好幾個月後才會出現。舉例來說，要能拉到繩子，摸到繩子所連接的玩具環，察覺順序的能力是必要的先決條件；但這項察覺順序以及藉由其發展出來的許多技能，真正出現的年齡會因寶寶的喜好、個性，以及身體發育情況而有所不同。

本書中所列的技能和項目都是該項能力最早可能發生的年齡（但未必會在該時間出現），所以父母可以仔細觀察及辨識（初始時可能發展得比較粗淺且不完整），以讓你有能力回應寶寶的發展，並加以協助。所有的寶寶在大約相同的年齡都會獲得相同的能力，但是他要做什麼以及什麼時候做？卻是不一樣的，因此也讓每一個寶寶獨一無二。

隨和期：飛躍之後

在 49 週左右，另外一段相對平靜的時期開始了，在接下來的 1～3 週裡，你會為寶寶的快樂和獨立感到驚奇。父母會注意到，現在自己說話時，寶寶顯得專注許多，他玩耍時也似乎更平靜、控制得更好，而且又能再次自己好好玩。最後，他看起來明顯長大，也更聰明。

> 女兒變成姊姊真正的玩伴了。她的反應和我們預期的完全一樣。她們在一起做的事情多了很多，像是一起洗澡，她們都非常喜歡跟對方在一起。
>
> 漢娜的家長／第 47 週

> 這幾週真是讓人太開心了，兒子又再度像個小夥伴。白天在托嬰中心他喜歡見到其他的孩子，回家時心情也很好。他晚上睡得更好，了解的事物更多，而且似乎會對自己的玩具感到著迷。他會自己爬到另一個房間，還常常笑。我很享受跟他在一起的時光。
>
> 鮑伯的家長／第 51 週

第 8 章

第 **8** 次飛躍式進步

進入各種程序的世界

屬於一起的部分

神奇的第 55 週
（約 1 歲大）

每個孩子週歲的生日都是個意義重大的場合。對許多父母來說，第一年結束意味著嬰兒期的尾聲開始了，小天使就要升級成幼兒了。當然了，從很多方面來看，他都還是個幼兒，關於世界他要學習的還很多，這個有趣的世界可以讓他盡情探索。現在他走動能力更好了，對於參與他有興趣的事物也更熟練了。

你不妨花點時間，複習一次第 4 次飛躍提到的「10 件飛躍期父母必知的事！」裡的「父母應有的期待」吧！（請參閱 P175）

在第一次生日後不久，大約 55 週左右（前後 2 週彈性），你會注意到小傢伙獲得了一項新的能力，他進入了程序的世界，這甚至讓他看起來比之前更有智慧，你會觀察到幼兒的思考模式加入一種更成熟的新理解。

「程序（programs）」這個字非常抽象。我們可以說，在第 7 次飛躍期間，幼兒學會了如何處理「順序」：事物一個接一個出現，或以一種特別的方式配套在一起；而「程序」的複雜度更勝於「順序」，它的結果可以用不受限的各種方式達成。當幼兒意識到程序後，他就開始能理解構成每天日常生活中的各種事件。例如：洗衣服、擺放餐具、吃午餐、收拾整理、穿衣服、堆高積木、打電話，以及數以萬計構成日常生活的其他事件。

進入難帶階段：神奇飛躍開始的信號

在程序能力發生前，會先出現愛鬧脾氣的階段。大約在 51 週左右（加減前後 2 週），和 1 ～ 3 週前相比，孩子又開始變得愛黏人了。他的世界再度發生了變化，他會再次看、聽、聞、品嚐，以及感覺到不熟悉的事，並覺得難過、沮喪，想攀附他所知最安全的東西：你。這次的難帶階段可能短至 3 週，長到 6 週。如果幼兒比平時難帶，那就要密切觀察，他是否在嘗試掌握新技能，請參考第 8 次飛躍紀錄表中的「你的發現」，看看注意事項。

前幾週幼兒可能相當平靜，沒有一堆眼淚。不過，當飛躍宣布到來，幼兒就開始愛哭了，而且來的速度快了許多。他想要攀附在爸媽身上，或緊緊靠著；他似乎又出現黏人、愛鬧脾氣、哼唧抱怨、沒耐心，喜怒無常的情況。很多父母也會注意，幼兒表現出和前次難帶階段相同的特徵。

幼兒更怕生了、想盡可能貼近你、要你逗他開心；他會比平常愛嫉妒，情緒非常不穩定、睡眠品質不佳、夢魘的情況比之前嚴重。有些白天會變得比較安靜、胃口不佳、再次變得像幼嬰；有些則會出現超乎尋常的撒嬌行為，或是愛惡作劇；有些甚至變得愛亂發脾氣，比之前更常尋求絨毛玩具的安慰。

簡單說，3C（愛哭、黏人、愛鬧脾氣），以及其他一些典型的特徵回來了。這段期間對幼兒來說很難熬，對你來說也是，因為你既擔心又惱怒。這是個充滿壓力的階段，不過請別忘記，觀察幼兒時帶著的警覺，可以幫助你看見幼兒實際上正在進行的新事物。

和你在一起，或你看著他，或是你以某種方式被他霸占住、和他一起玩時，他通常會比較少哭。

兒子會自己玩上一會兒，但是突然間就哭得涕淚滿面。然後要我抱他。

鮑伯的家長／第 52 週

女兒哭的速度非常快。我只要說出，「不可以」，她就會立刻哭。這根本完全不像她。

伊芙的家長／第 52 週

當女兒在客廳哭時，我就只能坐在沙發上，什麼事情也別想做。我很希望哪一天我坐在那裡時，能安安靜靜的織點圍巾。

艾蜜莉的家長／第 53 週

我忙著做事時，兒子想被抱；但當他坐上我的膝蓋上時，又很快想下去，並期待我能跟在他身邊，真的超難搞！

法蘭基的家長／第 52 週

如何得知幼兒已進入難帶階段？

除了 3C（愛哭、黏人、愛鬧脾氣）外，幼兒還會出現一些其他徵兆，讓你知道他要進入下一次的難帶階段。

💡 是否比之前更黏你？

孩子又開始黏著父母了。有些會攀附在你的腿上，或是要你抱著四處移動，不想被放下來；有些則未必需要身體上的接觸，不過卻會不斷回到你身邊、靠近你，時間很短，為的是要「檢查」你是否在身邊；有些只要爸媽不走開，就算把他放下來也不沒關係，唯一被容許能走開的只有他自己。

💡 和之前比，對人的態度不一樣？

當有陌生人靠近時，很多幼兒會把父母黏得更緊，程度比之前更誇張。很多孩子又會突然不想和陌生人有關連了，他可能會選擇更喜歡親近爸媽中的一個。

💡 比平常要求更多關注，否則就會嫉妒？

大多數的幼兒都會開始要求更多的關注。當父母把注意力放在其他的人或事上時，他就會變得任性、愛惡作劇，或是壞脾氣。

💡 脾氣陰晴不定，喜怒無常？

你家小傢伙可能前一刻鐘還高高興興，下一刻鐘就悲傷、生氣或憤怒，而且找不出理由。

💡 幼兒是否睡不好？

大多數的幼兒睡得比之前少，不是拒絕上床更難以入睡，就是比平時更早醒來。有些幼兒白天會特別難入睡，有些則是晚上情況比較嚴重，有些則是不論任何時間都不願意上床睡覺。

女兒在我周圍待的時間更多了，她離開玩一下，就會再回來。

漢娜的家長／第 54 週

傍晚我必須出門一趟，就在我把兒子放下，穿上外套時，他就開始哭了，並且拖住我的手，一副不要我離開的樣子。

保羅的家長／第 52 週

這週，女兒突然變得非常難過，她只想和我在一起。我一把她放下，或是抱給她爸爸，她就慌了。

珍妮的家長／第 56 週

女兒有兩天完全瘋狂的對爸爸感到著迷，如果她爸爸沒馬上把她抱起來，她就開始哭。我根本沒對她不好，但她還是不想跟我有牽扯。

茱麗葉的家長／第 53 週

當我把玩具給我照顧的另一個幼兒時，兒子就嫉妒心發作。

麥特的家長／第 53 週

當我跟朋友的幼兒說話時，我家的小頑皮就會插進我們中間，同時帶著一個露齒的笑容。

珍妮的家長／第 54 週

女兒想求關注時，如果我不馬上回應，她就會暴怒，捏著我的手臂，惡狠狠的、又快又暴力。

艾蜜莉的家長／第 53 週

有時兒子會坐下來玩自己的積木，就像個小天使。不過，突然之間他就暴怒，一邊尖叫，一邊把積木拍掉或到處扔。

史提芬／第 52 週

我注意到女兒在晚上會經常醒來，並在床上躺一陣子。有時她還會哭一下。如果我把她抱起來，她沒幾秒就又睡了。

艾席莉的家長／第 54 週

我真希望女兒睡覺時別那麼難纏。現在，她睡前都又哭又喊，有時還會歇斯底里，就算筋疲力盡時也一樣。

珍妮的家長／第 52 週

💡 夜裡會夢魘？

有些幼兒會睡得很不安穩，睡覺時有時會翻來覆去，看起來像做惡夢。

💡 會安靜的發呆做白日夢？

偶爾有些孩子就光是坐著，開始眼中無神的發直，好像處於自己的小世界裡。父母一點也不喜歡這樣的白日夢狀態，所以通常會嘗試打破幼兒的放空狀態。

💡 胃口不好？

許多幼兒對於飲食似乎沒了興趣，父母會覺得這件事很麻煩，又讓人生氣，還在餵母奶的幼兒通常會一直想吸奶，但實際上又不吃，他只是想靠近媽媽。

> 女兒常會過來要一個快速的擁抱。她會說「親親」，然後給我一個親吻。
>
> 艾席莉的家長／第 53 週

💡 似乎更像幼嬰？

有時候一些被認為已經消失了的幼嬰行為又會再度出現。父母可不喜歡見到這種事情發生，你期待的是穩定的進步。不過，在難帶階段，退步情形重新出現是再正常不過的事，這代表著進步已經在路上了。

> 我必須不斷跟女兒說「不可以」，因為她所作所為似乎就是要引起我的注意。如果我不理她，她才會停，但是我無法真的置之不裡，因為有時候她正在拆的東西可能會破掉。
>
> 珍妮的家長／第 53 週

💡 出現超乎尋常的撒嬌行為？

有些孩子會突然跑到爸爸或媽媽身邊一會兒，只為了抱抱他，然後又跑掉。還有一些幼兒撒嬌裝可愛的方式更誇張，只為了要引起爸媽的注意。

> 這一陣子我兒子的手很愛亂摸，看到什麼都要摸，說都說不聽。除非他上床，不然我什麼事情都沒辦法做好。
>
> 法蘭基的家長／第 55 週

兒子又睡得很好了，這種情形就好像是一個警鈴，告訴我們飛躍期即將來臨，湯瑪士又要難帶了。

湯瑪士的家長／第 49 週

女兒把東西放到嘴裡的次數再次多了起來，就跟她之前一樣。

漢娜的家長／第 51 週

兒子夜裡常醒來，他很苦惱，感到驚慌。有時要讓他再次平靜下來很困難。

鮑伯的家長／第 52 週

兒子又要我餵他了。我不餵的時候，他就把食物推開。

凱文的家長／第 53 週

有時女兒會坐著，無精打采的前後晃動，目光投向空中。如果我看到一定會放下手上的事過去將她搖醒。我嚇壞了，怕她有什麼不對勁。

茱麗葉的家長／第 54 週

兒子想要我把他放在我的膝蓋上，然後用奶瓶讓他喝果汁。一旦速度不夠快，他就會把奶瓶扔到房間另一頭，開始尖叫、大吼並且踢腳，直到我把果汁拿回來給他。

麥特的家長／第 52 週

女兒突然之間對食物的興趣降低了。之前，她就像個無底洞，15 分鐘以內就能把東西都吃完的。現在我得花上半個鐘頭餵她。

茱麗葉的家長／第 54 週

有時候兒子會爬到我身邊，扮演真正的小甜心。他會把小小的頭非常輕柔的放在我的膝蓋上，深情款款。

鮑伯的家長／第 51 週

兒子用嘴把他的午餐噴在四周，所有的東西都被他弄髒。最初幾天，我還覺得挺有趣的，現在我可不這麼想了。

鮑伯的家長／第 53 週

女兒又爬了幾次，不過，她這樣做可能是為了吸引注意力。

珍妮的家長／第 55 週

281

💡 會惡作劇？

很多幼兒會試圖利用惡作劇來吸引父母的注意力，特別是當父母很忙，沒時間管他的時候。

有時候我懷疑我兒子是故意不聽話。

史提芬／第 51 週

紀錄情況

🔍 第 8 次飛躍徵兆表 〉〉〉

下面是幼兒讓父母知道飛躍已經開始的方式。請記住，這張表是會出現的行為特徵，但未必全部出現，重點不在於他做了幾項。

☐ 比之前更愛哭。

☐ 比之前更任性、哼唧抱怨、煩躁不安。

☐ 一會兒高興，一會兒哭。

☐ 比平常更常希望有事情讓你忙，或表達這種意思。

☐ 比之前更常黏我，想要一直在我身邊。

☐ 表現出超乎尋常的撒嬌行為。

☐ 愛惡作劇。

☐ 比之前更常亂發脾氣。

☐ 會嫉妒。

☐ 比之前更怕生。

☐ 如果我中斷和你的身體接觸，你就會抗議。

☐ 睡眠不好。

☐ 會出現夢魘，或比之前更常出現夢魘。

☐ 胃口變得不好。

☐ 比之前更常呆坐著，安靜的做著白日夢。

☐ 愛吸吮拇指，或比以前更常吸。

☐ 會找絨毛玩具來抱，或是比之前更常找。

☐ 比之前更像幼嬰。

☐ 我還注意到你：

....

💡 常常亂發脾氣？

有時候，只要事情沒照幼兒的意思做，他就會發怒。他甚至還會莫名其妙就發脾氣，原因可能是因為他自己分析後，覺得你會不准他做，或是不會讓他稱心如意。

💡 更常尋求可以抱的物品？

很多孩子會比之前更喜歡抱他的柔軟物品，尤其在他疲憊或是爸媽忙碌的時候。他會去抱他的絨毛玩具、衣服、室內脫鞋甚至髒衣服，只要是軟的，能讓他把小手放在上面就行，他也會親、憐愛他抱的物品。

> 祈禱接下來這次的飛躍週我能安然度過，不會發瘋！他從最棒的年紀走來：學習新事物、給親親抱抱、進行探索……到現在打我的臉、對我扔東西、不斷的尖叫。我的壞脾氣火力全開！
>
> ——Instagram 貼文

父母的憂慮和煩惱

身為父母，你最想要的不過是孩子的快樂，或至少看起來很滿足的樣子而已，但情況如果不如預期，你可能會變得焦慮。

💡 你沒有安全感！

難帶階段是很難忽略的，父母會關切並想了解哪裡出了錯？如果找不到問題的來源，關切可能就變成煩惱。此外，父母還會關心幼兒身體上的進展，開始思考其他幼兒已經會走了，自己的孩子是不是身體上出了什麼毛病？

> 📢 我很驚訝女兒還不能自己走路。她已經握著我的手走了好長一段時間，現在我覺得她早就該自己會走了才對。我覺得她有隻腳有點內八，所以才會不斷的絆倒。我讓她白天走給托嬰中心看，保姆告訴我，我不是唯一一個擔心孩子在這個年齡腳有內八的媽媽。話雖如此，她走路時，我還是會高興一點的。
>
> 艾蜜莉的家長／第 53 週

💡 你可能會被激怒，變得愛爭吵！

現在幼兒已經 1 歲了，似乎能夠「乖乖」的了。當你的幼兒好像故意惡作劇，並且亂發脾氣時，要你保持冷靜、頭腦清醒還蠻難的。

不過，「把屁股打紅」不僅解決不了任何問題，還會對幼兒造成不必要傷害，並傷及他對你的信任。同理，在這個時間放棄母乳哺育也和上述的狀況類似，想放棄是因為幼兒斷斷續續的一直要喝奶，每次要喝就發脾氣，但這樣也不會讓他的行為有所改變。

專欄 · 靜心時刻 ····

恭喜你當 1 年的爸媽了！在慶祝的同時，別忘記你值得給自己一些靜心的時刻。

⏰ 5 分鐘內

用綠色能量來幫自己充電！來杯果汁或冰沙，你值得為自己打一杯維他命健康補給劑！

⏰ 10 分鐘內

坐下來享用你替自己買的，或是自製的（健康）小點心，你個人獨享！沒有人比你更值得。

⏰ 更多時間

雙人回想，和伴侶花些時間坐下來回想這幾週來經歷的美好事物。告訴對方你們都做了什麼，讓你覺得對自己或家人很好或心懷感激的地方。

🔆 新能力開始結果

　　大約 55 週左右，幼兒和之前相比沒那麼難帶了。同時，你應該也注意到他正再次嘗試並且做到了全新的事。他和人、他和玩具以及其他物品相處的方式更成熟了，而且現在也喜歡不同的東西。他對於程序世界的探索開始於幾週前，現在則進入結果的階段，而幼兒也會根據自己的傾向、喜好和性情選擇這時最適合他的新技能。身為一個成人，你可以在這方面幫助他，經常對照第 8 次飛躍紀錄表「你的發現」，看要留心注意些什麼。

幼兒就是這樣

　　幼兒喜歡新的事物，當你注意到他有新的技能或興趣時，給予反應是很重要的。他會很喜歡和你一起分享他的新發現，而這也能加速他的學習速度。

歡迎來到程序的世界

　　當幼兒開始認識並玩起「程序」時，他就能了解洗衣服、洗碗盤、擺餐桌、吃東西、撢灰塵、收拾整理、穿衣服、喝咖啡、堆積木、打電話等事情的意思了。這些都是程序，其特徵是沒有特定的順序是彈性的。

　　你在「撢灰塵」時每一次的方式未必都一樣，你可以有變化，如先撢桌腳的灰塵然後撢桌上，或是順序相反；你也可以先撢四隻桌腳，或是先從椅子開始，然後再撢到桌上或換個方向；你可以選擇要在哪一天、哪個房間、哪把椅子，採取哪個行動順序來做。無論你選擇採取哪種順序，做的都是「撢灰塵」這個程序。因此，「程序」是一個可能順序的網絡，順序不固定，你可以用千百種方法產生最後的結果。

當幼兒探索程序時，他可以決定要採取其中的哪一個方向來進行。他會持續遇到下一步必須決定要做什麼的決策點，如吃午餐時，在每一口之後，他要決定是否繼續吃另外一口食物，還是先喝一口飲料甚至喝上三口。他可以決定下一口食物要用手拿起來吃，還是用湯匙吃，不管選擇哪一種，都是屬於「吃」的程序。

幼兒在每個關口，都會在不同的選擇間進行「遊戲」，他可能只想什麼都試試而已。他需要學習，在不同的「點」下決定會產生哪些可能的結果，所以他有可能會決定下一次要把湯匙上的食物倒在地板上，而不是倒進嘴裡。幼兒毫無疑問的會全面性的把各種可能的、不可能的選擇都想一想。

他也可能會「計畫」開始某個特定的程序。例如：他會從櫥櫃裡把掃把拿出來，因為他想要掃地；他會把自己的外套拿出來，因為想要出門或購物。遺憾的是，誤解很快就會出現了，畢竟他還沒辦法好好解釋自己想要什麼，而父母很容易會對他的所做所為產生錯誤的闡釋。父母可能無法確實了解幼兒的意思，也可能只是不想讓幼兒當下想做什麼，就做什麼而已。這對幼兒來說，會造成挫敗感，因為這個階段他還不能了解「等待」的觀念，脾氣不好的幼兒甚至會發一頓脾氣。

除了自己能執行程序外，幼兒現在能察覺哪些程序會有其他人一起參與。例如，他會開始了解如果你在煮咖啡，那麼之後可能會有一段休息時間，還可能有餅乾。現在既然幼兒能學習認識並探索程序，他也會知道自己能夠選擇拒絕程序；如果他不認同你正在做的事，可能就會覺得挫敗，有時甚至還會發脾氣，而你根本不知因何而起。

增加知識

大腦的變化

在大約 12 個月大左右，大腦的葡萄糖代謝會突然產生變化。此外，幼兒的大腦對刺激的反應開始會變得更迅速，即他的神經系統對於觸覺、聲音或是視覺線索的反應更迅速了。

透過幼兒的眼睛體驗世界

每個家庭裡，每天會有無數的程序發生，就算沒有幾百件，也有幾十件。請試著想出十件書裡沒提過的程序，你想出來的愈多，就愈能了解現在幼兒在忙什麼。

舉例來說，在腦海中想像你是如何幫自己穿衣服的呢？接著再思索，你是根據腦中構想出來的步驟在穿衣服嗎？你真的總是先穿襪子然後再穿襯衫？或者，你有時也會改變這套程序中的步驟順序？有哪些步驟是你會先做，而哪些又是你會改變順序的呢？

你或許會注意到，你在執行程序時有一套適合自己的慣例。而你一般會採用的慣例也是你家幼兒學到的那一套，他會認為那套程序應該就是以那種順序、那種方式執行的。當幼兒經歷了他下一組的改變後，就會知道他可以改變某些特定程序，並採取適合當時情況的做法。

神奇的向前飛躍：發現新世界

給幼兒機會玩一玩程序！讓他自己找出解決辦法並進行實驗，這是他掌握程序的唯一方式。在你執行時，讓他看著你做；給他機會幫助你，也讓他有機會自行探索。讓他自己執行程序，如餵自己吃東西（在你的協助下）；或利用玩具重複程序中特定的一些基礎部分；或者讓他透過「實物」進行實驗，如和他玩「假扮」遊戲。

故事也是一種程序，所以你也可以玩說故事遊戲。你會注意到，幼兒的會話能力已經到達了一個新的層次；你或許還能確實觀察到，兒歌仍是這次飛躍相當受到喜愛的娛樂，因為歌曲也是一種程序。此外，幼兒可能會想幫更多忙，並探索自己的社交技能。請鼓勵他吧！在這個階段，幼兒也能學到考慮到你及其他人。以下是如何幫助他的一些點子。

💡 穿脫與打理自己

如果你的孩子對於穿／脫衣物以及打理自己有興趣，那麼讓他看看你怎麼做。你可以跟他說明你正在做什麼及為什麼要這麼做，他能夠理解的比能夠說出來的多。此外，也要給他機會沖洗、擦乾身體，並穿上衣服，幫自己或別人都行。雖然他還無法做到毫無缺點，但他知道自己該怎麼做，如果他喜歡做，就給他機會多嘗試。

法蘭基就是玩「穿脫與打理自己」程序的一個完美範例。他的爸爸看到兒子想嘗試做的事：戴帽子。有些父母可能就會錯過這一點，而把事情想成，「這不是戴帽子啊？就是放一片布在頭上而已。」當然了，這麼說也正確，布不是真的扁帽或高帽，但是對法蘭基來說卻是，他正在穿衣戴帽呢！讚美法蘭基進行且實驗了程序吧！這是幼兒學習的唯一方式，也請給法蘭基的爸爸一些讚美，因為他發現了兒子嘗試要做的事情，並且沒說他傻而錯過。幼兒的行為有時候看起來的確又傻又錯，不過這通常是因為成人不了解幼兒在做什麼罷了。

💡 會自己餵自己

如果幼兒想要自己吃東西，讓他試試看吧！請記住，他絕對有足夠的創意來測試不同的吃法，而所有的方式可能都會搞得髒亂不堪。你可以在幼兒的餐椅下墊一塊大的塑膠布，讓之後的清潔工作變得容易一些，那麼你對髒亂的情形就不會太介意了。

💡 玩複雜的玩具

很多幼兒會對更複雜的玩具產生興趣，也就是能讓他模仿程序的玩具，像是：有車子的車庫、有軌道的火車、有動物的農舍、有尿布或衣服的洋娃娃、有茶壺和茶盤的茶具組，或是有購物袋和箱子的玩具購物商店等。如果小傢伙對這一類的玩具表現出感興趣的模樣，請給他機會玩；這對他來說還是一個非常複雜的世界，你偶爾可以幫助他。

💡 玩真實的物品

除了玩具，也要讓孩子見識「實物」。舉例來說，如果幼兒對車庫有興趣，那麼就帶他去車庫看看；如果他對馬有興趣，不妨安排一趟馬術學校之旅；如果他喜歡引曳機、起重機或是船，那麼他肯定會想看到真正的實物作業的情況。

女兒想試著自己把褲子拉上來，或自己穿上拖鞋，但她還做不到。後來，我突然發現她能穿著我的拖鞋四處走動了。

珍妮的家長／第 55 週

女兒一穿好衣服，就爬到我的梳妝台上，想幫自己噴香水。

蘿拉／第 57 週

上週兒子一直不斷的在自己的頭上放各式各樣的物品：抹布、毛巾，甚至是內褲。他會不管不顧的四周走動，而哥哥姊姊們則在笑到跌在地上。

法蘭基的家長／第 59 週

湯瑪士堅持要自己餵自己，不肯接受任何幫助，但這對他來說是一件蠻難的事。如果他試著用湯匙自己吃速度就不夠快，所以他會將嘴湊到盤子上，嘗試從盤子裡把食物吸走，就像喝東西一樣。有時，他會用另一隻手把食物挖起來，放進嘴裡。

湯瑪士的家長／第 56 週

兒子很愛從袋子裡自己抓葡萄乾出來吃。

麥特的家長／第 57 週

從兒子學會如何用湯匙自己吃東西起，他就堅持要自己吃了，否則他就不吃。他吃東西的時候也堅持一定要坐在餐桌邊，他自己的位子上。

凱文的家長／第 57 週

當我坐到地板上在兒子身邊鼓勵他時，他有時能把積木疊高到 8 塊。

麥特的家長／第 57 週

兒子自己玩的時候玩得好多了！現在他正在尋找舊玩具的新玩法。他的絨毛玩具、火車和小車子又開始活躍起來了。

鮑伯的家長／第 55 週

兒子很愛我們和他一起玩車子，當我們把車子開在遊戲墊的馬路上，且在角落轉彎、路邊停車時，湯瑪士笑了。

湯瑪士的家長／第 56 週

女兒會餵她的娃娃，還會幫她的娃娃洗澡、哄上床。她要使用小馬桶時，也會將娃娃放上去。

珍妮的家長／第 56 週

今天我第一次看到兒子在按電話鍵，他把聽筒放到耳邊，忙著講話。有好幾次，他在掛上電話之前會說「噠噠」。

法蘭基的家長／第 56 週

兒子喜歡馬桶，他會把各式各樣的物品扔到馬桶裡，而且每 2 分鐘就沖一次水，把浴室地板搞得濕答答。

亞當的家長／第 56 週

兒子會把報紙、空瓶子和鞋子拿給我，他希望我打理乾淨。

法蘭基的家長／第 56 週

亞當和我一起玩「假扮幼兒」遊戲。假裝我們兩個都是幼兒，用幼兒的聲音說話。他真的很喜歡玩，特別是當我假裝做不到打開安全門這類的事情時。他會玩上一會兒，當他覺得玩夠時，就會恢復正常聲音，讓我知道遊戲已經結束。

亞當的家長／第 57 週

湯瑪士都聽得懂！我跟外婆聊到他最近的新技能時，他就會把這些技能都演一遍，如假裝聊天、打電話，也會展示他有多高及多好等。我們在電話上聊了好一會兒，湯瑪士好像在聽我們說話，也知道我們在聊他，所以才會把新技能都秀一次。最後他還跟外婆聊天，並親了電話。

湯瑪士的家長／第 56 週

兒子一直講話，講到你耳朵都快掉了。他真的很愛跟人對話，有時他會用疑問的語氣說，聽起來真的太可愛了。我很喜歡弄清楚他的想法。

法蘭基的家長／第 58 週

兒子嘰嘰喳喳的講到簡直瘋狂的程度，有時他會停下來看著我，直到我有回應，然後他才會繼續講。上週，他好像在說「親親」，然後就真的給了我一個親吻，現在我付出了十倍的注意力；實在太可愛了。

亞當的家長／第 59 週

有些孩子會讓自己的玩具躺在角落的某個地方，試著弄明白小傢伙想做什麼嘗試，就算他未必能讓你的日子一直輕鬆如意也別放棄。他可能會想以和爸媽相同的方式來使用每一件真實的物品，如購物袋、放錢的錢包、電視機、收音機、清潔用具及化妝品等。

玩「假扮」遊戲

幼兒可能會喜歡扮演故事裡的角色，特別是當故事跟自己有關時。當他運用想像力，就可以實驗並假裝自己正在做一些「真正的事」。

喜歡聽故事、看故事

當孩子進入程序世界的飛躍期，他會被故事所吸引，你可以讓他看、聽電視及 YouTube 上的故事。當然能自己說故事最好，是否搭配故事書都可以，只要確定故事本身和他現在經歷的事情相關，或是符合他的興趣就好，對某些孩子來說，可能是車子，也可能是花朵、動物、水或絨毛玩具。請記住，這個年紀的小傢伙在故事上面的專注力大多只能維持 3 分鐘，所以故事要簡短、簡單。

當你們一起看繪本時，也請給孩子機會，讓他說自己的故事給你聽。

他也喜歡把故事演出來，特別是故事如果和他有關時。

> 兒子現在完全沈醉在電視的親子節目裡，這些表演非常有趣。之前他完全不感興趣！
>
> 凱文的家長／第 58 週

> 女兒能夠了解繪本裡面的圖片，她會告訴我她看到什麼，如看到書裡有孩子正在請其他孩子吃東西，她會說，「好吃」。
>
> 漢娜的家長／第 57 週

玩「對話」遊戲

很多孩子都是熱情的小話匣。他會把整個「故事」都告訴你，其中還夾帶問題、驚嘆及暫停，並期待你給他反應。如果你的孩子愛說故事，就算你還不能了解他說的是什麼，也請試著認真對待。如果你仔細聽，有時候還能聽出一個有趣的世界。

喜歡聽簡單、簡短的兒歌

很多幼兒都喜歡聽簡單又簡短的兒歌（最好在 3 分鐘內）。這類的歌曲也是程序，如果孩子喜歡音樂，現在他可能會想學配合歌曲的律動。

有些幼兒也覺得演奏自己的音樂很有趣。打鼓、彈鋼琴、彈鍵盤樂器、笛子似乎是孩子特別喜歡的樂器。不用說，大部分的幼兒都會喜歡成年人的樂器，不過，讓他玩玩具樂器還是比較妥當。

女兒喜歡玩《Pat-a-cake, Pat-a-cake, Baker's Man》（做蛋糕、做蛋糕，蛋糕師傅），唱著連她自己都不了解的歌。

珍妮的家長／第 57 週

《Itsy-Bitsy Spider》（小小蜘蛛）是目前為止女兒最喜歡的歌。在配合的第一個手勢裡，她還無法把手指頭擺到正確的位置上，所以我不確定她一開始想怎麼做，但是現在我知道了，我們整天一起唱，她把自己的手勢加進去。

茉莉的家長／第 58 週

女兒很愛她的玩具鋼琴。她通常會用一根手指彈，然後聽聽自己弄出來的聲音。她也喜歡看爸爸彈鋼琴，然後，她會走到自己的小鋼琴邊，用兩隻手在上面叮叮咚咚的一陣猛彈。

漢娜的家長／第 58 週

爸媽可以這樣做

💡 為幼兒的幫忙感到高興

當你注意到孩子想出手幫忙時，就給他機會吧！他正要開始了解你在做什麼，並學習做他的部分。

> 女兒什麼都想幫忙。像是幫忙提買回來的雜貨、把抹布掛回原位、把餐巾布和銀製餐具放到桌上等。
>
> 艾蜜莉的家長／第 62 週

💡 教導幼兒等待

幼兒現在可能會了解，你正處在某個程序中，像是正忙著洗碗或是收拾打掃時。當你注意到幼兒開始了解後，你就可以要求他考慮到你，學習稍微等待，如此你才能把手上的事情完成。不過，無論如何，別期待這個年齡的孩子能等太久。

> 女兒知道蘋果汁和牛奶屬於冰箱，餅乾屬於櫥櫃，所以她會去開冰箱的門拿飲品，也會直接開櫥櫃的門拿餅乾的鐵罐。
>
> 珍妮的家長／第 57 週

💡 容許幼兒找出
有創意的解決方式

讓幼兒在某個程序，或是相同的程序中嘗試多種不同的做法。幼兒可能知道某件事該怎麼做，不過特別有創意的孩子就會想出不同的方式，並達成相同的目標。他會持續嘗試，看看事情是否能以不同的方式進行，不管是失敗，還是被禁止，他總會尋找是否有方法能解決問題。他不屈不撓，勇於創新。

> 湯瑪士開始自己的「程序」了。就在最近，他已經會把遙控器撿起來，瞄準電視，也會把手臂朝電視伸過去。另一個例子是，當爸爸在書房，而湯瑪士想進去玩電腦時，他會搖晃安全門並挑出一套電腦遊戲。他知道爸爸怎麼啟動遊戲，所以當爸爸檢查郵件時，他就會生氣，因為他干擾到他的「電腦遊戲程序」。
>
> 湯瑪士的家長／第 58 週

兒子在堆積木時，會突然搖頭說「不行」，然後開始用不同的方式來堆疊。

凱文的家長／第 55 週

女兒想從櫃子裡拿東西出來時，會把她的小火車頭拿出來墊腳。從前她都是用自己的小椅子。

珍妮的家長／第 56 週

我問女兒需不需要小馬桶時，如果她真的有需要就會說「要」。她尿完後會把小馬桶帶到廁所沖掉。有時候，她會坐下，再站起來，在小馬桶旁邊尿尿。

珍妮的家長／第 54 週

兒子想要按照自己意思行事時，會躺在地上讓我的手摸不到，這樣我就得彎下身子才碰得到他。

麥特的家長／第 56 週

小提示　請牢記！

破除舊習慣、設立新規則也是學習運用新技能的一部分。你只能要求幼兒遵守他能了解的新規則，不能過多，但也不要少。

💡 讓幼兒進行實驗

有些幼兒做起實驗沒完沒了，你或許能看到他執行下列的程序或實驗：玩具如何著地、滾動，以及彈跳？小愛因斯坦可以不斷做實驗，而且似乎可以永遠持續下去。例如：他會選擇不同的娃娃，讓它掉在桌上 25 次，之後再用各種積木重複 60 次。

除非他了解目的且有目標，否則他對於整理形狀完全不感興趣。他會不斷的把幾張紙、一些小塊的食物，以及小的薄袋子塞進冰箱下面的縫隙好幾天，直到我發現他的祕密藏寶地點。

傑姆的家長／第 56 週

　　如果你看到自己的孩子在實驗，就讓他繼續吧！這是他利用非系統性方法對物品特質進行測試的方式，他正在觀察這些物品是如何著地、滾動以及彈跳？而這項資訊以後會被運用在他下決定的時候。幼兒不是只會玩，他工作得很努力，常會花很長的時間來發掘世界運作的方式。

　　丹恩能堆兩塊磁力積木，或許還能更多。他或許可以堆疊出一個塔，不過他不感興趣，反而喜歡把一個積木放在另一個上面，以研究積木是如何扭轉以及翻面的？我盯著他，想看看他是不是能了解自己在做什麼？他似乎在玩磁力遊戲。他一手拿一個積木，並將兩塊積木放在一起滑動，然後再拉開，不斷重複。他已經發現，當兩塊積木相隔太遠時，是沒有吸力的。

丹恩的家長／第 56 週

　　路克可以整天都在看別人做事情，特別是爸爸。他看爸爸走路、轉身、觸摸物品等。他尤其喜歡看他爸爸怎麼玩他的玩具汽車，然後路克就會模仿，試著做出相同的事。他會研究物品是怎麼運作的，他非常冷靜、謹慎，似乎完全沉浸在正在進行的事情中，他實在太專注了，所以你和他說話，他也聽不見。

路克的家長／第 56 週

POINT
為生活中的「驚喜」做好準備！

　　有些孩子在創新及嘗試以不同方式取得相同成果上，特別有創意。這對父母來說可能非常累人。

☑ 他會持續不斷的嘗試，以測試事情是否能以其他方式完成。

☑ 無論是失敗，還是被禁止，他總會尋找是否有方法能解決問題或做被禁止的事。

☑ 對他來說，同一件事情用重複的方式做事很無聊，用不同的方式做似乎是種挑戰。

💡 對幼兒「非理性」的恐懼表示理解

當小傢伙忙著探索新世界時，可能會遇上一些還無法完全理解的事，因此會感到恐懼。一路上，他會發現新的危險，甚至是他從未想像過會存在的危險，他還無法談論這些；當他對新世界有更進一步的了解後，恐懼才能消失，所以你要多了解他一點同時富有同情心。

> 突然間，當床上的燈一亮，兒子就嚇到了，或許是因為燈照得太亮了。
>
> 保羅的家長／第 57 週

> 女兒有點怕黑。她不只在黑暗中會感到害怕，從亮的房間走到暗的地方也會怕。
>
> 珍妮的家長／第 58 週

> 我吹氣球的時候，兒子感到害怕，他不了解為什麼氣球會變大。
>
> 麥特的家長／第 58 週

> 當氣球消風時，女兒似乎被嚇到了。
>
> 伊芙的家長／第 59 週

> 兒子怕極了音量很大的噪音，像是噴射飛機的聲音、電話鈴聲，以及門鈴響。
>
> 鮑伯的家長／第 55 週

> 我女兒很害怕以極快的速度逼近的物品，如在她頭部四周拍打著翅膀的小鸚鵡、試圖飛奔過來抓住她的哥哥、快速前進的遙控汽車等，速度都太快了。
>
> 艾蜜莉的家長／第 56 週

> 兒子拒絕進入大浴缸。不過如果在大浴缸裡面放個嬰兒浴缸他就願意坐進去。
>
> 法蘭基的家長／第 59 週

第 **8** 次飛躍紀錄表 | **各種程序的世界**

🔍 你喜歡的遊戲

這是一些你家學步兒現在可能會喜歡的遊戲和活動，對他練習最近正在發展中的新技能有幫助。

✏️ 填表說明

勾選幼兒喜歡的遊戲，比對「你的發現」，看看你是否能找出這次飛躍中，幼兒最感興趣的物品和他喜歡的遊戲間是否有關連？

自己完成一項工作

很多幼兒都喜歡被允許單獨做只有成人能被允許做的事，把水潑得亂七八糟就是其中最受歡迎的一項。大多數的幼兒，特別是較活潑的孩子在玩水的時候都會平靜下來，放行讓孩子試試看，不過務必記住，絕對不可以讓幼兒獨自待在水中。

☐ **幫洋娃娃洗澡**

在嬰兒浴缸或是淺盆裡放些微溫的水，給孩子一條乾毛衣和一塊肥皂，讓他幫娃娃或塑膠玩具洗澡。先抹上肥皂泡，再搓揉，幫洋娃娃洗頭髮是很受歡迎的活動。當他洗好之後再把乾毛巾給他，請他幫娃娃擦乾，否則毛巾最後一定會泡到水裡。

☐ **清潔騎乘玩具**

把孩子的腳踏車或騎乘的玩具放到戶外適合玩水的地方。給他一桶有肥皂泡的溫水，以及刷子或抹布，讓他清洗自己的腳踏車或騎乘玩具。你也可以給他水壓小的水管，讓他可以把肥皂泡沖洗乾淨。

家事小幫手

雖然幼兒都還不能自己獨立做家務，但他可以當你的幫手。他最喜歡和你一起準備晚餐、佈置餐桌、採買生活雜貨。不過，他一幫忙，你要花的時間就更多了，而且他還可能因為要嘗試新的技能，而把環境搞得一團亂，讓你的工作量變更大，但他卻能從中學到很多事物。當他幫助你做重要的家務事時，他會覺得自己是大人了，並且感到滿足。

☐ 清洗碗盤

幫孩子繫上圍裙，請他站在小椅子上。在水槽裡放入微溫的水，把洗碗海綿和一組不怕幼兒擺弄的餐盤交給他清洗，像是塑膠盤、杯、蛋架及木製湯匙和各種濾網和漏斗。水上的一層厚泡泡會讓他更願意工作。請務必確定，他所站的椅子不會因為濕了就變滑，讓忙碌的幼兒因為太熱心工作而腳滑站不穩。接著站到他後面，讓他盡情玩耍。

☐ 打開包裝並放置好

先把易碎品和危險的物品拿走，然後讓你的小幫手幫忙打開生活雜貨的包裝。你可以讓他把物品一件一件遞給妳，隨他挑選。又或者，你可以要求他，「請你把衛生紙拿給我，或現在請給我牛奶。」你也可以問他某項物品要放在哪裡？最後，當物品放置好時，請他幫你關上櫥櫃的門。多鼓勵並謝謝他，在做完所有的「工作」後，幼兒會喜歡來一分好吃的點心和飲料。

尋寶遊戲

現在你可以把遊戲設計得比從前複雜了。當孩子情緒對了的時候，通常會喜歡展示自己的才能，調整步調配合孩子，讓遊戲不會難到做不到，也不會過於簡單。

☐ 玩具在哪個杯子裡？

在孩子面前放兩個倒扣的杯子，在其中一個裡面放一個小玩具，接著移動杯子，將兩個杯子的位置左右交換。移動時，確定孩子有仔細觀察，鼓勵他把玩具找出來。孩子每次嘗試要找玩具時，都給他讚美。這個雙重藏寶遊戲遊戲對孩子來說真的非常複雜。

☐ **聲音從哪裡來？**

　　許多幼兒都愛尋找聲音的來源。把你的孩子抱在膝上，讓他看、聽一個會發出聲音的物品，如音樂盒。把他的眼睛蓋起來，請另一個人幫忙把音樂盒藏起來（確定小傢伙沒看到所藏的位置），並鼓勵他找出來。

 你喜歡的玩具

☐ 木製積木火車。

☐ 洋娃娃（特別是能放入水裡的）、娃娃的小推車和小床。

☐ 農莊、農場的動物和圍籬。

☐ 車庫和車子。

☐ 有軌道和山洞的火車。

☐ 打不破的茶具組。

☐ 水壺、鍋盤和木製湯匙。

☐ 電話、手機。

☐ 可以嵌合的益智積木或大塊的益智積木。

☐ 能自己坐上去的腳踏車、玩具小車、小馬或火車頭。

☐ 可以推著走的手推車，能用來運送各種物品。

☐ 搖擺木馬或搖椅。

☐ 有不同形狀的積木和形狀盒。

☐ 可以堆疊的杯子。

☐ 桿子和可以層層套上去的環。

☐ 抹布、迷你掃帚、畚斗和刷子。

☐ 彩色的海綿，洗澡時可以擦洗還可以玩。

☐ 大張的紙和簽字筆。

☐ 內容中有動物以及幼獸，有孩子做熟悉的事物，或者有車子、卡車和引曳機的書。

☐ 樂器，像玩具鼓、玩具鋼琴及和手搖鈴。

 POINT

孩子選擇了哪些項目？

　　所有幼兒現在都獲得了認識以及實測程序的能力，而各種範圍廣泛的新技能也隨之開啟，讓他能掌握。你的孩子會選擇自己最感興趣，也最偏好的事情做。在 54 ～ 60 週間，他會選擇最符合他的傾向、興趣、體格以及體重的事來做，不要拿你家孩子和別人家的相比，因為每個孩子都是獨一無二的。

　　仔細觀察幼齡的孩子，看看他的興趣在哪裡。在「你的發現」中有空格可以讓你把其他的興趣寫下來。你可以多找找，看看是否還有其他孩子會喜歡的事。

你的發現

　　下面是一些幼兒從現在開始可能會展現出來的技能範例。請記住，孩子不會做完所有的項目。這張表上有些項目，你在看到時可能會感到驚訝，然後對自己說：「不會太早了點嗎？」是的，沒錯！如果從能完美展現技能的角度來看，的確如此；但情況是：這些技能在展現出來時可能還非常粗淺，所以你很容易沒注意而錯過。舉例來說，故意用布在地板上胡亂抹，雖然只用了幾秒，動作也很小，但在孩子心理，他就是在擦地板呀！重要的不是擦地本身，而是他在執行程序時，嘗試去做，如果他覺得自己在擦地，那麼他就是在擦地。父母應該著重他的意圖，而不是最後的結果。

填表說明

- **飛躍開始前**：現在孩子已經從嬰兒長成幼兒了，你會發現要完成紀錄表的難度提高了。程序就算沒數千種，也有數百種，這裡只能列出最常見的一小部分。因此，先了解程序是什麼很重要，這樣你才能分辨程序中各式各樣的模式和變化。

- **飛躍開始後**：經常回頭參考這張紀錄表，並記住，你要找的未必是和表上完全一樣的技能，下面的表裡只是列舉出經常出現，而是你也曾做的和這些類似的動作。

　（註：紀錄表內的我表示父母，你表示幼兒。）

幼兒大約是在這時開始進入飛躍期：_____ 年 _____ 月 _____ 日。

在 _____ 年 _____ 月 _____ 日，現在飛躍期結束、陽光再次露臉，我看到你能做到這些新的事情了。

你的發現 ▶▶▶ 獨立開始程序　　　　日期：＿＿＿＿＿＿

- ☐ 拿出掃帚或撢子，試著掃地或清灰塵。這只是一個動作，實際上沒清理作用，但是你嘗試了，而且意圖很清楚。不管是不是有意要清掃，你經常會把範圍內能摸到的任何一條抹布抓著。
- ☐ 會把想拿走的各種物品都拿來交給我。
- ☐ 會去拿餅乾罐，希望能休息一下，喝下午茶。
- ☐ 如果鞋子在拿得到的範圍，你會把鞋子和購物袋拿來給我（意思是你想出門購物）。
- ☐ 會把桶子和鏟子拿出來（意思是你想玩沙坑）。
- ☐ 拿狗鍊子出來是表示想出門溜狗。
- ☐ 你會把衣服拿出來，試著穿上。你還無法自己穿好，但會想把手能搆得到的衣服拿出來。
- ☐ 其他由你開始的程序，開始的方式以及什麼時候開始：

_____

你的發現 ▶▶▶ 開始參與程序　　　　日期：＿＿＿＿＿＿

- ☐ 在我清掃時，你會把靠枕從椅子上丟過來，想幫我。
- ☐ 我結束清潔時，你會試著把桌巾放回去。
- ☐ 會把一些物品或食品放進正確的櫥櫃裡。
- ☐ 當我佈置餐桌時，你會把自己的盤子、餐具和餐墊拿過來。
- ☐ 吃完主餐後，你會很清楚的告訴我，甜點時間到了。例如：如果是冰淇淋，你會說，「冰」。
- ☐ 會把湯匙放進杯子裡，開始攪拌。
- ☐ 會抓一樣我剛買的物品，想自己幫忙提。
- ☐ 我幫你穿衣服時，你會試圖自己穿上，或是當我把你的腳放進褲管時，你會自己拉褲子。會試著把腳伸進拖鞋裡。
- ☐ 會在我的手機上選擇自己最喜歡的應用程式。
- ☐ 知道想開電視要按哪一個按鈕。
- ☐ 其他你有參與的程序，開始的方式以及什麼時候開始：

_____

你的發現 ▶▶▶ 能在監督下執行程序　　　日期：_____

☐ 當我下指令，請將某個形狀積木放進對應的形狀孔裡時，你能將該積木投入正確的形狀盒裡。

☐ 當我要求或是你有需要時，會去使用小馬桶。你還會自己把小馬桶拿到浴室，或是幫我一起拿（如果會走路的話），然後你會沖馬桶。

☐ 當我下指令時，你會把紙筆拿出來「畫圖」。

☐ 以下是一些你在監督下能執行的程序例子：

....

....

你的發現 ▶▶▶ 能獨立執行程序　　　日期：_____

☐ 會嘗試餵洋娃娃或是絨毛玩具吃東西；你會模仿我餵你的程序。

☐ 會嘗試幫洋娃娃洗澡，用的是模仿我幫你洗澡的程序。

☐ 自己坐上小馬桶上廁所時（有時是在你開始上了以後），會試著把你的洋娃娃抱上去。

☐ 不用特別幫忙（或不必太多幫忙）就能把盤子上的食物吃光；做這件事情時，你喜歡像大人一樣很有禮貌的坐在桌邊。

☐ 從袋子裡面自己拿葡萄乾／_____出來吃。

☐ 能堆高積木，至少能疊 3 個。

☐ 覺得我的手機很有趣。有時候你會去按螢幕，開始說話，然後再說「掰」，最後把電話放下，結束「對話」。

☐ 會根據自己選擇的「路線」爬行穿過房間。你在改變方向前，常會指出你想先走哪個方向。你會選擇「路線」，然後從椅子和桌子底下爬過去，穿過一些小隧道。

☐ 會帶著玩具汽車或火車爬行穿過房間，然後嘴裡說「嘟嘟」。你爬行時會走各式各樣不同的路徑：從椅子和桌子底下走，或是從沙發和牆面之間的空隙中走。

☐ 現在找得到物品了，那些我藏起來了，而你看不見的。

🔍 你的發現 ▶▶▶ 觀察別人執行程序　　　日期：＿＿＿＿＿＿

☐ 會在電視上、電腦上或筆記電腦上看兒童節目，而你專注在節目上的時間大約在 3 分鐘左右。

☐ 會聽適合你年齡時間短、情節簡單的故事，長度不能超過 3 分鐘。

☐ 會對圖片發生的事表達理解。舉例來說，當你看到圖片中的孩子或動物正在吃東西，或是有人給他吃東西時，你會說：「好吃」。

☐ 當我和你的洋娃娃或絨毛玩具玩的時候，你會在一旁看及聽。舉例來說，在我餵它、幫它洗澡，或幫它穿衣服及跟它說話，並且讓它「回應」我的時候。

☐ 當年紀大一點的孩子用玩具來執行某個程序時，你會去研究。例如：你會去研究帶以下物品的孩子：

　☐茶具組
　☐車子和車庫
　☐洋娃娃和娃娃的小床
　☐其他：

　..

　..

☐ 當我正在執行某種程序時，你會研究我。例如：

　☐穿衣服
　☐吃東西
　☐烹飪
　☐做手工藝
　☐敲鎚子
　☐打電話
　☐其他：

　..

　..

💡 幼兒不可能完成所有活動！

這個飛躍的第一階段（難帶）和年齡相關，而且是可以預期的，會在大約 49 ～ 53 週間出現，大部分的幼兒是在預產期後的 46 週開始。你家幼兒在程序世界的飛躍中獲得的能力會啟動全範圍技能與活動的發展，大部分的幼兒是在預產期後的 55 週開始這次飛躍的第二階段（飛躍）。

話雖如此，每個小孩第一次展現新技能和活動的年齡有很大的差異。舉例來說，要能「洗碗盤」或「用吸塵器吸塵」，認識程序的能力是必要的先決條件；但正常來說，這項能力通常是在大約 55 週到好幾個月之後才會出現。

這項心智能力出現的年齡，以及實際上第一次真正能做事的年齡會因幼兒的喜好、進行實驗的慾望，以及身體的發育程度而有所不同。在本書中所列的技能和活動，都是該項能力可能出現的最早發生年齡（但是未必會在該時間出現），所以你可以仔細觀察並辨認（出現時可能還發展得不完整，比較粗淺），以讓你能對幼兒的發育進行回應，並給予協助。所有的幼兒在大約相同的年齡都會獲得相同的能力，但是他選擇做哪些項目、什麼時間做，卻是不一樣的。因此，也讓每一個孩子都是獨一無二的。

隨和期：飛躍之後

在 58 週左右，大多數的幼兒就沒之前那麼麻煩了。有些幼兒會因為說話親切友善而特別受到歡迎，有些則是因為幫忙做家事時可愛無比的熱忱而特別受到喜愛。大多數的孩子開始較少透過亂發脾氣的手段來讓事情依自己的意思進行。簡單說，他的獨立和愉快的態度讓他能再次堅持自己的主張。不過，由於他新的活潑態度與活動力，可能會讓父母覺得自己的小傢伙還是有一點難搞。

女兒個性細緻講究。每件物品都有屬於自己的小地方。如果我做了改變，她就會注意到，並且把東西放回原位。她走路時也不必扶東西了，她會高興的直接走過房間。我之前還曾經擔心她學走的速度呢！

艾蜜莉的家長／第 60 週

現在兒子跑起來像風，在整間家裡亂跑，他也做了很多不應該做的事。他不斷的把杯子、啤酒瓶和鞋子拿走，我才稍微沒注意到他，很多東西就進垃圾桶或馬桶。我如果罵他，他就非常傷心。

法蘭基的家長／第 59 週

女兒再也不玩她的玩具了，甚至連看都不看一眼。對她來說，觀察、模仿並加入我們的行列更有吸引力。她變得大膽積極。想出門時，會去拿自己的外套和袋子，有的東西需要清理，她會去拿小掃帚。她突然之間便長大了許多。

妮娜的家長／第 58 週

兒子在遊戲欄裡又變得很開心了，他有時候根本不想被抱出來，而我也不必再一直陪他玩。他會自己找事情忙，特別是跟他的玩具車和拼圖，現在的他愉快多了。

保羅的家長／第 60 週

女兒真是個可愛的小女孩，她常開心的玩及說話。亂發脾氣似乎是過去的事了。不過，我最好祈求上蒼庇佑。

艾席莉的家長／第 59 週

第 9 章

第 **9** 次飛躍式進步

進入原則的世界

學習規則

神奇的第 64 週

（約 1 歲 4 個月）

在第 8 次飛躍式進步中，小傢伙已經了解「程序」的觀念了。日常生活中飲食、購物、散步、玩遊戲，和家務等程序對孩子來說似乎已習以為常。有時他甚至會跟著你做，不過有時也可能會想抓住機會，向你展示他的能力。

不過，你的小幫手對於如何做家務，可能會和你稍有歧見。例如：他會用一條繩子「吸塵」，用地毯「抹地」，甚至會將布放進自己嘴裡用口水沾濕。他可能會身邊所有的物品（任何物品）都排除到一個特別的、不會擋他路的地點，如馬桶、垃圾桶或是洗衣籃裡，並驕傲的返回你身邊，要你稱讚他將雜亂的物品都收拾好了。

身為成人，你有經驗上的優勢，可以因應變化調整，你可以改變做事情的順序。如購買食品雜貨時，你可以選擇人潮少的生食攤先買，而不是加入熟食攤的排隊人龍；在準備餐食、佈置餐桌時，你會依照時間是否充裕、邀請的人數及需求來採取不同的策略。如果有人詢問你的意見，你會考慮問話的人之後再做回答；或者你也會根據自己的情緒，或至少你希望情緒的走向來調整。

你可以視情況來進行選擇，並因周圍的人進行調整，同時你會分析周遭的情勢，判斷後再做決定；從最簡單的層面上來說，你知道要做什麼，以及怎麼做才能達成目標。因此，你的程序既有彈性又自然。

與你不同，你的小幫手會受到一些特定嚴格慣例的束縛，這些都是他天性中的一點習慣性特質。他在複雜的程序世界中還是一個初學者，還無法調整執行中的程序以適應不同的環境，要熟悉還需累積幾年的經驗。

你的小天使將進入他的第 9 次飛躍，要開始學習如何以更好的方式來處理特定的情況了。他會在原則的世界降落，大約在 64 週左右，也就是接近 15 個月大時，加緊腳步去嘗試新事物。

在大約 61 週、14 個月大（59～63 週）時，你的小傢伙開始注意到他的世界正在發生變化，新迷宮正在改變他的世界。一開始，處理這些變化對他來說是項困難的工作，他必須在這個新發現的混亂世界中重新建立次序順位。因此，他會回到熟悉的環境，再次尋求你的懷抱。

難帶階段：神奇飛躍開始的信號

許多父母會抱怨，很少聽見孩子笑了，只看見他「認真」或「悲傷」。悲傷發生時通常無法預期且很短、沒有明確原因，小傢伙可能會惱怒不安、沒耐心、感到挫折或生氣。例如：若他覺得爸媽沒有任他擺佈、不了解他說或想要的事物，又或者糾正他說，「不可以！」時。此外，這種脾氣也可能發生在他堆的積木倒了、椅子拉不動，或是他自己撞到桌子時。

簡單說，你正在迎接難帶期的回歸，而難帶期的特徵就是 3C（愛哭、黏人以及愛鬧脾氣），以及其他幾個典型的特徵。這段期間對幼兒來說很難熬，但是對你來說何嘗不是？你可能會憂慮、惱怒、不耐煩，並且處在壓力下。

> 這週，他哭得很兇。為什麼呢？我也不知道。他會在沒人預料到時大哭。
>
> 蔓雷格利的家長／第 64 週

幸運的是，這次不會持續太久，幼兒很快就會再度成為家裡的陽光。他的新能力會有所突破，你將會看到他展現各式各樣的新能力。

> 如果她沒得到我的注意，就會趴在地上大吼大叫。
>
> 荷希的家長／第 62 週

如果你注意到幼兒比平時難帶，那就要密切觀察，他是否在嘗試掌握新技能，請參考第 9 次飛躍紀錄表中的「你的發現」，看看要注意些什麼。

> 他真的很拼命。如果他沒能在第一次就把事情做對，就會發脾氣，或是把東西丟得到處是。
>
> 蔓雷格利的家長／第 66 週

如何得知幼兒已進入難帶階段？

除了 3C（愛哭、黏人和愛鬧脾氣）之外，幼兒還會出現一些其他徵兆，讓你知道他要進入下一次的難帶期。

是否比之前更黏你？

多數的幼兒大部分時間都會使盡所有手段，盡量靠近爸媽（在蠻長一段時間裡會是他的行為動機）。當幼兒長大一點，對父母的親密形式會改變：不再是貼近的肌膚接觸，只要保持某段距離內的接觸，他就滿足了。他會把「在距離內頻繁的和你進行目光接觸」變成一種遊戲，這對於邁向獨立來說，是相當重要的一步，和年輕人在在遇上危機時，只要和住在遠方的父母通個電話就會滿足的情況大致相同。不管怎麼說，這個階段的幼兒，很多行為還是跟幼嬰一樣。

變得更怕生？

有陌生人在時，大多數的孩子都不想離開父母身邊，有些似乎還會想爬回父母身上。他不想被其他的人抱，爸媽是唯一被容許碰他的人，有時候，爸媽是唯一能夠跟他說話的人，偶爾甚至連爸爸都不行。通常來說，他似乎是嚇壞了，你有時候會以為他正變得害羞怕生。

他老是拖著玩具，跟在我後頭。如果我站直或是坐下，他就會在我腳邊，甚至在我腳下玩。我覺得快累垮了。

凱文的家長／第 62 週

他很愛近距離吸引我注意，只要對到眼就行。他會因我們的關係親密而興高采烈。

路克的家長／第 63 週

這週，他一直黏著我，如同字面上的意思，他爬到我的背上、扯我的頭髮、貼著我往上爬。他會坐在我兩腿中間，緊緊夾著我，讓我一步也走不了。他一直把這當成遊戲，讓我無法表現出不耐煩。這時就順了他的意了。

參特的家長／第 65 週

就算是爸爸想親近她，她也會把頭撇開。當爸爸把她放進小浴缸時，她開始尖叫，她現在只想跟我在一起。

荷希的家長／第 64 週

💡 一刻也不想中斷和你身體接觸？

小孩子通常不想拉開自己與爸媽間的距離。如果有人要離開，那麼也只能是他自己，爸媽必須留在原來的地方，完全不能移動。

💡 比以前更常要求陪玩？

大多數的幼兒都不喜歡自己玩，而想要和爸媽一起玩。如果你不陪他玩，並且走開時，他就會跟在你後面。這種行為表達的意思是：如果你不想跟我玩，我就一直黏著你。若你是家管，你的工作通常在家裡進行，對於孩子來說，家務事可是非常受到歡迎的遊戲（雖說不是每個孩子都一樣）。有些聰明的小傢伙會想出新的策略，用遊戲的手法或滑稽好笑的事來引誘你玩，讓人很難抵抗！雖然會耽誤工作，不過你卻願意假裝無視忙，陪他玩一下。你的幼兒已經漸漸長大了呀！

📢 我只要走出房間，留他跟其他人在一起，他就會哭。我去廚房，他也哭，尤其是今天，他怎麼也不願離開我身邊，雖然他奶奶就在房間裡。他和奶奶很親，每天都會見到。

法蘭基的家長／第 63 週

📢 她很少獨自玩，一直跟在我後面打轉。她想看看我在屋子裡面做什麼？還會把鼻子湊上去。

珍妮的家長／第 64 週

📢 我白天把兒子放在托兒中心時，他生氣了。我去接他回家時，他一直無視我，彷彿我不存在。不過，當他氣消後，行為舉止就很甜，他把頭靠在我肩膀上依偎著。

馬克的家長／第 66 週

📢 他幾乎都不想自己玩了。一整天，他就是騎馬，而我就是他的馬！我的腦子一直想，我不是在上體育課吧？我的時間被他的可愛小花招占滿了。

麥特的家長／第 65 週

💡 孩子會嫉妒？

有時幼兒的身邊有別人時，會特別想要父母的關注，尤其是身邊有其他孩子時，否則他就會沒有安全感。他想要爸媽在身邊，而且他必須是爸媽注意力的中心。

💡 脾氣陰晴不定，喜怒無常？

有些父母會注意到小變色龍真是瞬間就變臉。上一刻鐘還一臉陰霾，下一刻鐘就滿臉笑容；上一刻鐘還很惹人憐愛，下一刻鐘就氣得把桌上的杯子掃掉、難過的掉眼淚，諸如此類不勝枚舉。正在和自己鬧彆扭的孩子會嘗試做出很多不同形式的行為來表達自己的情感，你可以說，他正在為青春期做準備及練習。

💡 是否睡不好？

大多數的小傢伙都會睡得比之前少。他不想上床睡覺，上床時間到了還會哭，甚至白天也一樣。有些父母表示，孩子整個睡眠模式都改變了，孩子白天似乎正要開始從一日 2 次小睡變成 1 次，雖說孩子還是會入睡，但父母則得不到任何休息。有些睡不好的孩子睡覺時會哭，或是經常醒來，一副很無助的樣子，他顯然在害怕，有時如果被安撫，還是可以再次入睡。有些則只有媽媽陪著一起睡，或是占據了爸媽的大床才會繼續睡。

> 當我旁邊有別人時，兒子會特別想要我的注意力，其他孩子在場時候情況尤其明顯，他會嫉妒。如果我說，你該自己玩了，他還是會在我身邊繞來繞去。
>
> 湯瑪士的家長／第 61 週

> 她在臭臉和笑臉、黏人和獨立、認真到傻乎乎、任性到乖巧聽話間切換。這些不同的情緒翻來覆去的轉變，好像怎麼變都正常，瞬間變臉是家常便飯。
>
> 茱麗葉的家長／第 62 週

> 她變得又黏又煩人，上床時間到了還會想咬人，她似乎不想自己睡。我費些功夫安撫，在哭鬧一陣後，她終於睡著了，不過我心力交瘁。昨天晚上，她睡在我們中間，一隻手一隻腳在她爸爸身上，另一隻手和另一隻腳則在我身上。
>
> 愛蜜莉的家長／第 64 週

> 上一刻鐘，他調皮搗蛋，下一刻鐘，他就變成模範幼兒；上一刻鐘，他打了我，下一刻鐘，就親我了；上一刻鐘，他堅持什麼都他自己做，下一刻鐘就露出可憐兮兮的模樣，要我幫忙。
>
> 馬克的家長／第 65 週

如果她夜裡醒來，就會把自己緊緊壓在我身上，好像很害怕的樣子。

珍妮的家長／第 62 週

這週已經有兩次了，他醒來時痛苦的尖叫、全身冒冷汗、完全處在驚慌狀態。他用了半個小時才停止哭泣。實際上，無法安撫，這種事之前從未發生過。我注意到，他花了好一會兒才能再次放鬆。

葛雷格利的家長／第 62 週

他夜裡通常會再次醒來，想要吃奶，這是一種習慣還是真的需要呢？我猜應該是他想常被餵。同時我也在想，我是不是太少讓他倚賴我了。

鮑伯的家長／第 63 週

我注意到，他相當的安靜，坐在那裡，眼光發直。他之前從未做這樣。

湯瑪士的家長／第 63 週

他又經常用爬的了。

路克的家長／第 63 週

夜裡會夢魘？

許多幼兒比之前更常發生夢魘。他有時會難過的醒來，有時則害怕或驚慌的醒來，更有時候會非常挫敗、生氣或是發脾氣。

會安靜放空？

有時候，小傢伙會坐著，凝視遠方。這是做「白日夢」的時候。

胃口不好？

許多幼兒在吃的時候會很挑剔，有時候甚至會跳過一餐不吃。孩子如果不好好吃，父母就會覺得難以應付，於是就給了幼兒他需要的注意力了。無論如何，親餵的幼兒似乎會出現想頻繁被餵的情形，但只要吸了一點，他就會把乳頭放掉，四處張望，或只想把乳頭含在嘴裡，根本不吸。畢竟，他已經在自己想待的地方了：和媽媽在一起。

是否再次變得孩子氣？

你家的幼兒可能似乎又倒退回幼嬰時期了。雖然情況並非真的如此！由於這個年齡的孩子能夠做的事非常多，所以退步看起來就顯得更明顯，黏人階段的退步代表進步即將到來。

💡 出現超乎尋常的撒嬌行為？

有些父母抵抗不了孩子慷慨的擁抱、親吻，或一連串寵愛行為的誘惑。小傢伙當然也注意到了，將深情款款的撒嬌工作做的很上手。

💡 比之前常抱絨毛玩具？

有時候，幼兒他會依餵衣服、絨毛玩具，以及任何柔軟的物品，尤其在爸媽忙碌的時候。

💡 是否會惡作劇？

很多幼兒會故意做出惡作劇的行為。頑皮是獲得注意的完美方式，如果打破物品、弄髒自己或將家裡搞到天翻地覆，或者有危險，爸媽就會找上他嘮叨一頓。這是一種隱晦獲得「爸媽補充丸」的方式。

💡 常常亂發脾氣？

許多幼兒比父母之前覺得更容易暴躁、生氣、出現各種性急的情況。只要事情沒照他的意思進行，或他第一時間沒將事情處理好，或是沒人聽明白他的意思，又或是完全沒有任何明顯理由，小傢伙就會在地上滾來滾去，又踢又叫。

> 如果時間算準，在她需要尿尿時問她，她一般都會自己去上小馬桶，不過現在她又倒退回只用尿布的時期了。她好像完全忘記該怎麼做了。
>
> 珍妮的家長／第 62 週

> 她有時真的深情款款，用一隻手環著我的脖子抱著我、把臉貼到我的臉頰上、摸摸我的臉、親吻，甚至會摸我外套上的毛領還親它。她之前從未有過這樣充滿愛意的表現。
>
> 妮娜的家長／第 65 週

> 她會故意不乖，把手很準確的放在明知不能放的地方。她會去搖晃樓梯閘門（已經被弄壞），還把鉤針從我編織的毛線中抽出來，就為了引起我的注意。
>
> 薇洛的家長／第 65 週

> 她第一次亂發脾氣。起初，我們以為她長牙了，所以牙痛不舒服，但她卻跪下來開始尖聲大叫、發起脾氣。
>
> 荷希的家長／第 63 週

紀錄情況

🔍 **第 9 次飛躍徵兆表 》》》**

　　下面是幼兒讓父母知道飛躍已經開始的方式。請記住，這張表是會出現的行為特徵，但未必全部出現，重點不在於他做了幾項。

☐ 比之前更愛哭。
☐ 比之前更任性、愛鬧脾氣。
☐ 比之前容易煩躁不安。
☐ 一會兒高興，一會兒哭。
☐ 比之前更想要人陪玩。
☐ 很黏我，可以的話會黏一整天。
☐ 現在想和我更靠近。
☐ 表現出乎尋常的撒嬌行為。
☐ 有時很明顯在惡作劇。
☐ 比之前更常亂發脾氣或耍性子。
☐ 會嫉妒。
☐ 比之前更怕生。
☐ 如果我中斷和你的身體接觸，你就會清楚讓我知道，你不想離開。
☐ 睡眠不好。
☐ 比之前更常出現夢魘。
☐ 胃口變得不好。
☐ 比之前更常呆坐著，安靜的做著白日夢。
☐ 會找或是比之前更常找絨毛玩具來抱。
☐ 比之前更像幼嬰。
☐ 抗拒穿衣服。
☐ 我還注意到你：

....

父母的憂慮和煩惱

💡 你可能失去耐心！

6個月之前，父母對於幼兒黏人、哼唧抱怨以及挑釁的行為還很擔心，但現在卻只會感覺惱怒、失去耐心。雖然身邊有個執拗、愛抱怨，以及讓人一肚子火的幼兒不是一件簡單的事，但是別忘記，他在這次飛躍，過得比你更艱難啊！

> 📢 有時我在忙著處理事情時，他會要我抱他，這讓我感到困擾。我嘗試用簡單的字彙跟他解釋為什麼我不能抱他。真的有用！
>
> 萬雷格利的家長／第 65 週

> 📢 他裝做沒聽見我說話時，我就會相當擔心。所以我讓他轉過來面對我，這樣他就必須看著我，聽我說話。
>
> 泰勒的家長／第 65 週

專欄 靜心時刻 • • • •

教養學步兒時，你很容易就會忘掉自我。每天享受幾分鐘特殊的靜心時刻，對你有好處。

⏰ 5 分鐘內

對著鏡子微笑。就算是個「假」笑也無妨，每個笑容都能釋放多巴胺，讓你的快樂增加，壓力減少。讓今天成為你的微笑日：對別人微笑、對自己微笑。想要真正的笑一場嗎？坐下來，看一部讓你大笑並享受完整多巴胺的影片。

⏰ 10 分鐘內

坐下來，讚美自己並說一些能讓自己安心的安慰。80 年後的你會對現在的你說什麼呢？

⏰ 更多時間

預約時間好好按摩一下吧！讓身體好好放鬆。

這時父母被惹惱了會表現出來，當執拗的幼兒聽到父母對自己的行為表達不贊同時，是可以聽懂的。語言開始扮演重要的角色，因此，你可以使用幼兒能理解的簡單字彙，說明不喜歡的理由；幼兒會發現，對父母進行不合理的注意力要求，可能會被忽視，所以會比嬰兒時期更快暫停哼唧抱怨的行為。

💡 別讓爭吵升級

孩子漸漸長大了！你們愈來愈常無法達成一致的看法。如果你不許他干擾、黏著你，或者當他不守規矩，欲進行強烈反抗時，就會爆發真正的爭吵，特別是在難帶期的尾聲，父母和孩子脾氣都最壞時。不管這個爆發或爭吵有多厲害，你都要保持冷靜和管教的一致性，大聲尖叫絕對不是個好示範；就算只是在他的屁股或手上輕輕打一下，都不利親子關係，肢體暴力永遠沒有正當理由。

> 露西今天討厭的東西：毯子、牛（特別是牛）、所有的人類。今天討厭的事情：睡覺、清醒、尿濕、換尿布、吃東西、嘴巴空了、換衣服、覺得冷、有人抱她；或和我距離 10 公分以上、在揹巾裡、在推車裡、被放在地上走路。嗯！今天真是相當不錯、超級「美好」的一天！！！
>
> —Instagram 貼文

💡 新能力開始結果

在大約在 64 週，將近 15 個月大左右，你會發現孩子黏人的情況逐漸消失了。你的幼兒又稍微變得積極，或許，你已經看到他行為舉止上的改變，如他更有自我意識，有想要的物品、對待玩具的方式不同及變幽默了。因為在這個年紀，幼兒觀察並採納「原則」的能力開始結果了，他會開始選擇最適合他的技能，你可以協助他找到方向，並且幫助他進行。

> 🔊 兒子沒那麼喜歡坐在我的膝蓋上了，他又變得活躍了。
>
> 湯瑪士的家長／第 67 週

> 🔊 所有的無精打采和壞脾氣都過去了。女兒現在上白天在托兒中心時甚至是很高興的，難熬的階段已經過去了。
>
> 荷希的家長／第 66 週

和之前相比，他自己玩的時間變長了，而且做事時變得比較平靜、專注、嚴肅、積極、大膽，且具有測試、觀察能力，並且較為獨立。他現在對於玩具的興趣降低了，他更喜歡外出，如散步、戶外探索。只不過，他確實需要你陪在身邊。

歡迎來到原則的世界

　　一般來說，在追求特定目標，或執行程序時，原則是共用的策略，使用時不必逐一確認所有的細節。當你家幼兒在原則世界中踏出最初的幾步時，你就會發覺，跟之前相比，他已經能把各式各樣的程序完成得更順利、更自然了。

　　因為孩子現在擁有比較複雜的想法，跟成人比較相似，因此，現在你更能了解他的想法以及做事的邏輯。原則會影響他思考的過程，幼兒不再「陷入」在程序裡，他可以「創造」或改變程序，甚至會考量到其中的價值。當小傢伙在執行程序時，能為了下一步該採取哪種策略而考慮到每個步驟時，他就已經開始在原則的世界中進行思考了，同時他也感知到他的頭腦更忙碌了。

　　在原則的世界裡，小傢伙會事先思考，並仔細思索行為可能導致的結果，並擬訂計畫、進行評估。他會擬好策略，「要拿到糖果，應該問爸爸還是奶奶呢？」、「怎樣才能稍微拖延上床的時間呢？」小傢伙自然還無法像成人一樣依照慣例來制定計畫，步驟也無法像成人一樣複雜。

　　成人透過不斷練習，執行程序，檢視各種情況導致的最終結果，才學會特定的原則；而小菜鳥還無法完全理解這麼多新事物的意義。正如同《愛麗絲夢遊奇境》一樣，他在複雜的原則世界中漫遊，並逐漸明白從早晨到夜晚，他都

　　他用頭去摸索試探。他用額頭去碰觸：地面、桌腳、書和盤子等。他不斷叫我，要展示給我看，我卻不懂。有幾次，我覺得他是想說，我可以碰觸這些東西了。不過，其他時候，這似乎也開啟了一種新的思考模式，就好像他覺得可以用心智理解這個世界似的。

　　　　　　路克的家長／第 67 週

　　他現在發覺自己一整天都必須進行各式各樣的選擇。他非常有意識的進行選擇，而這需要花時間。他會不斷的猶豫遲疑：應該打開電視，或是不要打開？應該把東西從餐椅上丟下去，還是最好別丟？要睡大床還是小床？要和爸爸坐在一起還是跟媽媽？

　　　　　　路克的家長／第 67 週

無可避免的必須做出選擇，他必須選擇、選擇、再選擇。或許你已經注意到一整天小傢伙不斷遲疑自己應該做什麼？思考真是一項花腦的全職工作呀！

思考、選擇再選擇

在原則的世界裡，孩子不僅要決定自己即將要做什麼，在做的當下，也必須持續不斷做抉擇：他應該把積木塔推倒，或是放著，還是要蓋得更高呢？如果他選擇最後一個選項，那麼接下來就必須抉擇該怎麼堆：該堆疊一塊積木在塔上，或者是放一個娃娃呢？

此外，他得再次思考自己做的態度，怎麼進行：應該謹慎、小心、徹底、慢速，還是隨便、快速、狂野及不顧一切？如果爸媽認為上床時間到了，他必須選擇是要安靜順從，還是試著再拖延時間？之後再次選擇：如果不想上床，用哪一個策略能多拖最久？用最快的速度走開嗎？把植栽從盆栽裡拔出來？該拔哪株？如果他很清楚某件事情是不被允許做的，那麼他還必須選擇：要乾脆的直接做，還是等到四下無人、不會被抓到時再偷偷做。他會仔細思考、選擇、測試，然後把爸媽搞到絕望。

在做過上述選擇後，小傢伙開始明白他也能處理事情，就跟他的爸媽及其他所有人一樣，他開始變得占有慾十足，不準備分享自己的玩具，尤其不想和其他孩子分享。他現在算得上是一個人了，而他的自我意識在超時工作，前一刻鐘，他決定要小心翼翼的把杯子放在桌上，下一刻鐘就讓杯子翻倒，使飲品灑滿桌。前一刻鐘，他還試圖利用親親和抱抱從你身上取得餅乾，下一刻鐘，他就大發脾氣，而你根本不知道他是為了拿餅乾！

幼兒身上充滿了驚喜。他會運用自己的武器庫來研究你和他人的反應，以找出形形色色的策略，讓自己能夠取得不同的結果，諸如最好的策略是：友善、樂於助人、積極進取、堅定自信、謹慎小心、親切有禮等。雖然孩子會自己想出一些策略，不過有時則是靠模仿：「喔！旁邊的小孩打了他的媽媽，我應該試看看嗎？」你的幼兒在原則的世界中遊走，他在學習的過程中非常需要父母以及他人的幫助。

💡 成人的原則受性格、家庭及文化影響

　　成人在原則的世界裡面已經擁有多年的經驗，經過反覆的測試，已經熟門熟路了。舉例來說，成人明白公道、仁愛、人道、協助、獨創、中庸、信任、儉樸、謹慎、互助、堅定、自信、耐心和關懷對自己的意義；同時也了解同理、體貼、效率、合作、充滿愛意與心存敬意的意涵，並知道如何與他人輕鬆自在的相處。

　　成人會根據成長時的性格、家庭以及文化背景來實施原則，並且每個人闡釋的方式也不盡相同。例如：在德國自我介紹時，與他人握手是一種禮貌，但在英國，點頭或致意一下就足夠了；甚至在非洲的坦尚尼亞，人們會期待兩隻手一起握，若只握一隻手，會被認為粗魯、沒禮貌，因為你還保留另一隻手準備將手拉回來。

　　上述的案例主要是道德原則，對應處理的是標準與價值。還有一些原則是和做事相關的類型。例如：下西洋棋時會使用一些原則策略來保持「中間地帶的控制權」，如保留將棋子移動到棋盤中間的選項。此外，擬訂長途旅行計畫時，有確保睡眠時間充裕的原則；撰寫文章時，有將讀者群納入考量的原則；以及複式簿記的原則、發展音樂主題的原則等各種原則。

　　自然界中也存有各種法則，如支配物體移動方式的定律、化學反應式的原則，又或是地質學，是地殼運動的結果，這些都屬於原則的世界。雖然幼兒離成人等級的原則應用，還差十萬八千里，但是孩子已經以他自己的粗淺了解，開始進入原則的世界了。他已經能制定策略，讓自己逗留的時間變長（社交策略）！有些幼兒還會透過將玩具車滑下坡來觀察基本的物理原則現象。

增加知識

大腦的變化

　　美國針對 408 對同卵雙胞胎進行研究，結果顯示，大約在 14 個月左右，遺傳會開始影響非語言技巧及言語理解的心智發育。

　　成人處理施行中的原則時，可能會有明顯的不同並為突發狀況做好準備。假設，你的另一半和學步兒都滿心期待的將自己的畫作拿給你看，就算另一半畫的確實像，你的評價可能還是會誠實且批評多讚美少；但對孩子，無論他畫得如何，就算是塗鴉，你多半會讚賞，這是你見過最好的蘋果了，並把它貼在冰箱上。你會自動考慮伴侶和孩子對於你評論的不同反應，負評可能會讓孩子難過，甚至可能會毀了他作畫的意願。

幼小的孩子這時還不能對變化中的環境做出反應，他還不能領略細微之處，甚至可能被卡在自己最早提出來的策略裡。因為他才剛取得自己的第一批原則，只能以設定好的方式來應用。但在下一次飛躍後，他對周圍環境的適應力就會開始變強，並採取自己的策略。

就像幼兒在飛躍進入原則世界之後，有能力領悟程序一樣。幼兒在下次飛躍後才能領會，他可以改變，並選擇自己想要成為的樣子：誠實、友善、謹慎、耐心、創意、效率、公正、樂於助人、關懷他人或儉樸。上述的原則，他可以全都不選，或是全部都選，他開始了解自己可以關注或不關注家人；可以安慰或不安慰朋友；可以溫和的對待狗狗或粗魯以對；或者可以和爸媽合作對鄰居有禮，也可以不要。

神奇的向前飛躍：發現新世界

在原則世界幼兒會發現要達成目標的方法有好幾種，而他可以採取不同的策略，例如：應該小心做、隨便應付？應該咄咄逼人，還是撒嬌？又或者，應該惡作劇？幼兒變得愈來愈有辦法了，因為他在所有的領域都變得更聰敏。他開始能熟練的走路，甚至快速四下移動；更了解你的意思，有時甚至還能回嘴；他會練習操控自己的情緒，而不是一直圍繞著你；他可以事先思考，並且知道自己也是一個人了；他現在吃、喝、清理、堆積木，以及歸類物品的能力都更進步了；瞄準目標的能力也大幅提升了。

在未來幾週裡，所有事情都會發生得更自然，他將會一次又一次使用最新取得的策略來達成自己的目的。當然，不是每個孩子都能取得想要的效果，這需要時間跟練習，透過嘗試，幼兒會發現各種不同的策略會產生不同的結果，有些是驚人的成功，有些剛好相反，而最多則是一般、普通。

提供孩子機會對各式各樣的策略進行實驗，讓他測試並使結果反應在他身上。他學會應付特定情況的唯一方式，就是多經歷、多練習，並根據你的反應做判斷、改進。你會發現，上述的實驗方式及原則的學習，全都能歸類為：熟能生巧、嘮叨不休、態度良好、懷柔政策或順孩子的意行事等。

有些幼兒會突然間就對「非理性」的事物產生恐懼，而對所有幼兒來說，學習基本原則的時間已經到了。

POINT 幼兒就是這樣的！

幼兒喜歡新的事物，當你注意到他有新技能或興趣時，給予反應是很重要的。他會很喜歡和你分享新的發現，而這也能加速他的學習進度。

熟能生巧

當幼兒在原則世界中嘗試排除困難前進時，他也會想測試如何使用自己幼小的身體。換句話說，他想要快速、慢速、小心、有趣或靈巧時，該怎麼運用身體？他也想認識外面的世界，處理事情時更有技巧（他可以非常有創意！），對語言也更熟練，他會模仿他人、重複他人的動作、練習操控情緒，並開始事前思考。你也會注意到，當他在實驗用哪種方式做事最有效率時會一再重複。

古怪可笑的身體動作

小傢伙會不斷測試身體的能耐，例如：「我能擠進櫃子裡嗎？」、「要怎麼爬上樓梯，怎麼下來呢？」、「怎麼做才能從滑梯上溜下去？」、「躺在家居用品和玩具上，都會感到舒服嗎？」、「哪些物品踩上去不舒服，哪些物品我擠不進去？」、「我有多強壯？」簡單說，幼兒對自己身體的掌握愈來愈佳，他有時看起來有些輕率，會將爸媽嚇壞。

認識戶外環境

很多幼兒喜歡在大自然中隨便看看，看似隨意摸索，但其實正在進行區域探測。這並不表示他不需要你：他很需要！每天的問題多到沒完沒了：這是什麼？那個叫什麼？所有的孩子都會以最高的專注力吸收所看、所聽的事物。

熱中探索生活

孩子對於原則世界中的遊戲和物品愈來愈有辦法。如果讓他自己餵自己，那麼他就會好好吃；如果你在他不想時幫助他，他可能會把所有的餐食弄到地上。不過，注意了！幼兒感興趣的是知道哪種策略成效最好，會導致什麼結果？

女兒在階梯上上下下，她練習了一整天。現在我得多留心不同高度的其他物品，以方便她養成上下階梯的技能。

漢娜的家長／第 67 週

兒子每天都會發現新遊戲。他在床和五斗櫃的後面間發現一條小小的隧道後就很愛在那裡來來回回的走動。他會溜到沙發下面，看看鑽進去多深，身體才會被卡住？他會用膝蓋在房間裡到處滑走，而不是用腳。

麥特的家長／第 70 週

女兒會用不同的方式走路。倒著走、繞圈走、快走、慢走。她學得可勤囉！

伊芙的家長／第 64 週

我們在地上放了一張床墊，讓女兒可以在上面跳來跳去。她很愛在上面奔跑，她會突然衝到床墊上，還嘗試翻跟斗，並不斷測試自己在軟軟的表面能走多遠。

荷希的家長／第 66 週

女兒會坐在所有物品的裡面或上面，像是：娃娃的浴缸裡、娃娃的床上，以及散落在地板的座墊上。

艾席莉的家長／第 64 週

當她穿過小水窪，發現自己打濕後大吃一驚。她走回去查看，對水窪進行研究。

艾席莉的家長／第 64 週

在動物園裡，她和一隻牛對視後顯得不知所措。她還沒做好撫摸動物的準備，就算爸爸抱著她也一樣。回家的路上，她很安靜，好像在反覆思考從繪本裡走出來的牛。她印象深刻。

荷希的家長／第 66 週

我們會一起拼拼圖。他很喜歡拼，也樂於跟人分享，雖然情況不是一直都這麼順利，但這是個好的開始。

凱文的家長／第 65 週

當你沒料到時，她就把東西扔在地上了。她在研究「丟」這個動作對東西造成的影響。

荷希的家長／第 64 週

因此他需要不斷仔細觀察及實驗，像是把水龍頭或瓶瓶罐罐的蓋子扭開。此外，他對於堆疊積木、套環、拼圖的玩具也相當在行。

如果將鑰匙扔到櫃子後面，會怎樣？如果放在床底下呢？如果滑進沙發和牆壁中間的間隙呢？要怎麼讓它再度出現呢？如果摸不到，可以拿掃帚掃出來嗎？簡單說，他正在學習藏東西，然後再找出來。之後，如果他夠熟練，或是認為自己很熟練，那麼或許就會利用這些小花招，來惡作劇及逗樂你。舉例來說，如果他不想讓玩伴玩某樣玩具，就可能會把它藏起來。你可以觀察他的原因，注意！請將危險物品放在他拿不到的地方，並在小探索家探險時盯緊他。

💡 語言運用愈來愈熟練

在原則的世界裡，幼兒對於語言的領悟力會持續提高，如大人間的閒聊，以及大人對他說的話。他愈來愈能理解簡單的指令，而且會熱切的去執行，以讓他覺得自己有價值。

和孩子一起玩指物命名遊戲，你指出物品，請孩子說出名稱，或由你說出物品的名稱，請孩子指出來。無論是玩具、身體的某一部位，或是家裡各式各樣的物品，地板上、牆壁上或是天花板上的都可以，當你說出身體某一部位的名稱，而他能指出來時會很好玩。此外，也可以試著和孩子玩互叫名字，如讓他先叫你的名字，你再叫他的名字，並觀察他的想法：這讓他有驕傲跟受重視的感覺，正是培養自尊所需要的。

> 當她用自己的玩具吸塵器吸東西時，喜歡找最不可能的點：櫃子底下、椅子和桌腳中間、打開的櫥櫃裡全都不放過。她會把簡單、大面積、開闊的地方跳過。
>
> 薇多莉亞的家長／第 61 週

> 他了解的事情愈來愈多，學習詞彙的速度令人難以置信。不過，他還是只挑選了少數單字用在對話裡，例如：他喜歡使用「b」開頭的字，如 ball（球）和 boy（男孩），他的發音都很標準及完整。他似乎知道如何發音，只是還不協調。
>
> 哈利的家長／第 69 週

> 我在廚房忙時，她會哭喊「爸爸」，這種呼喚也自動進化到語言遊戲裡。遊戲中我們輪流叫對方的名字：「安娜」、「爸爸」，「安娜」、「爸爸」，好像我們見不到對方似的。
>
> 安娜的爸爸／第 70 週

很多父母認為小孩應該要會講更多話，因為他已經知道很多事了，但情況並非如此。在下次飛躍大概 21 個月大後，幼兒的語言能力才會真正開始起飛。在原則的世界裡，大多數孩子能發出單字、模仿動物及各式各樣的聲音時，就會感到滿足。

模仿他人

在原則的世界中，幼兒會觀察成人或其他孩子做事的方式，以及動作產生的效果，例如：姊姊怎麼做到那麼熟練？對面的孩子咬了奶奶一口後，馬上引起大家的注意；爸媽常常坐在馬桶上，那一定是成為「大人」的一部分。他會複製、模仿，並試驗他看到的事情，身邊的人就是他的榜樣，而他在書本和電視上看到的知識，則是取之不盡的創意來源。

> 模仿就是他現在的正職。他會模仿看到的每一個舉動：有人踩到他的腳，他就自己再踩看看；有人打人，他就打人；有人跌倒，他就跌倒；有人丟東西，他就丟東西；有人咬人，他就咬人。
>
> 湯瑪士的家長／第 63 週

要回應孩子的行為，讓他知道你的想法，這是他學習對與錯的方式，能讓他能把事情做得比現在更好、更快、更有效率。

重演日常活動

在原則的世界裡，孩子會將每天的居家活動都進行重演，像是：煮飯、購物、散步、道別，或是照顧他的娃娃，他採用的都是幼兒自己的方式，而你也能看出這些是根據日常活動而來。

最重要的是，你可以觀察到他是否努力、認真、盡力，或只是發號司令、甜甜的撒嬌而已，這些可能是他角色的一部分，又或許是在模仿身邊的人。給孩子機會進入自己的角色裡，偶爾跟他一起玩，那麼幼兒就會覺得自己有價值，他做的事情也很重要。這個年紀的幼兒都喜愛被讚美，他很想被人理解。

她想要自己刷牙，她會把牙刷上下滑一次，然後用牙刷在水槽邊緣敲一敲，再把牙刷放到嘴裡再上下滑一次，然後再敲一敲。好玩的是，她這是在模仿我，我會在刷完牙，漱好口後，將牙刷在水槽邊緣敲一敲，以把牙刷的水甩乾。

薇多莉亞的家長／第 61 週

最初她會用手指去打開玩具吸塵器的開關，但她看見我用腳開之後，她就開始也用腳開了。

薇多莉亞的家長／第 61 週

他會學爸爸坐在椅子上閱讀，也會攤開躺在爸爸的床上，眼睛還四處瞟，好像床是他的。對他來說，做跟他爸爸一樣的事很重要，同時他也想知道我的反應。

傑姆的家長／第 66 週

我一把鞋子脫掉，她就立刻穿上，並在房間四處走動。她也經常坐在我的椅子上，我必須把椅子騰出來給她，否則她就會用力拉扯，如果我不讓步，她就會發脾氣。

妮娜的家長／第 69 週

他會烤泥巴派：一杓又一杓將桶子裝滿，然後再倒掉。他覺得這樣非常有趣。

湯瑪士的家長／第 66 週

小男士整天都在房間購物，他抓了袋子或箱子後，就四處尋找他想「買」的物品。買完時還會將袋子或箱子交給我，非常自豪呢！

愛森的家長／第 65 週

他常常會依偎在他的娃娃和小熊身邊，不僅親吻、安慰、擁抱，還會充滿愛意的把它放到床上。

路克的家長／第 66 週

過去幾天，他一直忙著把水從一個桶子倒到另一個桶子裡。這件事情讓他很忙碌。他沉迷在製作特釀美酒，似乎忘了我的存在。

史提夫的家長／第 63 週

他邊走邊笑，笑得很刻意，好像在實驗笑的感覺。他也拿哭做同樣的實驗。

鮑伯的家長／第 63 週

　　有時孩子會模仿父母，並研究怎麼當爸爸或媽媽。當小女孩扮演媽媽做家務，小男孩扮演爸爸穿鞋走路時，真是唯妙唯肖，而且似乎還會互相競爭呢！她／他會想知道自己的爸媽，對她／他扮演的小媽媽及小爸爸有什麼反應。試著了解孩子正在做的事，給他機會進行角色扮演，並且一起玩，小傢伙可以從扮演學會很多事；他會覺得有必要用這種方式來表現自己，並體驗當自己爸媽的感覺。

💡 練習表達各種情緒

　　很多幼兒都會針對自己的情緒進行實驗，如果我快樂、悲傷、害羞、生氣、開心，或是情緒激動時，感覺會是如何呢？與人打招呼時，該用什麼表情及動作呢？如果想讓他人了解我的感受，該如何表達情緒呢？再者，如果非常想要擁有某個物品或非常想完成某件事時，應該採取什麼行動呢？

💡 會事先思考

　　幼兒會事先思考、仔細觀察並制定計畫了。他發現結果的產生是因為父母做的事，或是父母想要他做的事。因此，突然間他就能表達出他對某件事情的意見了，諸如之前他就喜歡的事。請別忘記，他不是不照規矩來，而是他的心智發育剛有了一個飛躍。這是進步！

💡 喋喋不休，順自己的意思行事

　　不管你喜不喜歡，喋喋不休，讓人順他的意行事在這個年齡再正常不過了。事實上，幼兒從這樣的行為中發現及學習：想完成一件事，還可以採用其他更好的策略，若能根據「原則」成效會更好，且更能夠被其他人接受。體驗戲劇遊戲時，孩子會想有自己的發言權，甚至是有侵略性的發言，而幼兒也將會針對「我的和你的」觀念進行實驗。

> 今日情緒：安亞把 1 大瓶果汁潑灑在店家的地板上。她在推車、背巾裡尖叫，於是我屈服了，把手機給她，再發現網路不管用後，她把手機往我臉上及地上扔。情況很嚴重，離開商店後，她把草莓從袋子裡面扯出來，散落在停車場。她小睡了 40 分鐘，吃午餐的時候哭、不吃午飯的時候哭。我們今天還適合做什麼？
>
> ─Instagram 貼文

當她想讀第 8 次，卻發現我已經受夠時，她會在旁邊坐一會兒，將頭垂了下來，非常安靜。她在練習不高興，當她覺得自己做對表情後，就會嘟著嘴看著我，並把書遞回給我。

荷希的家長／第 65 週

我正要出門上班時，她就開始難過了。直到不久前，她都還會跑到門前跟我說再見，不過現在她會抗議，並把我抱著往回拉。我想這是因為她知道這件事的結果了：送媽媽出門可能蠻有趣，不過媽媽至少會有好幾個小時不在，可就不太好了！

伊芙的家長／第 67 週

她已經開始會事先思考了！當我在她刷牙後幫忙檢查，她就會又叫又喊，相當可怕。但最近她聽到，「刷牙時間到了！」就會跑過來，把牙刷扔到角落，因為她知道享受刷牙的樂趣後，媽媽會檢查。

蘿拉的家長／第 67 週

現在他可以記住自己把東西藏在哪裡或放在哪裡了，就算是昨天藏或放的也一樣。

路克的家長／第 63 週

這是我第一次看出她明顯的期待及失落。我們一起做了玻璃畫，她裝飾了鏡子。在她洗澡時，我溜出去清理鏡子，當她洗完後，在鏡子前找不到裝飾時非常傷心。我不該這麼做的！

荷希的家長／第 65 週

她很強調自己想要選擇哪一邊的乳房。她猶豫了一下，看一看，然後指向得勝的一方，說：「那！」有時看起來她像是在兩種不同的口味間進行選擇似的。

茱麗葉的家長／第 65 週

如果小紳士不想聽，他就搖頭表示「不」。這些天來他整天搖著頭四處走，同時還放手去做他自己的事。

約翰的家長／第 70 週

💡 總是戲劇性地發脾氣

　　小傢伙會想藉著以恐怖的尖叫、打滾、踩腳及扔東西來達到順他意行事的目的，他也會因為一點為不足道的理由就發脾氣。例如：他沒能立刻獲得關注、不被允許做某一件事、在玩的時候被打斷、要他吃晚飯、堆的積木倒下，又或者只是因為突然間，你沒察覺到有什麼事情不對？幼兒為什麼會有這樣的行為？是因為你和他之間沒能按照他認為的方式產生反應，所以他感到挫折，需要表達出來；他採取最直白的策略來表達：生氣，並用最激動的方式大驚小怪。

　　他還需要找出並以更有效、更快速、更甜的策略來說服你做他想要的任何事情，或是堆疊出更高的積木塔。糾纏不休的幼兒目前只會使用現在這種方式，來讓人知道他的願望。

　　你要了解幼兒的挫折。需要時，讓他發洩、消掉一些氣，同時幫助他發現，要達到某些事，有更好的策略，不僅成效更好，也更容易被接受。你也應該讓孩子知道，如果他清楚自己想要什麼，你會把他的意見納入考慮。

💡 想要表達自己的意見

　　在原則的世界裡，小傢伙發現自己就和所有大人一樣，有自己的意願。他開始為自己發聲，但有時太過分了：他的意願就是法律，不能違抗。之所以有這種情況是因為，他愈來愈清楚，

> 📢 她發脾氣的次數愈來愈多。昨天，我讓她起床，她沒頭沒腦的發了一頓脾氣，且持續了好一陣子，她在地上打滾、撞頭、踢我、推我、尖叫。抱她、讓她分心，或放狠話都不管用。過了一會兒，我坐到沙發上，不知如何是好，只好靠坐在沙發上，看著她在地上滾來滾去。之後，我進廚房拿了一顆蘋果，她才慢慢的平靜下來。
>
> 茱莉亞的家長／第 65 週

> 📢 這週他發了好多次脾氣。其中有一次他氣得全身完全無法動彈。如果事情不照他的意思走，他會非常生氣，那真的就是一場戰爭了。他真是處在自己的世界裡！那個當下，他什麼都聽不進去。
>
> 詹姆士的家長／第 67 週

> 📢 當他腦子裡有了想法，要讓他改變主意是不可能的，你就像在跟一堵磚牆講話一樣。他會直接進入隔壁房間，來勢洶洶不懷好意。這週的目標是哥哥姊姊抽屜裡的玩具。他對玩粘土真的很有一手，他完全了解自己被允許的範圍，但是他就是完全不關心我是怎麼想的。
>
> 法蘭基的家長／第 65 週

他是可以把自己的意願強加上去的，他也有分量！他發現自己跟爸媽沒兩樣，能決定自己要怎麼做，還有什麼時候做完，也能決定要不要、什麼時候要，或是要在哪裡做。

除此之外，如果爸媽想做某件事，他也想加入「自己的看法」，想要幫著一起決定事情要怎麼做。如果事情沒照他的方式及計畫走，他就會生氣、失望或是傷心難過。請讓他知道你理解，但也要讓他學習不能總是想做什麼就立刻得做，他必須顧慮別人的想法，就算想捍衛自己、堅持自己的意見也一樣。

💡 具攻擊性

許多父母都說小甜心有時候會變成有攻擊性的老虎，讓人相當不安。不過，這個改變是可以理解的，在原則的世界裡，孩子要嘗試所有的社交行為，攻擊性是其中的一種。幼兒會研究他的父母及其他成年人和孩子在他打人、咬人、推人或故意打破東西時會如何反應？讓孩子知道你對這種行為的看法，這樣他才會知道攻擊性行為會使人受傷，成人不會覺得有攻擊性，或是有毀滅性的行為好玩。

💡 「我的」和「你的」

在原則的世界裡，小傢伙會發現，家裡的某些玩具是他的，而且只是他的。就像大人一樣，他突然間就開始為擁有自己的東西而感到驕傲。這對幼兒來說是個大發現，他需要時間來理解「我的」和「你的」的意思，過程對他來說並不容易。

> 突然間，她就有了自己的主見！我們在書局裡選了一本很有趣的書，當我要離開時，她卻有了其他想法，並在書店裡大吼大叫，我們到店外時，她還在尖叫。在自行車上時，她站在自己的座位上不坐下，我必須不斷的把她推回她的椅子上，我們幾乎是開戰了。她不想離開書店，到現在我還覺得很驚奇。
>
> 荷希的家長╱第 68 週

> 她打了我的臉。我說，「不可以那麼做」，而她又打了一次，並開始笑。這造成我的困擾，要立下規矩蠻困難。
>
> 漢娜的家長╱第 70 週

> 他白天在托嬰中心打了一個孩子，而且沒明顯理由。
>
> 馬克的家長╱第 70 週

幼兒攻擊行為的建議

研究顯示，在孩子周歲後不久，父母會受到第一次身體上的攻擊。在孩子大約 17 個月左右，90％的父母表示孩子有時會有攻擊性。身體上的攻擊高峰出現在 2 歲生日前，之後這類的行為會開始減少；到學齡前，在正常的情況下，會消失殆盡。

當然了，跟其他的人相比，有些孩子比較容易出現攻擊行為，不過周圍的環境也會影響孩子維持攻擊性行為的時間長度。如果孩子和有攻擊性的成人和孩子住在一起，那麼他就會假設「有攻擊性」是正常的社交行為。

無論如何，若孩子生活在攻擊不被容許的環境中，當甜美的撒嬌和友善行為獲得獎勵，那麼當孩子感到挫折、想要某個物品，或是被指正時，就不會出現攻擊行為，而會用更讓人接受的方式來表達。

幼兒需要學習出借、分享，以及和別人一起玩。如果其他孩子毫無道理就把物品從他手中拿走，不認可他是物品的主人，這樣的缺乏理解的情況會讓孩子開始哭泣。有些孩子會變得非常謹慎，不信任其他孩子，並盡其所能的去保護自己的領域，他會想出各式各樣的策略，以免別人靠近他，或是更糟糕的，觸摸他。

> 每當兒子的小同伴搶走他的玩具時，他就會嚎啕大哭。
>
> 羅賓的家長／第 68 週

> 她正在發展一定的佔有慾。當我們家來客人時，她會過來，驕傲的展示她擁有的物品。如果我們去朋友家玩，她會把自己的東西抓好，然後交給我保管，讓她的朋友別玩她的玩具。
>
> 伊芙的家長／第 64 週

💡 態度良好並採取懷柔策略

幼兒開始漸漸擁有自己的意願、想要按照自己的方式行事，糾纏不休和發脾氣都是成長的一部分。幼兒也夠聰明，知道他可以利用一些可以讓人輕易上鉤的策略來獲得自己想要的物品。不管有沒有意識到，他已經了解，自己可以用正面的情感作為達成目的的手段，是不是很聰明呢？像是良好的態

度、玩花招或開玩笑、尋求合作及幫助，或是俐落、謹慎的達成他的目標。

🌸 開玩笑策略

在原則的世界裡，小把戲和裝瘋賣傻在小傢伙的生活中，扮演著愈來愈重要的角色了。幼兒可能剛開始會開一些玩笑，且因為這些玩笑而高興得不得了；你或許會注意到，他也喜歡別人開的玩笑。有些孩子喜歡亂說一些可笑的話，而當有人或動物做出超出正常範圍的行為，無論是在現實生活中還是電視上，他都會發笑；有些孩子還會惡作劇，想規避規則，並覺得這樣很刺激。

你會注意到「好玩」被用來當成策略，他會避開一些做了會讓你皺眉頭的事，而改做些愉快又讓人意想不到的事來討你歡心。給孩子機會發揮創意，打趣笑鬧及小小惡作劇一下吧！他如果太過分、越過了界線，你要非常明確的指出來，只有透過你的幫助，他才能學會可以被接受和無法被接受之間的差別。

🌸 談判跟討價還價

一直以來都是父母設下規矩，孩子遵守的。成人並不樂於接受孩子的回嘴，但是還好一切都改變了。現在一般認為，學會和大人談判的孩子成年後較有能力為自己打算。當幼兒在原則的世界著陸後，你可能有機會看到正在嶄露頭角的談判家。

> 凱文不讓別人把他的東西拿走，一樣都不行。你甚至無法誘惑他進行一場「好交易」。如果他得到了某樣物品，就會一直不放手，但他倒是毫無顧忌的搶別人的。
>
> 凱文的家長／第 65 週

> 他不斷的裝傻開玩笑，而且覺得很好玩。他和朋友會做出一些裝傻的行為，然後笑聲連連。如果看到其他人和動物做出傻事或是預期之外的動作，他會笑瘋。
>
> 羅賓的家長／第 68 週

> 他很愛裝瘋賣傻，他會傻笑，如果姊姊加入，他會大笑出來。
>
> 詹姆士的家長／第 69 週

> 他很愛我追在他身後說，「我要抓你囉！」不過，我想幫他穿外套的時候，他也會嘎嘎怪叫著跑掉，把這件事當成遊戲。
>
> 詹姆士的家長／第 70 週

> 她很愛惡作劇。我們走到前門時，她不等我用鑰匙開門，而是繼續走到下一扇門前，她認為這樣很好玩。
>
> 艾席莉的家長／第 70 週

❀ 進行「要」和「不要」的實驗

　　幼兒會進行「要」和「不要」（「可以／不可以」、「好／不好」）的實驗嗎？他有時會利用點頭或搖頭來表示，有時候則會大聲說出來。你也可以試著反過來，在點頭時說「不可以」，在搖頭的時候說「可以」，用玩笑的方式來練習，對他來說會很有趣。有時候他會在堆東西，或是在家裡晃來晃去時練習，為了找事作怪，但大多數，他都是跟自己的父母練習；有時他也會和填充玩具玩「要」和「不要」的強制課程。

　　讓孩子有機會對「要」和「不要」發揮原創力，也讓他學習你的處理方式，這類的練習能讓他學習若要達成目標，應該如何運用「要」和「不要」，他會發現這個策略在各種情況下都很適用，他會找出符合他需求的做法。

　　女兒知道她不能直接從桌上的碗裡拿核果，所以她就想出了一個辦法來拿她想要的東西，而且還不會違背規則。她先拿自己的盤子和湯匙，用湯匙把核果勺到盤子上，再用湯匙吃核果。在她心裡，這樣吃是被允許的。

　　　　　　艾席莉的家長／第 68 週

　　他用「要」和「不要」來回答各式各樣的問題，但有時候會犯錯。他會說「不要」，但其實意思是「要」，如果我根據他的回答做事，他就會露出微笑，很快將回答改成「要」。

　　　　　　路克的家長／第 65 週

　　她持續不斷的拿「要」和「不要」來實驗：她說「要」是真的可以，「不要」是真的不可以嗎？或許，我能找出一個可以測試的方法？她不斷測試我的極限，想看看能到什麼地步。

　　　　　　妮娜的家長／第 70 週

　　他知道自己要什麼，而且會用肯定的「要」和「不要」來回答。他的「要」和「不要」也有些程度上的不同。有些是很清楚的，他的界線就設在那裡，當他到達底限時，我知道他是沒得商量的。不過其他的一些「要」和「不要」倒是沒有到最後不能商量的地步。我知道壓迫他一下，就能取得更好的結果。

　　　　　　保羅的家長／第 71 週

✿ 要求他人幫助

　　幼兒對於把人問到進退兩難這件事上很有創意。小傢伙會使小聰明、狡猾或是撒嬌，你從他需要人幫忙時，在你或別人身上使出的招數就可以知道，不過他還是欠缺一些火候，需要從生活中練習。告訴孩子你的想法，孩子還在原則的世界裡面進行研究呢！他需要從你的回應來學習。

> 他要我幫忙放東西時，我詢問他應該要放哪裡？他走到一處並指出來，之後他就非常友善也很隨和了。
>
> 　　　　史提夫的家長／第 65 週

> 他指東西的次數愈來愈多。他也會指著要我幫他拿的東西。這週他把奶奶拐到廚房放餅乾的櫥櫃邊，並指著上面的架子。
>
> 　　　　法蘭基的家長／第 63 週

> 她愈來愈會表達自己的意願了。要換新尿布時，她會拉著我的手，引我去拿尿布。當她需要我幫她做事情時會抓住我的手指，像是按開關。她也會領著我去她不想單獨去的地方，不管我是不是有空，反正她的事得馬上做。
>
> 　　　　荷希的家長／第 67 週

> 過去幾週，他就像個將軍，一直在發號施令。想要某樣玩具時，他會坐在地板上大聲又用力的喊：媽！同時伸手對著他選的玩具一指，他想要我把玩具拿給他。當他的要求被滿足後，他就會繼續玩。我注意到，下命令已經成為了他的第二天賦！
>
> 　　　　麥特的家長／第 68 週

✿ 學習與人合作

　　在原則的世界裡，孩子是可以有選擇的，像是：「我要順著爸媽的要求，還是要違抗？」、「我要不要管爸媽說什麼？」此外，幼兒也逐漸長大，變得更勇於說出自己的意思，也更有能力，對他來說，小任務愈來愈容易達成了，諸如：「請去拿你的鞋」、「請自己拿餐盤」、「請把尿布丟到垃圾桶」、「請把玩具給爸爸」、「請放在客廳裡」或是「把它放在大的方盒裡」你可能已經注意到了，有些時候，你不必說要做什麼，小傢伙已經把你要的東西抓過來。

我們每次要出門前,她都會先去拿自己的外套。

荷希的家長／第 65 週

他現在知道,走在人行道時,他要跟在我身邊。

路克的家長／第 66 週

要設立一些基本原則愈來愈容易了。嘗試讓孩子參與日常事務,讓他加入自己每天的生活。這樣他會覺得有人了解他,他會被感謝嘉許,也會覺得自己很重要。他的自我意識正在發展,同時也在展示自己有預知事情發展的能力,所以如果他在你出聲之前就先將事情做了,請給他讚美。

💡 樂於提供成人幫助

幼兒來到原則世界後,大多對於屋子裡面正在進行的事情特別感興趣,但小傢伙很可能不甘於只看著你做事,他想要幫忙、減輕你的負擔。讓孩子盡一分力吧!他真的相信,自己能幫上大忙,沒有他的協助事情就會一團亂,或許連晚餐也弄不好!務必要讓他的付出獲得應得的讚美。當然了,他或許還太小,無法正確擺餐具、擦拭桌子或是幫忙清理,但他正努力用自己的方法幫忙;他正在體驗工作該如何進行,如餐具該怎麼擺?怎麼做清理工作?他的立意是正確的,結果就不那麼重要了,只要你認可他的努力,他就會受到鼓舞。

她需要換尿布的時候,會和我一起走到矮櫃前。她會躺下,這真的幫了我的忙。

蘿拉的家長／第 63 週

兒子一直想幫我,無論是整理、清掃、上床睡覺或其他事。他超想參與自己每天的生活事務,他認真執行時,就會獲得滿足。互相了解是我們最近相處的重點。

傑姆的家長／第 64 週

我一拿起吸塵器,女兒就把自己的玩具吸塵器拿過來。她是那麼熱切的想幫忙,所以就變成她想要用我的吸塵器,因為我的比較好。因此,我只好用她的,只有當她把自己的拿回去後,我才能平靜的使用我的吸塵器。

薇多莉亞的家長／第 61 週

女兒非常願意幫忙製作餐食。有時候,我會讓她製作自己的飲品。各式各樣的食材她都會使用,吃的時候,她還會說,「好吃、好吃、好吃」。

茱麗葉的家長／第 68 週

💡 實驗做事的態度

　　幼兒做事時會實驗「輕率粗魯」或是「小心翼翼」這兩種不同方式嗎？像是：「我應該把杯子隨手丟在地上，還是小心的放在桌上呢？」雖然行為粗魯似乎是很常見的，孩子常會不顧一切、莽撞的亂跑、亂跳及瘋狂的騎玩具車。不過，請你了解，他是透過這些行為實驗，來得知你的反應，並學習輕率粗魯和小心謹慎的做事態度。

　　在我沒想到的時候，像是當我們騎腳踏車散步時，她會把奶瓶扔掉，然後她會用眼角瞄我，研究我的反應。

　　　　　　　漢娜的家長／第 64 週

　　兒子就像一隻猴子，什麼都爬。他很常爬餐椅，我總在餐桌子上找到他，他爬得上去，下不來！他很小心。他知道危險所在，不過，有時他也會摔得很重。

　　　　　　　法蘭基的家長／第 66 週

　　和他哥哥扭打現在是最吸引他的事了。有時候，他們真的打得很粗暴。

　　　　　　　凱文的家長／第 69 週

　　她很能表達有物品髒了。床上有一點輕微的汙漬，她就會重複的說，「便便」。

　　　　　　　荷希的家長／第 64 週

　　女兒把幾滴飲料灑在地板上，我隨手拿起一隻舊襪子擦拭，她震驚的看著我，然後故意走向嬰兒濕紙巾拉出一張，重抹了一次地板。她擦完後看著我，好像想在說，「應該這麼做才對」。我對她擦拭後的乾淨程度吃驚，於是讚美了她一番。

　　　　　　　薇多莉亞的家長／第 61 週

　　當哥哥在她的娃娃堆裡面尋找機器人時，會把她所有的娃娃都掃到地上，裡面甚至有她的嬰兒娃娃。於是她馬上會過去，把跌落在地的娃娃抱起來，並把娃娃猛力推到我胸前，然後，怒瞪她哥哥。

　　　　　　　伊莉莎白的家長／第 63 週

💡 對孩子「非理性」的恐懼表示理解

幼兒忙著讓自己在原則世界中變得更自在時，就會遭遇到一些對他而言是新的、例外的情況。因此，他可能會產生恐懼，但卻又無法向父母說明白，他也可能會以一些不一樣，甚至旁人覺得危險的方式來經歷他的世界。只有在他更了解正在發生的事情時，恐懼才會降低。請記住，如果你覺得他毫無理性的害怕某一種物品，請表達你的同理。

> 詹姆士很怕玩具小鴨子。如果鴨子擋在路中間，他就會繞開；如果他抓住鴨子，就立刻放手讓它掉下去。
>
> 　　　　詹姆士的家長／第 66 週

> 不曉得什麼原因，女兒很怕自己坐在浴缸裡，會又吼又叫。她想進去，不過得有人陪她。
>
> 　　　　荷希的家長／第 67 週

💡 訂定規則

費盡心思調皮搗蛋、沒任何理由就搞得髒兮兮，或以哼唧抱怨的方式來達到目的，或者使出一些幼稚的行為，像是不斷需要人來逗他開心或是要求吃奶嘴，甚至做事不小心、故意傷害別人，你家小傢伙可真會惹怒你呀！你可能會猜想，自己是不是唯一一個有這種問題的家長？放心吧！你不是。這時期你可以訂定一些基本規則，你家幼兒已經不是嬰兒了！他正在尋找界線，同時也做好準備，可以讓你進行要求，並對他賦予更大的期望。

幼兒已經進入了原則的世界，他渴望規則，希望你給他指引，讓他知道可以被接受的，及不能被接受的行為。給他機會熟悉規則，尤其是社交規則，因為除了你的示範外，他無法了解社交場合中，應該如何行事才正確。先立下界線沒什麼壞處，相反地，這是理所當然該的事，誰能比一個愛他的人更適合做這件事呢？

第 **9** 次飛躍紀錄表　　進入關係的世界

🔍 你喜歡的遊戲

　　這是一些你家學步兒現在可能會喜歡的遊戲和活動，對他練習最近正在發展中的新技能有幫助。

✏️ 填表說明

　　勾選幼兒喜歡的遊戲，比對「你的發現」，並思考你是否能找出這次飛躍中幼兒最感興趣的物品和他喜歡的遊戲間，是否有關連？如此一來，你對孩子的人格應該會有更獨特的領會。

體能遊戲

在原則的世界裡，幼兒能盡情練習程序的變化，並進行實驗。透過不斷地練習，他不僅會變得很熟練，觀察力也會變得敏銳，能發現他要如何做、什麼時候做，最能把事情做到最好。

☐ 喜歡體能的遊戲，像是：

　　☐ 跑。　　　　☐ 爬。　　　　　☐ 追其他的孩子。
　　☐ 從床墊／水床／其他柔軟的表面走過去，然後跌倒。
　　☐ 翻跟斗。　　☐ 在地上滾來去。　☐ 和其他孩子玩摔角。
　　☐ 玩「我要抓你」。
　　☐ 在突出的架子或物品上，邊走邊保持平衡。
　　☐ 會從某個東西上跳下來。
　　☐ 其他：

☐ 戶外探索，像是：

　　☐ 到處閒逛、偵察。
　　☐ 將在戶外發現的任何事物都拿來檢查並實驗。
　　☐ 動物園，尤其是可愛動物區。
　　☐ （公園的）遊戲場。
　　☐ 被我背在背上或是坐在腳踏車上被我載著四處逛。

□ 指出來遊戲／東西在哪裡遊戲，例如：

    □ 身體的部位：＿＿＿＿＿＿　　□ 玩具：＿＿＿＿＿＿

    □ 人：＿＿＿＿＿＿　　　　　　□ 動物：＿＿＿＿＿＿

□ 配合手腳動作及押韻的唱歌遊戲。最喜歡的歌和手勢是：

＿＿＿＿＿＿＿＿＿＿＿＿＿＿＿＿＿＿＿＿＿＿＿＿＿＿＿＿

□ 喊名字遊戲：

    你叫我，我叫你。你聽到自己的名字時覺得很驕傲，覺得自己是重要的。

開玩笑遊戲

在原則的世界裡，開玩笑在生活中會開始扮演較為重要的地位了。現在，幼兒對於事情如何運作已經有某些程度的了解，所以當有事情脫離程序，還是以意料之外的方式行事，不管是不是故意，又或是規則放寬了，他都會覺得好玩。

□ 自己做傻事，也看別人傻事，會在下面情形發生時笑瘋：

＿＿＿＿＿＿＿＿＿＿＿＿＿＿＿＿＿＿＿＿＿＿＿＿＿＿＿＿

＿＿＿＿＿＿＿＿＿＿＿＿＿＿＿＿＿＿＿＿＿＿＿＿＿＿＿＿

□ 兒童節目，或是繪本裡有角色做出傻事，或出現意料之外的事時，你會盯著看。

生活常規遊戲

在原則的世界，幼兒會把家庭以及生活常規進行重演。請給他機會並和他一起玩生常規遊戲。這會讓幼兒覺得他也是家庭俱樂部中的一員，有時真的幫上忙了，你還會感到驚喜呢！

□ 煮飯

    例如，給幼兒一些小碗、一碗水，以及一些真正的小片食物，你會混搭起來餵我，或你的娃娃。

第**9**次飛躍紀錄表

□ 使用吸塵器

　用真正的或是玩具版的吸塵器來回吸地板。

□ 洗碗盤

　很喜歡玩水和肥皂，會把所有的碗盤都用抹布或刷子好好攪拌一番；或許洗得不夠乾淨，不能拿來使用，不過你很開心。

情緒遊戲

幼兒會針對不同的情緒進行實驗，像是在和人打招呼，或是想要某樣物品時改變自己的表情。舉例來說，你可以花點時間來和他玩打招呼遊戲，又或者可以在他興奮激動或是可憐兮兮的時候模仿他的情緒及表情，他或許會笑出來。

□ 裝個誇張的表情來展現不同的情緒。

□ 模仿情緒圖表中的表情。

藏寶遊戲

□ 你自己。

□ 東西／玩具／物品。

POINT

透過幼兒的眼睛看世界

　成人常會把一些小事情視為理所當然。為了你家小傢伙，再次去發掘玩具裡面的大樂趣吧！將自己摔在床墊上、走在低矮的圍牆上，練習平衡感。重新熱愛生活，以及生活給予的一切！

🔍 你喜歡的玩具

- ☐ 兒童攀爬架、有階梯的溜滑梯。
- ☐ 球。
- ☐ 書／繪本。
- ☐ 沙盒。
- ☐ 茶具組，在杯子和馬克杯裡裝開水或冷茶。
- ☐ 拼圖。
- ☐ 塑膠瓶。

- ☐ 家用品。
- ☐ 玩具吸塵器。
- ☐ 有串繩的玩具。
- ☐ 卡通。

🔍 你的發現

　　下表是一些幼兒從這個年齡開始可能會展現出來的技能，但幼兒不會把下列所有的項目全都做完。

✏️ 填表說明

　　每個孩子正在進行這次飛躍的父母都會發現，孩子有很多改變，這是一次重大又激烈的飛躍。請記住，下表只描述其中的一些例子，你的孩子可能會做出其他類似的技能，請花時間仔細觀察，把他所做的選擇記錄下來。

（註：紀錄表內的我表示父母，你表示幼兒。）

幼兒大約是在這時開始進入飛躍期：＿＿＿ 年 ＿＿＿ 月 ＿＿＿ 日。

在 ＿＿＿ 年 ＿＿＿ 月 ＿＿＿ 日，現在飛躍期結束、陽光再次露臉，我看到你能做到這些新的事情了。

你的發現 ▶▶▶ 能做／做得比以前好的事　　日期：_____

☐ 在自己吃和喝方面突然間進步很多。

☐ 愈走愈好，可以快速的四處走動。

☐ 和以前相比，可以將積木堆的更穩、更高。

☐ 可以把這些物品放在一起，像是：

....

☐ 現在丟擲物品的準頭好多了。

☐ 在戶外就算看起只是在偵察，實際上已經把物品進行詳細的探索。

你的發現 ▶▶▶ 用身體測試策略　　日期：_____

☐ 你用身體在測試策略。可以想出身體應採取哪些策略並加以執行，如會用身體展示，或進行實驗。

　　☐利用肢體語言展示你是靈敏的／快速的／有趣的。

　　☐似乎更莽撞了，比過去陷入更多生活風險。

　　☐其他：

....

☐ 會對坡道和斜坡進行實驗。如會用手指頭在上面滑過，或是讓玩具從上面滑下來。

☐ 我看得出來你在想：我應該要小心還是粗魯？舉例來說，前一刻鐘，你決定要把杯子小心**翼翼**的放在桌子上，下一刻鐘，你就把它丟到桌下或地板上了。這跟杯子沒多大關係，而是你想測試運用不同的身體方式做事，以及觀察動作後所產生的效果。

☐ 會實驗如何藏東西，之後再找出來。

☐ 會實驗爬到某個物品的裡面或後面，然後再出來。

☐ 喜歡重複事情，有時會進行不同變化的練習，以實驗身體採取的策略。

　　像是：

....

....

你的發現 ▶▶▶ 訂定社交策略　　　日期：＿＿＿＿＿＿

☐ 有意識的做選擇。

☐ 會採取主動。

☐ 會事先思考再行動。我透過以下各點觀察到：

....

☐ 喜歡觀察成人。

☐ 喜歡觀察孩子。

☐ 會用「是」和「否」以及符合這類意思的字和用法來實驗。

☐ 喜歡挑戰我，如會假裝自己不聽話。

☐ 會用開玩笑的方式讓別人去做某件事。

☐ 更常幫助別人，或嘗試助人。

☐ 和之前相比，更常接受自己年紀還小，需要幫助，必須聽我的話這件事。
　 如領悟街上是危險的，必須牽著我的手一起走。

☐ 會利用別人幫你做自己無法做，而我又不會幫你做的的事，如你會請別人
　 幫你從高櫃子上拿我禁止你拿的餅乾。

☐ 現在你更常乖乖聽話，或是盡量乖乖聽話。

☐ 特別會利用撒嬌來達到自己的目的，次數比之前頻繁。

☐ 以下是四個我看到你如何選擇策略來獲得想要事物的例子。

你的目標：
....

你的策略：
....

日期：
....

☐ 我給你這些機會，讓你對策略進行實驗：

....

☐ 你喜歡不斷的重複，有時候會把事情或物品稍變化，以實驗不同的社交策
　 略。像是：

....
....

你的發現 ▶▶▶ 策略不管用時會發脾氣　　日期：＿＿＿＿＿＿

☐ 和之前相比，更常利用發脾氣來讓事情照你意思進行。

☐ 和之前相比，更常利用發脾氣來展現你的感受。

☐ 當我向你展示某個策略不管用，或是引起反效果後，你會有所反應並改變策略。

舊的策略：

＿＿＿＿＿＿＿＿＿＿＿＿＿＿＿＿＿＿＿＿＿＿＿＿＿＿＿＿＿＿＿＿＿＿

我如何糾正你：

＿＿＿＿＿＿＿＿＿＿＿＿＿＿＿＿＿＿＿＿＿＿＿＿＿＿＿＿＿＿＿＿＿＿

你採用了這個新策略：

☐ 生氣　　☐ 嘮叨不休　　☐ 哼唧抱怨　　☐ 其他：＿＿＿＿＿＿

你的發現 ▶▶▶ 選擇要做什麼及怎麼做？　　日期：＿＿＿＿＿＿

☐ 會拿事情進行實驗：你能利用事情來做什麼？以及該怎麼做？

☐ 和之前相比，現在更小心謹慎，或是試著更小心謹慎。

☐ 會用身體進行實驗：當你做事時，我能看見你思考該怎麼做。如「我要怎麼下樓梯呢？」、「我要怎麼從沙發上下來呢？」、「我要用什麼方法爬到別的東西上面去呢？」

☐ 會複製其他人正在做的精細動作技能，像是握鉛筆。

☐ 會模仿讓你感到驚訝的事，像是站在跳跳桿（pogo stick）上。

☐ 會嘗試看看你能用什麼方式來做出各種古怪好笑的身體動作。

☐ 你喜歡大運動動作，像是翻跟斗或攀爬。

你的發現 〉〉〉 展現自我意志　　日期：＿＿＿＿＿＿

☐ 想在別人正在做的事情裡有發言權。

☐ 強烈想要有歸屬感、想被接受。

☐ 對玩具有佔有慾。

☐ 當我們正打算要做某件事時，就算沒能用言語敘述，你也想要擁有發言權。你想讓我們知道，你也有意見，而且很重要。

☐ 依照自己的感覺做事：你比之前更會按自己的意思行事。

你的發現 ▶▶▶ 做社交選擇　　　　日期：＿＿＿＿＿＿

□ 整天忙著做選擇。

□ 當想達到某個目的時，你會：

　　□小心謹慎　　　□輕率粗魯　　□咄咄逼人　　□生氣

　　□特別愛撒嬌，給親親　　　　□非常樂於助人

　　□可憐兮兮，希望博取同情　　□其他：＿＿＿＿＿＿＿＿＿＿＿

□ 以下這些例子是我看見你運用「我想要什麼？」、「怎麼得到？」的例子。

　　你想要：

　　想如何達到？

□ 模仿撒嬌／具攻擊性／＿＿＿＿＿＿／＿＿＿＿＿＿／

　　　＿＿＿＿＿＿＿＿＿＿＿＿＿　的行為。

□ 模仿從電視上看來，或從書上看到的物品或事情。

□ 你有時候會玩不同的情緒，你在教自己該怎麼做。

你的發現 ▶▶▶ 非理性的恐懼　　　　日期：＿＿＿＿＿＿

□ 你突然就對 xxx 產生「非理性」的恐懼：

你的發現 〉〉〉 語言能力　　　　日期：＿＿＿＿＿＿

□ 和之前相比，你更了解成人間的談話內容。

□ 和之前相比，你更了解成人跟你的對話。

□ 更能了解簡單的指示，而且會滿腔熱情的遵守。

□ 當我問，「你的 xxx 在哪裡？」你會把物品的所在處指出來。

□ 只能講些簡單的字（講不出句子）。

□ 會模仿動物的聲音。

□ 和之前相比，你會模仿／更常模仿各種聲音，而且模仿得更好。

□ 更了解我表達的意思，有時候甚至能回答我：

　　□我說：＿＿＿＿＿　　□你回答：＿＿＿＿＿

青少年期幼兒階段

你對幼兒使用「負面」策略的了解程度、你對這些策略的反應，以及你是否給了孩子機會，讓他對各種不同的策略來進行實驗，都會影響他日後的時光。這稱做「青少年期幼兒階段」（teenage toddler phase）或嘮叨不休階段（phase of nagging and more nagging），如果你現在就開始及時引導孩子，並示範什麼是正確的方式，那麼情況就未必會那麼糟。花時間來觀察你的孩子、導正他，給他空間，讓他找出正確、正面且能達到想要效果的策略。填寫「你的發現」，有助於你對於幼兒的個性有更多的認識，同時你也對為人父母的角色有更多的領悟。

隨和期：飛躍之後

在 66 週左右，或是剛超過 15 個月後，大多數幼兒的麻煩程度和之前相比都會稍微好些。他長大了一點，也變得比較聰明，正在參與每天的日常活動。你有時候會忘記他其實年紀還很小。

> 他看起來比較瘦，沒那麼結實，臉也瘦了；他正在長大。我有時會看到他平靜的坐著，專注在食物上，那時的他看起來似乎相當成熟。
>
> 路克的家長／第 66 週

> 對她來說，所有事情都變得比較簡單了，從餵自己吃東西到清理。她真的就像我們其中的一員，我老是忘記她還是一個年齡非常小的孩子。
>
> 伊芙的家長／第 67 週

| 第 **10** 章 |

第 **10** 次飛躍式進步

（最終的飛躍）

充滿系統的世界

良知出現

（整合性飛躍）

神奇的第 75 週
（約 1 歲 6～7 個月）

從第 9 次飛躍開始，幼兒已經了解了「原則」，它凌駕於第 8 次飛躍的「程序」之上，也擺脫了習慣性的特質。第一次，原則能被用來評估現存的程序，甚至加以改變，就像幼兒的程序水準在上升到新高度之前都有個習慣一樣，他的原則也缺乏一定的彈性，只能運用既定的套路，無論情況如何，都採用一樣的原則。

反觀成人則能因應不同的局面及環境來調整自己的原則。成人能看出不同的原則間如何彼此連結，形成一整個系統。「系統」這個觀念涵蓋了你對於一個組成單位的想法，當構成的各個部分是互相依存，並一起作用時，就可以使用「系統」這個詞。具實體性的例子有：需要上發條的老爺鐘、電力網，或是人的肌肉系統，上述系統分別由一組組緊密結合的齒輪原理、電流電壓定律以及均衡的肌肉張力原則所組成。

以較不具實體性的人類組織來說，這些組織是以未必能明確解釋的原則為基礎來進行安排的。有些規則（或協議）是特定職位的責任，有些規則是社交行為的（如準時），而有些規則是為了達成老闆定下的目標，如烘焙、美髮、戲劇等各行各業各有規範；童子軍、家庭、警察局、教會等各個場所各有規章；人類的社會有社會規範與法律等。

當幼兒進行最後一次飛躍時，他會登陸系統的世界。他的人生將會第一次意識到「系統」，當然，這對他來說是嶄新的世界，他得花好幾年的時間才會完全了解人類所處的社會、文化或是法律真正牽涉到的項目。他會從上述的基礎開始，並以自己的想法及緊密的家庭關係來發展系統，如他會和爸媽一起組成一個家庭，他的家庭可能和他小友人的不一樣，他家的房子和鄰居家的房子也不一樣，孩子在進入系統的世界後，對於如何運用原則也開始更有彈性。現在，他開始明白自己可以選擇自己想要成為的樣子：誠實、樂於助人、謹慎、耐心等。要或不要：那是重點所在。他會以稍微變通的方式來運用原則，開始學習在面對各式各樣的困難與環境時，如何改進自己使用的方法。

在 75 週，或是 17 個月又 1 週左右，你通常會發現小傢伙開始嘗試新事物了。不管怎樣，他已經發覺，進入系統世界的飛躍早早就到來。從第 71 週，或是剛過 16 個月開始，幼兒會注意到自己所處的世界正在發生變化。

新印象的迷宮完全顛覆了他熟悉的現實，他無法立即處理這種新奇的感受。首先，他必須從一團混亂中理出一個順序，他會退回熟悉安全的基地，此外，他也會愛哭、黏人又亂發脾氣。在進入第 10 個新世界時，他需要大劑量名為「爸媽時間」的安慰劑才能理出順序。

如果你注意到幼兒比平時難帶，那就要密切觀察，他是否在嘗試掌握新技能，請參考第 10 次飛躍紀錄表中的「你的發現」，看看要注意些什麼。

進入難帶階段：神奇飛躍開始的信號

在本章中，我們不會再對幼兒即將在飛躍期做什麼進行詳細的描述，這些資訊你現在應該已經很熟悉了，所以僅需表重複一下強化記憶複習。請別忘記，你的孩子才剛剛貼近過你、擁有你全部的注意力，但現在他長大了很多、也聰明很多，更有能力找到新的方法來達成相同的目標。

父母的憂慮和煩惱

最初，當你的幼兒變得黏人、愛鬧脾氣、比平常愛哭時，你唯一的擔心就是他是不是有什麼不對勁？但是當到了 6 個月大時，身體很明顯的沒什麼不適，你就更擔心了，不過你還是忍下來，畢竟，那他還那麼小。

到了他周歲後，如果你還是被他搞得很煩，你就會開始採取行動了，這麼一來，你很可能會和孩子吵起來。之前你是能夠享受為人父母樂趣的，到了這次最後的飛躍期，所有的父母都表示，自己彷彿在和處於青少年期的幼兒爭吵。大家知道，青少年是有能力讓父母日子過得慘兮兮的，而幼兒也能做到這一點，你正事先預覽孩子十年後的樣子。

🔍 第 10 次飛躍徵兆表 〉〉〉

　　下面是幼兒讓父母知道飛躍已經開始的方式。請記住，這張表是會出現的行為特徵，但未必全部出現，重點不在於他做了幾項。

☐ 比之前更愛哭。

☐ 比之前任性愛使性子、愛發脾氣、煩躁不安。

☐ 一會兒高興，一會兒哭。

☐ 比平時更想要人陪玩。

☐ 很黏我，可以的話會黏一整天。

☐ 想一直靠近我。

☐ 如果我中斷和你的身體接觸，你就會立刻抗議。

☐ 出現超乎尋常的撒嬌行為。

☐ 會惡作劇。

☐ 比之前更常亂發脾氣或發脾氣。

☐ 最近會嫉妒，或比之前更常表現出嫉妒的樣子。

☐ 比之前更怕生。

☐ 睡眠狀況不好。

☐ 比之前更常出現夢魘。

☐ 胃口變得不好。

☐ 比之前更常呆坐著，安靜的做著白日夢。

☐ 會找絨毛玩具來抱，或是比之前更常找。

☐ 比之前更像幼嬰。

☐ 抗拒穿衣服。

☐ 我還注意到你：

....

....

這是我最不喜歡的階段之一，雖然它也會過去。我知道這個階段很有意義，但是當你處在最難纏的時候，所有的意義都微乎其微。我家么女現在正處在最終的飛躍 10 之中，一個大飛躍，真的很糟糕啊！沒錯，我知道事情總會過去，但現在的日子很難熬。她只要媽咪、整天黏著我，別人想抱她就尖叫、夜裡也會醒來尖叫。真是累死人！

我不是在求安慰，當媽媽的日子本就辛苦又累人，但會有回報，這些我都知道。不過，有時候真的太辛苦了。沒錯！日子會過去，但我現在需要有人聽我訴苦，煮飯的時候旁邊有個又哭又黏人的幼兒可不是快樂的野餐時間。

—Instagram 貼文

幼兒的新能力開始結果

在大約在 75 週，或 17 個月左右，你會注意到幼兒黏人的情況大多消失；亂發脾氣以及和你發生爭吵的情形也趨緩了，他又再次變回積極大膽的孩子。你會注意到他改變了，行為也不同了，他很清楚自己是一個獨立的個體、有自己的想法，和之前相比他的時間觀念也更好。

他的想像力開始起飛，並開始具幽默感，玩玩具的方式更不同了。這次的改變非常明顯，因為這個年紀的幼兒認識系統，具備運用系統概念的能力，並且開始選擇在這個時間點上最適合他的新技能。你家的孩子正依照自己的天賦、喜好和性情來選擇要從哪裡入門開始探索。請試著去了解他正在進行的事，並給予協助。不過請注意！他想要自己做！

我們一起享受父子時光時，我發現自己變得比較有耐心了。

葛雷格利的家長／第 74 週

她雖然非常固執，需要很多關注，不過她對事情寬容多了。

茱麗葉的家長／第 75 週

專欄 · 靜心時刻 ····

　　希望你已經養成讓自己擁有靜心時刻的習慣了。就算還沒有,現在開始,永遠不會太遲!

⏰ 5 分鐘內

讓身體做個小小的暖身操。採取舒服、穩定的站姿,做些動態或靜態的伸展動作。一定要把身體的每一個部分都動起來、伸展。

⏰ 10 分鐘內

坐下來寫下 5 件讓你快樂的事、4 件讓你感謝的事、3 件讓你笑出來的事、2 件讓你引以為傲的事,以及 1 件今天你容許自己或是要讓自己做的事,因為你實在是太棒了。

⏰ 更多時間

不要把時間花在計畫隔天,或是下一次要做的事情上。把這時間拿來閱讀、寫日誌,及做藝術相關的畫作或手工藝品。

歡迎來到系統的世界

孩子進入系統世界時，就具備針對環境中的變化調整原則的能力了。他應用原則時不再一板一眼，他現在可以有彈性。舉例來說，他現在可以選擇是否採用道德原則，從這個年紀開始，你可以觀察到最早的良知，能夠有系統運用價值觀和規範的良知，正在一步步養成。

孩子日復一日生活的系統中他最熟知的是：他自己，他是自己的主人。當系統世界為他打開後，他就會開始萌發自我概念及自我意識，並產生幾種結果：他可以自己做決定並控制身邊的事物，他擁有且能控制自己的身體，同時也能選擇自己獨力做事，還是和別人一起配合做事。而這所有的決定都源自於他不斷成長中的「自我」概念。

幼兒開始明白他與父母是分開獨立的人。他開始使用像「你」、「我」這樣的詞彙，而且也對最常見的人，或是最常見的人的身體，感到極大的興趣。

> 我們抓到她在做被禁止的事情時，她會跳了起來，脫口說出，「不」。
>
> 珍妮的家長／第 73 週

> 現在他會明確的做預期之外，或是與要求不一樣的事。舉例來說，如果我要求他：「給媽媽一個親親？」他會親每一個人一下，同時向我走來，說：「哈哈哈哈哈」，然後不親我。這似乎是在對我說，他想要展示他是自己的主人，他不再是我的一部分，而是一個分開獨立的人。
>
> 湯瑪士的家長／第 80 週

男孩會發現他和父親一樣有陰莖，他也會打量彼此之間的相似與相異處。幼兒人生第一次能站在別人的角度看事情，他第一次了解，自己是一個獨立的個體，其他人也是；不是所有人都和他喜歡一樣的物品，這個理解在他更小時是不會發生的。你可以把這個理解用一個高雅的詞彙來形容：他變得沒有那麼「自我中心」，這件事帶來很多種結果：他能夠安慰別人，模仿力處在一個高點上，他可以複製身邊的任何事情。

此外，小探索家的想像力也鮮活起來了，他現在對其他活體生物非常著迷，如：螞蟻、貓狗等，這都是系統。

你的「青少年期」幼兒發覺自己是家中的一部分，而他的家庭和他其他小友人的不同。畢竟，他的家庭是他從內開始認識的第一個人類組織，而他肯定也會注意到，小友人家有一套不同的規則，如得先吃鹹味三明治後才能吃甜食。他會發覺自己的家庭是一個系統，並開始區分自己的家和別人家的不同，他會開始對小友人及附近區域的家庭做相同觀察，同時也愈來愈擅長尋找他熟悉環境裡的道路。他會開始在意自己的服裝，可能會變得虛榮並對自己玩具有極強的佔有慾。

小小藝術家也會開始進行藝術創作了。他不再只是塗鴉，他現在是真的在畫「馬」、「船」和「他自己」。此外，他也開始欣賞音樂了（音樂也是系統）。他開始培養出時間感。他比較能記得之前的經驗，對於未來可能會發生的事也比較能了解。

他現在能開始造出自己的第一批句子了，不過並非所有的幼兒都會做這一項，就和其他的技能一樣，孩子會在特定的年齡開始某種特定的技能，但差異性非常大。幾乎所有的幼兒現在都能了解你話裡的意思，但有些只會說一些簡單的字，有些則會使用較多的字；同時他也會持續不斷的模仿別人的詞彙，只是有些還說不出完整的句子，有些則可以說簡單的句子。你的孩子是否會說，部分取決於你們之間的親子互動方式。

增加知識

大腦的變化

在１６到２４個月間，大腦中神經元突觸（synapses）的數量會大幅增加，無論是在大腦各個不同的區域，或是這些區域連接的地方。在第二年的下半年，大腦在前額後的一個部分眼窩額葉皮質（the orbitofrontal lobe）成熟了，因而一大串新技能也出現了。大腦的右半部會在飛躍期時發育，並在最初的一年半中發育到一個程度。接著由語言中樞所在的左腦接管。至於對單一詞彙相關的理解，在２０個月左右，會從整個大腦限縮到左半部的一些小區域。

💡 什麼是系統？

成人世界的案例可以幫助你弄懂「系統」的意思。以數學為例，在程序層級是使用邏輯，以及掌握數學符號。在原則層級，則是思考，因此成人會思考怎麼使用數學，而在系統層級，則是把數學看做一個整體，是一個智力系統。

類似的道理，物理學是一個大型的系統，由許多被審慎發現的原則所組成。同樣的道理也可以應用到生物學、演化學以及伴隨物競天擇的原則上，甚至能應用到其他的科學上。

世界觀或對生活的展望也是系統，我們日常的生活就提供了很多系統的案例。例如：飲食的方式會引領我們進入與食物相關的公式原則，進而決定了吃的程序。相同的方式也能應用到睡眠模式與經濟運作上。

另外一個範例就是民主，和其他人類組織相同，民主有些層面是可以實質說明加以展示的，但有些卻會在瞬息間發生變化，在其他人尚未發覺成果前，情勢就完全轉變了。例如：你可以指出政府的公共建設、年度預算，或是就業率等慣性策略，但卻無法指出威權、政治協商、黑箱作業等突發性決策，雖然你能指出的這些存在的證據，但是你無法輕易將其展示出來。

POINT　透過幼兒的眼睛看世界

你可以說成人的世界很無聊，就算身邊有許多神奇、有趣的事，成人卻都將其視為理所當然，而沒注意，真是可惜呀！當你花時間看看四周，你會了解孩子的世界有多麼美妙，是什麼吸引他的注意，他喜歡的又是什麼？該是再次發掘你童真一面的時候了。這些事情做起來其樂無窮，每個人體內都有一個愛因斯坦。

✅ 站在門檻上，前後搖晃，感受高度的差異。

✅ 把手慢慢放進一杯水裡，看水位如何上升；再把手拿出來，看水位如何下降。

✅ 把手臂放在桌上，再慢慢往回拉，感受手臂在桌面滑動的感覺。或用頭轉圈，先感受慢的感覺，然後在頭往前朝下的時候加速；當頭舉起來越過肩膀時，感受費力的感覺，以及頭往下時輕鬆的感覺。

人類組織中屬於系統的例子還有：家庭、學校、教會、銀行、工廠、軍隊、政府、俱樂部，以及橋牌俱樂部等等。這類社交機構都具有鼓勵會員熟悉其目標、規範以及價值觀的重要工作，有些機構對於這項工作很堅持，在家庭中，它被稱作社會化。在家庭單位中，學習價值觀、規範和其他原則實際上是自發的，因為幼兒會模仿他看到的一切事物，在家庭中還有無數的學習機會，讓這些事情不必經常強調，就自然而然的在行為中表現出來。

這似乎和物理及數學等系統不一樣。「對一個小傢伙來說實在太高深了，」大部分的人會這麼說，「沒到高中是學不會的。」但是當你觀察幼兒玩耍時，會看到他一而再，再而三的握住水下的球，並看著球飛出水面？

當你看到他沒完沒了的把球從斜面滾下去，或是把球一再的在斜面上滾上滾下時，你就不能忽視，他正在對最基礎的物理原則進行實驗，以建立他心中的系統，而跟他有相同行為的大有人在，牛頓就曾經用掉落的蘋果來實驗。讓物理老師從幼兒的玩法取經可能是不錯的主意，或許能想出一套很好的課堂教學及講解方式。

此外，幼兒對於基礎建築也很有興趣。他可以觀看爸爸修膳房屋幾小時，也可以整天攪拌水和沙子，然後開始模仿爸爸「糊牆」。他建構的建築也變得愈來愈複雜，例如：他可以鋪設火車軌道，然後讓火車沿著軌道跑。

 增加知識

關於系統

在閱讀這次飛躍的描述時，你可能得反覆翻閱才能真正領悟「系統」的意思。因此，幼兒要認識並了解系統是多麼困難啊！這幾乎是無法解釋的，所以本章說明時會加入了許多具體的例子以讓你有概念，知道系統這個嶄新的世界有多麼寬廣、多樣。看了書中其他父母的經驗談，你對於該注意什麼就有概念了；而你也很快會發覺，幼兒能做的事情比你想像得還多。

神奇的向前飛躍：發現新世界

在系統的世界，幼兒會發現他可以幫自己選擇原則，運用在自己、家庭、朋友、住家、鄰近的區域、藝術創作以及更多事物上。提供幼兒機會體驗各式各樣的系統，他會透過自己獨具的匠心、你的反應，以及透過許多的練習來學習系統世界的組成。

💡 道德意識的建立：我及良知

良知是道德原則、規範和規則的系統，良知的養成不能被視為理所當然，孩子必須利用他遇到的實例，及你給他的反饋來建構他的良知。你必須向他示範，什麼是對，什麼是錯？這需要很多時間來培養，在那之前，幼兒得看過足夠的範例，並從其中取得結論。

你的言行必須前後一致，如果有時說東，有時說西，那麼幼兒需要理解的時間就更長了。如果你給他的訊息很混亂，也會發生同樣的情況，他無法一次就明白。從這個年紀開始，小控制狂會嘗試在每一件事裡發現系統，尤其是在規範和規則裡。他非常渴望規則，同時也會測試界線在哪裡？給他的規則天天都需要有分額，如同每天三餐一樣。

📢 她知道最上層架子上的物品是哥哥的。現在她會爬到櫃子上去抓，偷偷摸東西下來。如果被人看見，她就會讓東西掉下來，用一副「東西怎麼會在那裡」的眼神望著你。

薇多莉亞的家長／第 76 週

📢 他會模仿在電視上看到的所有事情，如他會故意摔倒在地上。他曾在某個影片中，看過孩子打架，接著打了自己。

湯瑪士的家長／第 80 週

📢 我注意到他不聽話、行為惡劣。他以前也曾沒理由的打別人的頭，並用他的 T 恤把別人摔在地上。我有幾次大怒，並跟他解釋，這樣做別人會痛。或許是我講得太長，所以他不一定想聽。我跟他說他不能做某件事，或要求他做某件事都沒用，後來我發現，只要走到他面前，跟他說我們一起做就好，像是把瓶子放回原來的位置，而不是直接丟掉。

傑姆的家長／第 81 週

泰勒如果跌倒，他不會很快就哭，碰撞時也沒事。不過，如果他認為自己被不公平的糾正了，就會很受傷，並感到困惑，如當他被保母禁止在床上穿靴子時，他會放聲大哭。我曾經跟他說在床上穿靴子沒關係，因為靴子很乾淨，不過保母不知道。我很少聽見他那樣哭，我從他哭的樣子知道他很難過。

泰勒的家長／第 81 週

他現在會「說謊」了。舉例來說，他在派對上吃餅乾，嘴裡滿是巧克力，這時如果有人提供更多好吃的食物，他就會把餅乾藏在手心裡，然後把手放到背後，說他還沒拿到。如果他被允許去拿另一個，他就會笑出來，然後把手心裡的秀出來。

湯瑪士的家長／第 87 週

💡 自我意識的建立：我和自己

幼兒接觸最多的系統是「自己」，這是他最早知道的系統，而且有各式各樣的結果。幼兒發現他擁有屬於自己的身體，而他可以控制；同時他也發現，他能有自己的意願、可以自己做決定讓事情發生並產生影響力。

以下是其他父母的經驗談，分成幾類：我和我的身體、我對身體有控制權、我可以自己做、我和我的如廁訓練、我有自己的意願、我可以自己做決定，以及我想要有權力。透過一個接一個的經驗分享，你可以更加了解自己的幼兒，並看看他是如何處理及認識身體地圖這個系統的能力。

❀ 我和我的身體

幼兒在進行最後的飛躍時，就像把他自己的身體，和身體的各部位都重新發現一次。他會針對身體是如何感覺，及能利用身體做什麼進行實驗。

❀ 我對身體有控制權

幼兒在擁有認識系統的新能力後，就會開始興致勃勃的嘗試新方式，利用身體做出各種稀奇古怪可笑的姿勢，甚至各種特技動作和英勇表現，讓父母很不安。這不僅僅是幼兒在運動他小小的身體，他還忙著以這些運動當作系統在實驗，包含生理及心理上的，同時他會仔細觀察效果。

他對自己的「小雞雞」非常有興趣。他會把它拉出來，只要時間允許就會隨時去揉它。我常讓他全身赤裸到處走。

馬克的家長／第 72 週

她彷彿重新發現腳趾頭的存在。她會一點一點的仔細研究，一次得看上好幾分鐘。

薇多莉亞的家長／第 73 週

她叫自己咪塔，這名字是她自己取的。

薇多莉亞的家長／第 75 週

任何人都不允許碰到他。醫師評估生長發展狀況時不行、理髮師幫他剪頭髮時不行、朋友也不行，甚至連奶奶幫他穿衣服也不行。

麥特的家長／第 82 週

他經常會拿頭去撞牆，我覺得很病態，希望他別再這麼做。我想他這麼做是想體驗身體地圖的概念。

凱文的家長／第 76 週

她也會說：「是我」。

漢娜的家長／第 83 週

如果有人跟他說：「捲髮真漂亮」他就會用雙手順過他的頭髮，就像電影裡的明星一樣。

湯瑪士的家長／第 86 週

他上樓梯時會將身體打直，並邁開大步。這句話的意思是：右腳一步，左腳一步，以此類推。

鮑伯的家長／第 72 週

我這週已經生氣過一次了。在我告誡禁止後，她仍舊爬上危險的樓梯。

伊芙的家長／第 74 週

她找出各種方法去我不允許的地方。我已經清理了特定的危險物品，並且圍上防護，但仍舊不管用。她發現了一個方法，就算她必須踩著一把椅子，或是爬上梯子，都還是照爬不誤。

薇多莉亞的家長／第 76 週

她學會翻跟斗及自己從溜滑梯上滑下去，再自己爬回去。她現在可以自己爬進爬出她的小床。

諾拉的家長／第 81 到 83 週

他一直從高處往下跳，他認為自己做得到，同時覺得很棒。他覺得做不到時，會說「怕怕，」然後兩手一攤，意思是：「對我來說太高了，我們可以一起做嗎？」他也喜歡走在低矮的牆上（120 公分左右）練習平衡感。雖然我看起來很冷靜，但其實很緊張。

路克的家長／第 83 到 86 週

她再也不想坐在自己的餐椅上了。她想坐在餐桌旁，正常的餐椅上；她也不想再戴圍兜而且想自己餵自己。

茉莉亞的家長／第 73 到 75 週

這週他帶著紙巾四處走，他把紙巾當成圍兜或毛巾用，特別是拿來當作烤箱手套用，把東西拿起來前，他會把紙巾放在上面再拿。

保羅的家長／第 74 週

如果我問她，「要媽媽做嗎？」她會說：「不要，安娜。」就算她打破了東西，我問她是誰做的，她都會說：「安娜」，她的自我意識很強。當她把東西掉或丟到地上時，就會哈哈笑。

安娜的家長／第 77 週

現在已經不是我告訴他我們吃什麼、物品叫什麼的事了，他會自己看及驗證。他以一個新的角度來玩形狀配對積木盒。他故意挑不配對的形狀且用力塞進錯誤的洞裡，如果恰巧放到正確的洞裡，他就會很快的拉出來。他想要將自己覺得適合的積木放進去，而不是照著規則來玩。

法蘭基的家長／第 76 週

她有能力排列顏色。她之前就發現某枝簽字筆的蓋子顏色不對。

薇多莉亞的家長／第 84 週

他正實驗擤鼻涕！他會試著把鼻涕擤到所有物品裡面，連杯墊也不逃不掉。

葛雷格利的家長／第 88 週

他現在的作用是跑腿。要他幫忙拿什麼，他就會去，他可以幫忙拿遙控器、報紙、襪子、鞋及清潔用品。當他和爸爸在電腦上玩飛行模擬器時，會聽從指令：加油！起落架！噴射！我以他為榮，他會全力以赴，叫他做什麼，他馬上就會去做。

湯瑪士的家長／第 80 週

❀ 我可以自己做

你要有心理準備，幼兒都屬於「我可以自己做」的類型，實際上這是一種正面的、自然的心智發展。但是對父母來說，就是驚嚇時光了。限度在哪裡？該准許他做多少，而你應該幫他做到哪個程度？黃金規則是：如果事情有危險，那就由你來做。

如果只是單純的會讓幼兒感到挫敗，原因是他（還）做不了，或是必須多點努力才能做到，那麼就讓他自己做，他會在挫折和努力中學習，這對讓他學習生活中的事物必須透過嘗試，且盡力做才能達成目標非常重要。不過，話雖如此，太多的挫敗會損害孩子的自信心，所以你要在旁協助，讓事情稍微變得容易些，但也要留下可以讓他自己動手完成的部分，這就是所謂的「促成型教養」，還記得嗎？

提醒父母，幼兒自己做需要的時間要比較長，這很正常。要給小孩時間，耐心對待，不要催促；也不要為了加速進展，而由你接手，否則就是在告訴孩子，他做的不夠好。

❀ 我和我的如廁訓練

許多幼兒都會以如廁所訓練的形式，全心投入在自己的身體上。家裡四處（固定的地方）都可以放小馬桶，天氣暖和時盡量常讓他光著身體在家裡走，讓小馬桶的使用變得簡單一點。當他需要用小馬桶時，就能以最快的速度到達放小馬桶的地方，請多點耐心，不要強迫他。

❀ 我有自己的意願

「青少年期」幼兒以嘮叨不休、情緒不穩定，以及「我要」而出名。你或許不需要我們告訴你，就知道這個階段已經是如火如荼展開了。這種強逼以及「我要」的情形，通常都是因為幼兒在系統的新世界中探索時挫敗引起的。

如果她光著身體，就會馬上跑到小馬桶上尿尿；如果穿著衣服，可能就會來不及而尿在褲子上，不過她會馬上告訴我們。

漢娜的家長／第 87 週

她時不時會想用她自己的小馬桶。坐上去 1 秒鐘，就急著要擦，她什麼都還沒做呢！

伊芙的家長／第 85 週

女兒知道她可以用自己的小馬桶來上廁所。她有 2 次都穿著尿布坐在上面解放。

荷希的家長／第 73 週

他驕傲的全部都以小馬桶來大小號了，我跟他一樣驕傲。如果他是光著身體走動，沒穿尿布，他會指出他想用小馬桶，又或是在我知道之前就自己坐上去了。他上大號時會用盡全氣，只要大了一點就要沖掉，實在是太可愛了。接著他會說，「更多」意思是他還想再用一次，當他上完後會說，「好了。」

馬克的家長／第 78 到 79 週

他在洗完澡後喜歡光著身體走動，接著他會蹲下來，用力尿尿。有一次，他還尿在衣櫥裡。

羅賓的家長／第 82 週

最近幾個月，他一直很調皮，而且也一直在試水溫，看看什麼是被允許的，什麼是不被允許的。眼下他已經完全知道什麼是被允許的，現在他只是皮皮的表明：「我想要怎麼做，就怎麼做。你能怎麼樣呢？」

哈利的家長／第 76 週

他什麼都要插一手，我得看緊他，因為他做的事情太危險了，又或是他正在試探允許與不被允許的底線在哪裡。當他去摸放著熱鍋的爐子時，我氣到跳起來。幸運的是，他只有一隻手輕微燙傷，但他的確受到教訓。我希望他能明白，他被禁止碰瓦斯。一起煮飯很好玩，但如果他學不乖，我們以後就不能一起烹調了。

史提夫的家長／第 78 週

她最近因為我不讓她碰藥片，而放棄玩玩具了。

蘿拉的家長／第 78 週

✿ 我可以自己做決定

幼兒有了自我意識後，就發現自己可以幫自己做決定，而這也是他正忙著在做的事。下面的例子會讓你知道，當幼兒在練習做決定的時，你應該注意什麼。

他現在都不聽勸了，一副在宣示他知道自己在做什麼的姿態。由他自己決定他吃什麼、什麼時候吃、怎麼吃。味覺實驗優先，如：熱的、濃烈的辛香料等。

　　　　麥特的家長／第 76 週

他對什麼都不上心，光顧著做他自己的事。他喜歡到處開玩笑，我們叫他「小精靈」。

　　　　詹姆士的家長／第 80 週

當她在計畫頑皮的事情時，總會先笑出來。

　　　　伊芙的家長／第 76 週

他總是指著自己，同時宣布他做的每一件事。

　　　　凱文的家長／第 76 週

她的個人意識與日俱增。她會明白的指出她要什麼、不要什麼。如果她遞東西給你，一定是個有意識的決定；說再見時，也會送飛吻。

　　　　艾席莉的家長／第 83 到 86 週

當她把自己的褲子弄髒時，她會走過來說，「嗯」。如果她可以選擇換衣服的地方，那麼她就不會鬧，會同意更換。她會找一個奇怪的地方來換衣服，換衣服等於「自己找地方」。

　　　　諾拉的家長／第 86 週

這幾天，他想自己挑衣服，他真的有特定的偏好呢！上面印著一些米老鼠的舒適運動褲代表出去玩。有時候他會穿上老爸的夾克配上領帶，過來叫我起床。

　　　　湯瑪士的家長／第 86 週

亂發脾氣的行為重新出現了。她會大聲尖叫，叫聲雖短，但很有力。當哥哥行為不當時，她會非常謹慎的看著他，就好像在心裡做筆記。

薇多莉亞的家長／第 72 週

他會用蛇和老鼠來嚇我，對鄰居的女孩也做同樣的事。

法蘭基的家長／第 74 週

他會堅持要吃我的，喝我的，就算他已經有相同的也一樣，他就是想要我的。他會從我碗裡拿湯吃喝。我們有時會爭奪，就像兩個小孩子。

葛雷格利的家長／第 76 週

她不想被人認為「小」。有次我們買了一分高價冰淇淋，爸爸說：「伊莉莎白可以跟我們一起吃」。當冰淇淋送來時，由爸爸拿著讓她舔，她覺得被認為很小是一種侮辱，於是她就發脾氣想離開。之後爸爸又買了一分較低價的冰淇淋讓她拿著，但她就是不吃。在接下來的 30 ～ 45 分鐘，她都很不高興，還打了爸爸。

伊莉莎白的家長／第 86 週

他無法忍受事情不照他的意思走。此外，也變得比較粗暴，他會非常用力的丟東西，像是對著貓咪扔鬧鐘。

麥特的家長／第 77 週

如果她必須從花園回到屋子就會又哭又跺腳。發生這種情況時，我會叫她冷靜。

薇洛的家長／第 79 週

不順他的意時，他經常打人或捏人。如果他生氣了，就會用力出拳，開玩笑時，就會小力些。我會口頭叫他冷靜或給他枕頭捶打，希望他能改掉這個壞習慣。如果他真的打人打得很痛，我有時會生氣，那時他就會開始不斷送我親親。

路克的家長／第 76 週

他又咬又揮把所有的食物都扔到地上，而且避開自己。這週當他糟蹋食物，並把湯灑的到處都是時，我真的很生氣。

約翰的家長／第 79 週

他會不斷的盯著兩隻貓，嚇唬牠們，然後再去安撫。

傑姆的家長／第 83 到 86 週

❁ 我想要有權力

幼兒現在既然重新發現了他自己的意願，就會找出新的方法來找到「權力」。對幼兒來說，權力是一個相當抽象的概念，請參考案例中其他家庭的經驗，看看幼兒如何練習。

💡 擁有物體恆存概念

幼兒現在了解自己是一個系統，應用在他身上的原則，同樣也能套用到他身邊的人和物。他了解人和物品就算不在他的視線範圍內也依然存在；就算他躲起來，看不見了，爸媽也知道他依然存在。

他現在也了解，其他的人出了他的視線範圍後，未必得一直待在相同的地方，於是他開始明白，自己能移動，可以改變位置。當他想找爸爸時，他可能得找找其他地方，而不是只能去上次看到的地方找。

💡 我和你，不一樣

幼兒既然把他自己視為一個單獨的個體，就會開始使用像是「我」和「你」這樣的詞彙。他理解帶著他生活的爸媽也是獨立個體，並開始會把自己和他人拿來比較，且將相似和差異的地方列出來。

如果我離開房間一下，或是稍微忽略她，她就開始挖我的盆栽。

蘿拉的家長／第 80 週

他喜歡爬進櫥子裡，並想把所有的門都關上，躲起來。

史提夫的家長／第 81 週

她躲在櫥子裡，把門推上，然後喊「媽媽。」當我找到她的時候，她會笑出來。

荷希的家長／第 85 週

如果我提議：「我們一起出門好嗎？」她會指指自己，彷彿在說，「你是說我嗎？」好像房間裡還有別人似的。

妮娜的家長／第 75 週

既然幼兒已經可以區分自己和別人了，他也就能以別人的角度來思考。一個針對 13 ～ 15 個月幼兒的實驗顯示，孩子還無法明白別人可能會和自己做不同的選擇；要到 18 個月大時，他才能第一次能明白，並導致各式各樣的結果。

她發現爸爸有陰莖，她叫它「小鼻子」。

薇多莉亞的家長／第 72 週

這幾天他會先指著自己，再指向我，好像想要指出其中的差別一樣。

馬克的家長／第 75 週

他喜歡我特別提到他。他會指指自己，以便區分他和我，也像在確認。

路克的家長／第 77 週

這週她學了「我」、「你」和「你的」這幾個詞彙。

茱麗葉的家長／第 86 週

我們從商家走出來時看到諾拉很喜歡的遊樂設施：直升機。只要投錢進去，它就會動，燈還會閃爍，她之前坐過一次，但已經有一個孩子在玩了，時間到了之後，那個孩子還是不願意出來。諾拉往看了看，跑向一台迷你購物車，開始推著它繞；那個孩子立刻爬出來，他也想推購物車。諾拉飛速的走向直升機，坐了進去。

諾拉的家長／第 87 週

如果我模仿她最典型的說法或行為，她就會笑出來。

漢娜的家長／第 78 週

身為父親，我似乎是他的榜樣。他對我很感興趣，沖澡時、在床上時以及上廁所時。他跟著我到處走，一直模仿我的事。

法蘭基的家長／第 79 到 86 週

他會把神情重新演出來。如他會用女孩帶點嬌蠻的方式說，「停！」他會模仿一些特定的手勢，像是把頭和身體轉開，手一抬，一副不屑一顧的姿態。

泰勒的家長／第 80 週

她喜歡模仿鄰居的孩子，如果他爬圍牆，她會試著跟著爬；如果他敲窗戶，她也會做同樣的事。只要他做，她就複製。

薇洛的家長／第 87 週

模仿特定的姿態和動作是她喜歡的消遣，她甚至還會嘗試模仿貓呢！

瑪麗亞的家長／第 83 到 86 週

💡 開始會模仿：我和我的模仿

幼兒就像戲台上的演員，會模仿他見過的表演身姿和舉動。

💡 玩想像遊戲：我和我的想像劇

在他虛構幻想的戲劇中，他會把玩具當成有行為能力的獨立個體來對待。幼兒的想像力沒有盡頭，他可以用許多種方法來做；而幻想劇在他的發育中占有重要的地位。參與他的遊戲，看著他成長，享受他的世界吧！

💡 認識其他生物

其他生物都有屬於各自的不同系統，有自己的行為規則與程序。幼兒正為這個發現而著迷，每個孩子都會依據自己的興趣及環境，以自己的方式來探索其他生物的系統。帶孩子到戶外去，讓他接觸其他生物吧！

> 我們收集附近區域的榛果，讓他觀察猴子如何打開核果。在家時，他真的開始對剝殼發生興趣。
>
> 鮑伯的家長／第 83 到 86 週

> 她現在有很嚴格的分工，爸爸必須拿飲料，再由媽媽拿杯子。
>
> 薇多莉亞的家長／第 73 週

💡 意識到自己是家庭的一分子：
我生活在核心家庭裡

核心家庭就和其他人類組織的系統一樣。＊這是幼兒從一開始就經歷的第一個人類組織。不過，直到現在他才開始把核心家庭看成一個單位、一個系統。下頁其他家長的經驗能鼓舞你。

💡 認識家庭成員或朋友：我和我的家人或朋友

就像核心家庭是一個系統一樣，大家庭以及朋友圈也是，你可以把這想成「部族」。幼兒現在也開始認知到這一點了，他知道自己的家庭和朋友的家庭間的差別。

（＊註：我們用這個名詞來代表大家庭中最小的單位，指的是由父親母親（雙方或一方）以及孩子（一或多個）組成的單位。這包括了父親、母親、孩子（一或多個），母親、母親、孩子（一或多個），父親、父親、孩子（一或多個）以及單親父母──孩子（一或多個）。

他指著爸爸，然後我，接著是他自己。之後，我就應該要說像是我們都是獨立不同的人，但是我們屬於彼此之類。然後他就會連連點頭贊許說「是」，再滿足的嘆幾口氣。

法蘭基的家長／第 76 週

女兒告訴我，我得哭一下，然後她就給了我一個親親，並輕輕撫著我的臉。

珍妮的家長／第 79 週

某個下午，他看過一些寶寶的圖片後，就決定他所有的動物娃娃都是他的寶寶，他整個下午都在床上跟娃娃一起玩。

葛雷格利的家長／第 84 週

她現在已經能較清楚地表示她想要什麼，如果我沒弄懂她的意思，她的臉馬上就會呈現挫折。她給我一隻玩具狗，我就必須了解它需要被摟在胸前餵奶。

愛蜜莉的家長／第 86 週

他畫了一張便便的圖，踏到上面去。他在街上的時候，我是不許他踏在糞便上的。

保羅的家長／第 77 週

他玩了很多想像劇，想像我們在一起坐在某個地方，如他的玩具車裡或在樓梯上舉辦宴會。他會用最有誠意的方式拍拍身邊的地板邀請我，如果我在那裡坐下來，他會很高興。

湯瑪士的家長／第 86 週

她突然變得更獨立了，自己玩得很好。她似乎時不時的處於幻想的世界裡。有時她會和娃娃玩遊戲；有時也會把自己的幻想告訴我。

薇多莉亞的家長／第 75 週

她從手上空抓了一個想像出來的糖果，放進嘴裡。她做了幾次，實在太奇特了，看起來似乎是她第一次的想像遊戲。

荷希的家長／第 71 週

他在街上看到一隻蝸牛，在我發現之前，他就跟我說蝸牛死掉了。這件事後來變成他和爸爸的話題。

哈利的家長／第 79 週

她在戶外看過一次蛇吃老鼠，精神都快崩潰了。

蘿拉的家長／第 84 週

這週她對鳥非常感興趣。當她正在看的鳥從視線中消失又出現時，她會很開心。當她發現鳥叫聲源自於她看到的鳥，她會笑得更歡樂。看到飛機也是一樣的，她也喜歡研究植物聞起來的氣味。

伊芙的家長／第 73 週

這週他對花園裡的螞蟻特別感興趣。

麥特的家長／第 84 週

這幾天她喜歡幫植物澆水。她還會製造出一些活潑可愛的聲音，彷彿植物都肚子餓似的，「花想吃東西。」，她喜歡 1 天餵花 2 次。對艾席莉來說，裝水、倒水、澆花是她每天都該做的事。

艾席莉的家長／第 85 週

她喜歡跟貓咪玩，當貓咪被惹急發怒後，她就會笑得很大聲。

珍妮的家長／第 71 到 76 週

她拿著電話和爺爺奶奶的照片來找我，暗示她想打電話給他們。

茱麗葉的家長／第 78 週

現在她明白我們不是唯一的一個家庭了。最近，我們到朋友家喝咖啡，假如朋友家的小妹妹剛好不在，她會明顯感到難過，還會不斷喊小妹妹的名字，問她去哪裡？她認為朋友的家庭因為小妹妹不在家而不完整，這一點讓她感到困擾。

薇多莉亞的家長／第 84 週

當哥哥姊姊想玩遊戲時，詹姆士有時會被拋下。他們把他放在客廳，還把門關上，他會大受打擊來找我安慰。

詹姆士的家長／第 87 週

如果我提到他的朋友，他會知道我說的是誰，還會熱切的喊著他的名字。他是認識他朋友的。

史提夫的家長／第 78 週

他的爺爺和奶奶就住在我們附近的街角。我們經常會經過，但不會每次都進去。當我們經過時，她會出聲高喊，「爺爺」或「奶奶」。

薇多莉亞的家長／第 82 週

當我到學校接她回來時，要讓她喊「＊＊媽媽好」蠻難的。對她來說，媽媽只有一個，就是我。現在雖然她了解其他家庭，也有一些女性是其他孩子的媽媽。不過，要她開口叫「媽媽」，還是會抗議。唯一一個如假包換的媽媽就是她的媽媽。

茉莉亞的家長／第 79 週

他知道我們要去哪裡。我如果問他，他能正確的回答我。

約翰的家長／第 79 週

他的腦中有一張附近區域的地圖。無論是在家、外面或爸爸的工作室，他都知道該去哪裡尋找物品。他能正確指出去雜貨店或去爸爸工作室的路，也能在大樓中指出通往爸爸辦公室的路。他對鄰居家也是熟門熟路，知道每樣物品放在哪裡，包括葡萄和玩具等。不過，如果東西沒放在原來的位置，他會感到沮喪。

湯瑪士的家長／第 83 週

他知道從露營地到海邊的路。

傑姆的家長／第 80～81 週

我們搬到同一棟大樓的不同樓層。在安頓下來後，他開始開著他的小車四處逛。他對這間房子很熟悉，因為前一位住客有兩個孩子，在新家他似乎很習慣。

泰勒的家長／第 82 週

他正在尋找自己的方位。就算不在自己熟悉的環境裡，他還是會嘗試尋找辨識點，如果找到時會很高興。他會想馬上分享成果，興奮的宣布接下來會遇到什麼。

哈利的家長／第 74 週

夏天我常和朋友去海灘，我們兩家的男孩相處得很融洽，他們到現在都還是好朋友。傑姆很希望能一起出發，他不斷詢問朋友在哪裡？但他們已經先出發，在海灘上等我們囉！

傑姆的家長／第 87 週

當我們牽著狗到附近散步，經過爺爺奶奶家時，她會說「爺爺」或「奶奶」，然後正確指出房子的方向，就算在街角，暫時還看不見也一樣。很明顯，她想去拜訪爺爺奶奶。

薇多莉亞的家長／第 86 週

💡 辨認家和社區：找出家及鄰近區域的路

　　自己的家是一個系統，周圍的鄰近區域也是。幼兒現在會學著辨認，並開始學習如何找到路，他會在腦海中建構一幅周邊地圖，這張心靈地圖實際上也是一個系統。

💡 我和我的所有物

　　家庭系統中有各式各樣的原則，其中包含了價值觀、規範和規則。舉例來說，父母應該要公平公正、不能偷竊、這個玩具屬於誰，以及每個人被賦予哪些權利都有規則。幼兒必須透過實作來學習，有時他是無意間在生活中學到的。當你發現他自行學到新技能是個令人愉快的驚喜，但多半需要說服，為了展示幼兒展現「我和我的所有物」的方式，我們再次從其他家長那裡蒐集到一些經驗談。

🌸 我和我的衣物

　　她非常清楚那些袋子和夾克屬於誰。當我們離開托育中心時，她還會去拿自己的東西呢！

妮娜的家長／第 82 週

　　他似乎認得自己的新衣服。內褲和貼身內衣，取代了連身衣，他覺得非常有趣。同時他也喜歡自己的新鞋。

保羅的家長／第 83 到 86 週

　　當把洗衣機裡洗好的衣服拿出來時，我會先在機器上一件件攤平、整好形狀再放進乾衣機裡。她會以自己的方式進行分類整理，她完全知道每一件衣物屬於誰：「湯瑪士的」、「媽咪的」、「咪塔（薇多莉亞的）」。

薇多莉亞的家長／第 83 週

✿ 我和我的玩具

在小友人家時，羅賓玩起曾經屬於自己的一輛玩具車（因在家時，他把車子扔了，所以已轉贈給小友人，我不許他帶回家）。他整路哭回家。

羅賓的家長／第 76 週

她發現一顆又一顆的「鑽石」，這是哥哥收集的漂亮石頭，並展示在他的房間裡。於是她也開始尋找漂亮的石頭，一塊一塊的小石頭被放進了她的口袋，並進行清理。

薇多莉亞的家長／第 78 週

她記得自己把玩具放在哪裡。如果我問她熊熊在哪裡？她都記得。

愛蜜莉的家長／第 78 週

當漢娜的表姊（25 個月大）來家裡玩時，情況蠻糟糕的。她什麼都不讓表姊玩。只要表姊手裡拿一個玩具，漢娜馬上就會從她手上奪走。

漢娜的家長／第 87 週

有一天她來找我，牽起我的手，把我拉到放玩具的遊戲房裡。她指著玩具說：「湯瑪士的、湯瑪士的、湯瑪士的……咪塔呢？」這真是嚴重的抗議啊！最近湯瑪士不許妹妹碰他的玩具，因為她弄壞了一些。

薇多莉亞的家長／第 83 週

他不想把自己的玩具和其他孩子一起分享。如果別人拿了他的玩具，他就會生氣又激動。

羅賓的家長／第 88 週

💡 培養秩序感：所有的物品都要整齊！

之前從沒見過這樣的事情！他受不了任何凌亂的情形。在這種情況還持續時好好享受一下吧！這種日子維持不了多久的。準確來說，可以維持到下一次飛躍，而且好幾年都不會再回來（如果還可能回來的話）。他想要所有的物品都有系統、整齊乾淨。

💡 是玩具也是系統：把玩具當作系統工具

有些玩具也是系統，是由一些小零件組合而成，彼此之間有關連，可以形成一整個合在一起的物品。最容易明白的例子就是拼圖，拼圖是由拼塊所組成，這是一個組織成的單位（整個拼圖是一張畫或照片），這個整體是由構成的元件（拼塊）之間互相依存（哪一塊放哪裡？）所形成。其他許多玩具也是系統，當你知道該觀察什麼，你就會看到幼兒正在做呢！

💡 自己發明遊戲：我和我的遊戲

拼圖是一個系統，是由其他人設計構思的。幼兒現在已經能自己發明系統了，例如：一個由他自己立下規則或戲法的遊戲。

💡 創作藝術作品：我和我的藝術

在 1 歲半後，幼兒玩玩具的方式意味著他開始明白關係。遊戲中顯示，幼兒對於日常生活中的人、事、物和情況是熟悉的，並且能由玩具代表；玩具是真實世界中某個人或某樣物品的象徵，幼兒可以在想像遊戲中和它們一起玩。

象徵的能力讓他能畫出代表真實世界中的某樣物品（和之前完全不一樣），例如：車、狗或自己。這項新能力不是逐步出現的，而是在飛躍中突然萌發，是一種新的特質。

藝術性是與生俱來的。如果你家的小小藝術家喜歡畫畫，那麼要持續不斷供應他紙張就會有點辛苦；開始大量創作的時刻迫在眉睫，如果遇見興奮的事，像是新年煙火，他很可能就要畫一幅畫來捕捉當時情景，也會開始想蓋／組建物品。此外，如果你家有小小音樂愛好者，他就會開始彈起他的鋼琴，並且好長一段時間都會聆聽音樂，愉快的享受音樂。

他受不了凌亂的情況，這會讓他很沮喪。我跟父母說，「現在我總是在打掃！你們要求不了的事情，我兒子做到了。」每天傍晚我們都會清理書架，每讀完一本書，他都會先放回去，再拿出另外一本。

湯瑪士的家長／第 86 週

他現在喜歡做的是拼動物拼圖，有個是 12 塊，另一個是 7 塊。他很清楚要怎麼拼，他拼得很快，但是沒耐心把拼塊的位置放好。他甚至能從拼塊的背面認出是哪塊。

凱文的家長／第 72 週

她的精細運動技能持續在進步中。她很喜歡把珠子穿在木棒上，然後再把木棒插在架子上。

安娜的家長／第 73 週

我假裝自己不會拼拼圖。每一次我放錯時，他都會說：「不是，不是」，然後告訴我應該放哪一塊。這個動作重複幾次後，我覺得自己受夠了，於是把拼圖拆開，閃速拼回去。我表現出很驕傲的樣子，同時說：「看！我也能做到了。」他回我，「不行。」原來其中一片拼塊的小角落翹起來了。他把它推進去，這才對！

湯瑪士的家長／第 80 週

他自己發明了一個遊戲，輪流擲骰子。一個人先擲，另外一個人去撿。他對於保持順序很嚴格，並一直找死角來丟骰子。

馬克的家長／第 83 到 86 週

今天她自己想出了一套魔術。她看著哥哥玩了不少魔術，就把一顆小石頭放進瓶子裡，然後說：「啊噢！」接著把瓶子上下搖動，說：「不。」她的意思是，小石頭卡住了。然後她轉了個圈（就像個魔術師一樣），把瓶子上下顛倒。噠噠。

薇多莉亞的家長／第 83 週

現在她畫的圖很不一樣了，從大範圍的塗鴉變成了小範圍的圈圈。她會畫細節，也會精準上色，色筆幾乎不會塗到線框外面。

薇多莉亞的家長／第 78 週

他畫了一輛車，而且畫得很好。雖然他只能在側著身體，頭枕在另一隻手臂上時才能畫好。他的車子是什麼樣呢？兩個大圈圈是輪子，中間連著一條線；其他小圈是汽車加速的「噗噗」聲。他也會畫飛機。

湯瑪士的家長／第 83 週

他現在會畫馬及船了。今天早上，他小心翼翼的畫了一個圈，然後是一個方塊，然後指指自己：他畫了自己。

路克的家長／第 79 週

他愛音樂，喜歡彈電子琴。彈的時候還會配上特定的節奏。我們外出時，他在推車裡聽了一整張古典樂 CD，時間長達 1 個鐘頭。途中我不小心干擾他時，他還不高興，他要聽到結束。

湯瑪士的家長／第 86 週

他開始多蓋積木了，之前他破壞的比蓋的多。

泰勒的家長／第 83 週

他說要畫爺爺。1 個頭，他就畫了四次，同時嘟嚷著：「錯了」。他不滿意，到了第 5 次，當他把山羊鬍子畫到正確的位置時，他才滿意的說：「爺爺！」

湯瑪士的家長／第 101 週

小 提 示　　**請牢記！**

　　談到畫畫，重要的不是創作出什麼偉大的作品，而是幼兒正在探索一項新的技能，以及他心裡想達成的目標。當孩子在紙上塗鴉，並且告訴你那是馬時，那就是馬，就算你分辨不出來也一樣。經常有人說，這個年齡的孩子畫得出馬或是其他，實在很荒謬，但是請堅持你（及幼兒）的信念，當他說他畫了什麼，那就是什麼。這實際上很符合邏輯，不是嗎？

💡 過去、現在和未來：我和我的時間感

　　現在幼兒開始培養時間感了。他對過去發生的事有記憶，在分析未來的事件上也有進步。

> 　　他記得我答應他的事。如果我承諾在洗澡後要做什麼，他就會提醒我。他早上起來後，也會提起我們在他睡覺之前做過的事。
>
> 　　　　萬雷格利的家長／第 82 週

> 　　她會計畫。吃晚餐的時候，她問我她能不能畫圖。我回說，得先吃飯；接著她說，她馬上就會需要她的筆和紙。我如果答，「我知道，等下會給妳。」但在餐後卻忘，她就會非常生氣。
>
> 　　　　薇多莉亞的家長／第 80 週

> 　　我不能在早上跟她提下午要做的事，不然，她整天都會一直提醒我，直到做了為止，像是去阿公阿嬤家。
>
> 　　　　薇多莉亞的家長／第 78 週

💡 探索基本物理現象

　　如果觀察孩子遊戲的方式，就不會忽略他正忙著了解最基本的物理現象。這聽起來比實際複雜，看下去你就會明白。

　　有了原則，你可以發現幼兒是如何開始「思考想法」；在進入系統世界後，他首次能將從經驗中學得的原則加以打磨並加進系統中，發生的時機可能是在他進行「暫停思考」時。

　　他會把類似球的物品浸到水下體驗阻力。他現在看電話的方式和之前用它來製造噪音時是不同的，他拆解了電話，在一番實驗後，它現在不能使用了。他發現丟擲、拆解物品，是一件非常有趣的事，他正在忙嘗試實驗不同的物品。

哈利的家長／第 77 週

　　有時在開心遊戲後，他會想要有一點平靜的時間。有時他喜歡自己一個人待著。他會說，「掰」，然後回去坐在房間裡一個人待著。他是在思考嗎？有時他會拿著玩具坐半個鐘頭；有時則會張大著眼睛思考 10 分鐘，就跟 50 歲的人一樣。在他休息、整理好自己的思緒後，就會恢復愉快的模樣，他會想吃奶，然後睡覺或是玩一下。他真的需要屬於他自己的隱私。

湯瑪士的家長／第 80 週

　　她可以花好幾個鐘頭把水從一個水瓶倒到另外一個水瓶裡。她還會用瓶子、杯子及盤子來倒。她忙碌起來時，還喜歡加上必要的評論。

艾席莉的家長／第 78 週

　　她對於顏色非常注意：綠色、紅色、黃色。當我跟她說，紅色和黃色很配時，是在跟她開玩笑！

荷希的家長／第 78 週

　　最初他很怕電動牙刷，但是習慣之後就沒問題了，他會說：「開」。

約翰的家長／第 83 週

　　她理解火車需要電池，也了解電池沒電時，她就得去找新電池。

漢娜的家長／第 86 週

探索基本建築技能

幼兒在物理現象方面的興趣會延伸到更多系統裡,而不僅僅侷限於物理。你會注意到,從最近一次飛躍後,他開始對基礎建築感興趣,可以花上好幾個小時觀看建築工人,同時他在遊戲時也會造出更多的建築,像是將杯子堆疊成杯塔,以及更為精細的建築。

口語能力萌發: 我和我的說話方式

在 17 ～ 22 個月間,幼兒會開始使用成年人的語言系統,他使用的詞彙及話語交替的平均長度都有爆炸性的增加,並會開始把字組合起來變成句子。他現在能區分出兩種不同的語言,並忽略兩種其中的一種。不僅如此,孩子在 18 個月左右,口語及理解能力會有令人印象驚訝的提升。

口語表達能力開始萌芽時,不同孩子間的個別差異很大。有些幼兒在這次飛躍時,還不會使用很多個字詞(大約是 6 個),但父母知道他其實知道並了解更多,所以可能會引發一些挫折。有些幼兒會用很多字詞,然後會複述成人說的話(有時只是第一個音節),或者也可能主動說出來,但還無法說出一個完整的句子。不過,他可以手腳並用,用動作手勢來溝通,以讓自己的意思被人了解。有些幼兒則在使用動作手勢的同時,已經能講

先生這週用水泥修補魚池。他向兒子解釋要如何攪拌水泥,之後兒子就原樣解釋給薇多莉亞聽。現在他們倆整天窩在一起,將沙和水攪在一起要糊水泥。她會做哥哥做的每一件事情,她崇拜哥哥。

薇多莉亞的家長／第 79 週

車子已經失寵了,現在更受喜歡的是其他的交通工具,像是摩托車、半掛式卡車、砂石車、推車。他很愛看建築工人工作。

馬克的家長／第 80 週

近幾天,他嘗試把小積木放在一起。他還做得不是很好,因為這需要一點力氣,不過他在嘗試。他沒有使用較大的積木。

麥特的家長／第 86 週

出句子了。這樣的差異非常正常不用擔心，就像你不該擔心哪個孩子先會走路一樣，不要把孩子的成長發育看成一種競賽。

✿ 懂很多，但說不多

你很清楚知道，幼兒現在已經懂很多了。他會開始說更多話，使用更多字詞。不過他最初發出這些音，使用這些字詞時，可能具有高度娛樂性。看看其他幼兒如何使用字詞，如果你能把自家孩子的用字紀錄下來那就更好了，否則過一陣子你就忘了。

✿ 了解很多字、意思及動作、手勢

這個階段是介於說出字詞和句子間的時期。雖然句子的節奏、表述和用意都在，但是沒有用完整的字詞表達，而是以帶著手勢的節奏以及個別的字詞將句子表達出來。因為你非常了解自己的孩子，所以能明白他的意思。

✿ 能說出句子

在這個年紀，有些幼兒不僅能了解字詞，也能說出來，甚至還能說出句子。不過就像所有的運動技能一樣，每個幼兒都有他自己的步調。

我決定將今天命名為「幼子教養餘生記」，我那最小的孩子比平時更黏人，更愛哼唧抱怨，兩次都喊著痛痛（非常輕微的擦傷），製造一堆洗也洗不完的髒衣服。接著我把小傢伙拎到床上，對著我身後的老公大喊給我一顆蘋果當點心，突然砰一聲，小傢伙口中吐出「媽媽」、「吃吃」（媽媽餵我的代碼），同時眼睛盯著我說，「蘋果」，臉上還帶著大大的裂嘴笑容，她為自己感到非常驕傲。就這樣，我一整天的心情都改變了。

——Instagram 貼文

他聽到「hip, hip, hooray」（註：英文流傳已久的歡呼語，沒有特別意思，純粹表示高興的歡呼）時會將雙手在空中張開，然後喊出像「oora！」的聲音。所有的手勢他都知道，像是「拍拍手」，如果他沒做好，就會發出「oot」（shoot 糟啊）的聲音。

羅賓的家長／第 76 週

他現在使用的詞彙很有限：「餅乾」、「瓶子」、「哎喲」、「謝謝」、「媽媽」、「爸爸」、「麵包」、「果」（等於蘋果，他只說後面一個字）。他都了解，也會聽指令。

詹姆士的家長／第76週

他能說的不多，但是什麼都知道，想要什麼都能很明確的溝通。

詹姆士的家長／第81週

你說的、問的，他都懂。他積極大膽，整天在屋子裡穿來穿去，嘴裡不是唱著歌，就是在嘀咕著什麼。

詹姆士的家長／第83週

他學會的字愈來愈多了。現在他知道「爸爸」、「媽媽」、「起士」、「噢」、「碰」、「螞蟻」、「更多」、「滴答」、「月亮」、「星星」。

羅賓的家長／第84週

他說了3個字：「滴答」是時鐘的滴答聲，「月」是月亮，「唏唏」是馬。

羅賓的家長／第80週

他現在會用的字可多了。他在回答時，有時候還會用「是」。現在「起」（起士）和「吃吃」，更是他表演清單的一部分。一般來說，他還不算很會講話。不過單是咿咿呀指來指去，我們就知道他的意思了，他就可以拿到需要的東西。

詹姆士的家長／第86週

這週是一個重大的時刻，當我們玩製造噪音遊戲時，擁有了全方位的接觸，真的很有趣。我們在製造噪音時得嘗試把舌頭從嘴裡伸出去或收進來。之後，我們又試著把舌頭頂在上牙後面，發出「啦啦」的「ㄌ」音。她覺得這件事令她很興奮，又有挑戰性，想跟著我做。這時她腦子裡似乎在想，「我會趕上你的」。我在她臉上看到許多不同的表情，我們兩個都很喜歡這個遊戲，笑聲不斷，特別是當她說出「啦啦」又同時給個親親時。

艾席莉的家長／第73週

他來到我面前，食指壓在大拇指上，意思是「錢」。

泰勒的家長／第84週

他說話的方式改變了，即使言語中大部分的字詞仍無法被理解，但是他似乎正在造出更多的句子，我心裡想著：「嘿！我愈來愈能讀懂你了！」他可以清楚的透過手勢和詞彙解釋我不在身邊時發生的事。例如：我問他在奶奶家的廚房裡做什麼時，他說了一串我不了解的句子，但裡面夾雜了「起士」，我就能猜到他奶奶給了他一塊起士。

泰勒的家長／第 74 到 77 週

他這週溝通的方式很有趣。他似乎想用自己的語言來造句。他會一直嘗試，直到我能理解。例如：有次我們要到海邊，路克被爸爸背著，我手裡提著裝挖沙裝備和鏟子的袋子。他突然尖叫：「答、答、答」。我花了一會兒才明白他指的是鏟子。我問他，「是鏟子嗎？」他說，「耶」，然後從鏟子指到海邊。我重述：「對，我們要把鏟子拿到海灘上玩。」他滿足的嘆了一口氣，又趴回爸爸的背上。我們經常發生這種對話。

路克的家長／第 74 週

她現在會把兩至三個字合在一起使用。

愛蜜莉的家長／第 83 週

他用了很多字，但是大多只是第一個音節。他說了愈來愈多由他自己開始的字。他從說話中獲得的樂趣實在讓我感動。

鮑伯的家長／第 77 週

她看到停止燈號是紅色的，就指著燈號說了一串話，聽起來很長，但是一些字詞不見了。不過，就算當時我沒看到，也沒注意聽，並且不完全聽得懂，但卻能明白她在說什麼。很奇怪呢！就好像連她自己都不知道她在說什麼，但是口齒不清的發出一些詞句似乎很符合情境。

艾席莉的家長／第 76 週

如果她想要貓咪過來，她會出聲叫喚：「咪咪，來。」

珍妮的家長／第 75 週

她真的會念書了。她會一邊看著圖片，一邊說著故事。大字不認識幾個，卻非常感人。不僅如此，她還能用讓人能明白的句子來說。

薇多莉亞的家長／第 75 週

她會把幾件事情合在一起說，像是「很好」、「不要現在」、「爸爸和媽媽」。

愛蜜莉的家長／第 81 週

他想要肥皂。但是我不想回應他的「ㄟ、ㄟ」，所以就說：「跟我說你要什麼？」然後他就說，「對，那個那個，我。」

湯瑪士的家長／第 82 週

💡 對孩子「非理性」的恐懼表示理解

幼兒忙著探索自己的新世界，並研究新發現的能力時，就會遭遇到一些全新及外來的情況。他會以一些新的方式，甚至是成人會覺得危險的方式來經歷世界；這些事物一開始可能會嚇到他，但當他逐漸了解發生的事情後，就不會害怕了，請同理他。

她怕打雷和閃電，會說：「轟，砰」。

瑪麗亞的家長／第 71 週

他怕花園裡的蜘蛛，也怕飛蟲。

哈利的家長／第 88 週

他怕氣球，也不敢靠近可愛動物區的綿羊和山羊，得有人抱著他才行，還不喜歡坐旋轉木馬，只喜歡看。

麥特的家長／第 73 週

他有一陣子被吸塵器嚇壞了。之前在我打開時他都會爬上去，現在他都縮在角落，離得遠遠的，直到我吸完為止。

史提夫的家長／第 85 週

他真的很討厭吸塵器和流著水的水龍頭，他在時必須停止。

保羅的家長／第 72 週

第 **10** 次飛躍紀錄表 **充滿系統的世界**

你喜歡的遊戲

這是一些學步兒現在可能會喜歡的遊戲和活動，對他練習最近正在發展中的新技能有幫助。

📝 填表說明

勾選幼兒喜歡的遊戲，比對「你的發現」，並思考你是否能找出這次飛躍中幼兒最感興趣的物品和他喜歡的遊戲間，是否有關連？思考過後，你對孩子的人格應該會有更獨特的領會。

☐ 一起玩文字遊戲，把字用不同的方式來發音，並帶一些好笑的動作。

☐ 發明一種辨識特定人員的遊戲。

☐ 倒立、攀爬、練習平衡。

☐ 畫圖。

☐ 吹泡泡。

☐ 在牆上做跳躍及平衡的動作。

☐ 做一些傻事／演小丑。

☐ 在身體上玩搔癢小遊戲。

☐ 摔跤遊戲，開玩笑。

☐ 在戶外玩耍。

☐ 和其他孩子一起玩。

☐ 玩球。

☐ 鬼抓人遊戲。

☐ 轉圈到頭昏，摔躺到軟墊上。

☐ 扮演馬戲團。

☐ 騎馬遊戲。

☐ 抓人遊戲。

☐ 捉迷藏／尋寶遊戲。

☐ 閱讀故事書／繪本。

☐ 舌頭遊戲：由爸爸或媽媽把舌頭頂在臉頰內側，再由孩子把臉頰上凸起來的地方推進去。

你喜歡的玩具

☐ 車子。

☐ 安全黏土（你愛拿來嚼）。

☐ 兒童電視節目。

☐ 書本／繪本。

☐ 零碎的小物品、水壺和瓶子。

☐ 附車子的車庫。

☐ 附各式各樣附件的玩具機場。

☐ 著色筆和紙張。

☐ 有沙子和水的桶子。

☐ 廂型滑步車／可以坐上去的玩具車。

☐ 塑膠椅。

☐ 球。

☐ 腳踏車。

☐ 填充動物和洋娃娃。

☐ 貼紙。

☐ 沙盒。

☐ 可在後院挖掘的工具。

☐ 兒歌。

☐ 溜滑梯。

☐ 有掛貨車廂的卡車。

☐ 吹泡泡。

☐ 火車。

☐ 搖椅和其他可以前後搖動的東西。

☐ 搖擺木馬。

☐ 鞦韆。

☐ 拼圖（最多 20 片）。

☐ 自行車幅條彩珠、裝飾配件。

你的發現

下表是一些幼兒從這個年齡開始可能會展現出來的技能，但請記住，幼兒不會把下列所有的項目全都做完。

填表說明

你的孩子已經在「感覺動作期」（sensorimotor period）尾聲進行過第 10 次的飛躍，他未來心智發育的所有基礎已經都鋪墊好了。他未來人生中學習的每一件事都建構在這 10 次飛躍取得的心智洞察力（mental insights）上，透過第 10 次的飛躍，幼兒的心智發育形成了一個總體的整合性的包覆層，包覆在之前所有的飛躍上。

因此，這次飛躍的影響重大，而且相當複雜。你可能會注意到孩子以各種方式來處理相對應技能的培養；每個孩子的個性也不曾像現在這樣清楚的顯示過。這意味著要完成這張表相當有難度，因為幼兒可能不會把許多技能都展示出來，而你卻比之前任何一個時刻都更需要明確的了解。不過，我們會將其他家長在孩子經歷這次飛躍時看到情形列出來給你參考，以讓表填起來簡單些。

你的孩子很可能不會做表裡的事，但是這些例子卻能讓你產生一些想法，知道要觀察什麼，並引導你往正確的方向，以幫助幼兒度過這次飛躍。經常閱讀這張表，能讓你比自己想像的發現更多和幼兒有關的事。

（註：紀錄表內的我表示父母，你表示幼兒。）

幼兒大約是在這時開始進入飛躍期：＿＿＿＿ 年 ＿＿＿＿ 月 ＿＿＿＿ 日。

在 ＿＿＿＿ 年 ＿＿＿＿ 月 ＿＿＿＿ 日，現在飛躍期結束、陽光再次露臉，我看到你能做到這些新的事情了。

你的發現 ▶▶▶ 良知的發展　　　　日期：_____

☐ 被抓到正在做一些明知不許你做的事情時會覺得害怕，並突然爆出一大聲，「不」。

☐ 會模仿電視上的行為，也會做些不被允許做的事情來測試我。

☐ 會因為不公的賞罰而感到受傷及困惑。

☐ 有「說謊」的能力了。

☐ 會測試別人的底限。聽起來可能有點負面，但這其實是一種健康的發展，跟我設下界線一樣。畢竟，你有必要知道界線在那裡。

☐ 以下是你測試界線的一個例子：

....

....

你的發現 ▶▶▶ 自我意識萌發　　　　日期：_____

☐ 我注意到你已經理解「我」的概念了。

☐ 能控制自己的身體，並且覺得這是你的身體。

☐ 想要自己做事情。

☐ 有自己的意願。

☐ 可以自己做決定。

☐ 想要 _____ 權力。這句話沒有負面意思，而是自我意識中健康發展的一部分。

☐ 以下是我觀察到你自我意識成長的方式：

....

....

你的發現 ▶▶▶ 物體恆存的概念　　　　日期：_____

☐ 你躲了起來，但是想被找到。

☐ 你會去找人。你會到處找，而不僅限於最後一次看到那人的地方。

🔍 **你的發現** ▶▶▶ **你和我的概念**　　　日期：_____

- ☐ 領悟到父母並不是同一個人。
- ☐ 會正確評估人與人之間的相似與相異處。
- ☐ 想被人認可。
- ☐ 會用別人的角度來思考。這是個令人驚奇的突破，因為你現在能用一種全然不同的嶄新方式和別人互動了。
- ☐ 能了解其他孩子想要的東西，以及其他人喜歡的東西可能和你不同。
- ☐ 可以安慰別人。
- ☐ 喜歡模仿，然後自己再做。
- ☐ 你的想像劇開始了。舉例來說：

....

....

- ☐ 把玩具當成有自主能力的人來對待。

🔍 **你的發現** ▶▶▶ **對其他生物感興趣**　　　日期：_____

- ☐ 喜歡對著天上飛的鳥和飛機招手。
- ☐ 喜歡探索植物或 _____ 的氣味。
- ☐ 喜歡餵狗，或是餵 _____ 吃東西。
- ☐ 對小小的生物，像是蜜蜂、螞蟻、瓢蟲或是 _____ 感到興趣。
- ☐ 想要幫植物澆水。

🔍 **你的發現** ▶▶▶ **認識核心家庭**　　　日期：_____

- ☐ 理解家中成員是不同的個體，但是彼此依然相屬。
- ☐ 整天玩洋娃娃和填充動物，你餵它們吃東西，並送上床睡覺。
- ☐ 理解還有其他的核心家庭，裡面有其他的父母，兄弟和姊妹。

🔍 **你的發現 ▶▶▶ 認識家人和朋友**　　　日期：＿＿＿＿＿＿＿

☐ 理解自己和朋友家庭之間的差異。

☐ 非常清楚誰是誰的。

☐ 想打電話給奶奶、爺爺，或是 ＿＿＿＿＿＿＿＿＿＿＿＿＿＿＿＿＿。

☐ 指定想要拜訪奶奶、爺爺，或是 ＿＿＿＿＿＿＿＿＿＿＿＿＿＿＿，
　　乘坐的工具是：

＿＿＿＿＿＿＿＿＿＿＿＿＿＿＿＿＿＿＿＿＿＿＿＿＿＿＿＿＿＿＿＿＿

🔍 **你的發現 ▶▶▶ 認識住家、鄰近區域**　　　日期：＿＿＿＿＿＿＿

☐ 對於家庭環境周圍的地區很有概念。舉例來說，你知道通往 ＿＿＿＿＿＿＿ 的
　　路，或是通往 ＿＿＿＿＿＿＿＿＿＿ 的路。

☐ 非常清楚要找家裡的東西，得在哪裡找。

☐ 認得自家的房子，也認得 ＿＿＿＿＿＿＿＿＿＿ 家的房子。

☐ 能指出通往超市或公園的路。

☐ 就算物品在你沒那麼熟悉的環境裡，你也認得出來。

🔍 **你的發現 ▶▶▶ 建立所有權／物權**　　　日期：＿＿＿＿＿＿＿

☐ 我在整理衣服進行分類時，你非常清楚哪件衣服是誰的。

☐ 很清楚哪個袋子、哪一件夾克屬於哪個孩子的。

☐ 很清楚哪一件玩具屬於誰，什麼是碰不得的。

☐ 不想再和別的孩子分享你的玩具。

☐ 會把東西撿回來收集，並堅持不可以丟掉。

☐ 不喜歡凌亂，希望所有的物品都能有秩序並系統的收好。

🔍 **你的發現 ▶▶▶ 拼圖和小物品**　　　　日期：＿＿＿＿＿＿

☐ 擅長拼拼圖，7 片、12 片或最多 20 片的。
☐ 運動技能和之前相比愈來愈好。我是從下面的事情發現的：

．．

☐ 發現裝著小物品的盒子很有趣，你喜歡檢查的箱子有：
　☐工具箱
　☐裝著分類的軟釘子或著色筆的箱子等。
　☐其他：．．．．．．．．．．．．．．．．．．．．．．．．．．．．．．

☐ 你是一個非常注重細節的人。例如：

．．
．．

🔍 **你的發現 ▶▶▶ 自己發明遊戲**　　　　日期：＿＿＿＿＿＿

☐ 用自己的規則發明了遊戲。
☐ 自己發明了一些魔術。

🔍 **你的發現 ▶▶▶ 語言**　　　　日期：＿＿＿＿＿＿

☐ 你了解大部分的話。
☐ 對於以雙語的孩子來說：你可以分辨這兩種語言／語言系統間的差異。你
　偏好的語言是＿＿＿＿＿＿＿＿＿＿＿＿＿＿＿＿＿＿＿＿。
　你有時候會忽略另外一種語言：是／否
☐ 會製造出愈來愈多的字。
☐ 會把字組合起來變成短句。
☐ 會模仿動物的聲音。
☐ 很愛模仿一些無聲的動作，也會手腳並用來模仿。
☐ 喜歡書本／繪本。全神貫注時，能把短篇故事聽到最後。

🔍 你的發現 ▶▶▶ 用語　　　　　　　　日期：＿＿＿＿＿＿

☐ 「真正的字」

☐ 你說出來的字

🔍 你的發現 ▶▶▶ 藝術發展　　　　　　日期：＿＿＿＿＿＿

☐ 理解玩具是真實世界物品或人的象徵。

☐ 開始用完全不同的方式來畫圖，大筆隨意塗鴉變成圈圈、方塊和＿＿＿＿＿。

☐ 你顯然是在畫某種東西，不過，老實說，我辨認不出來。你告訴我你畫了什麼，我都認同，你說是馬，那就是馬。你喜歡畫：

☐ 你喜歡畫圖時，我跟你一起畫。

☐ 聽音樂時你可以聽很久，而且全神貫注，完全是出於純粹的興趣，日後通常會跟音樂有更密切的關係。

☐ 你喜歡彈奏以下的（玩具）樂器：

　　☐鋼琴／鍵盤　　☐鼓　　☐其他：

☐ 你比之前能蓋出更多的「建築」。

🔍 你的發現 ▶▶▶ 時間感　　　　　　日期：＿＿＿＿＿＿

☐ 你能記得過去的經驗。例如：

☐ 你能「預測」接下來會發生什麼事，因為有些事情已經發生了，或是我們正在做的某些事情。

☐ 你整天都在提醒我記得承諾過你的事。例如，我們要去

　　　　　　　　　　　　　　　　　　　　　　　　。

☐ 我發現你會計畫事情。舉例來說，如果我答應你卻因為忘記沒做到，你會感到難過，甚至會覺得受到了傷害。

☐ 你有時會記得上床前做過的事情。

🔍 你的發現 ▶▶▶ **基礎物理**　　　　　　日期：＿＿＿＿＿＿

☐ 你把東西放在水下，並觀察，例如球再次浮出的樣子。你喜歡實驗阻力的感覺。

☐ 你一直忙著把液體從一個杯子倒到另外一個杯子，沒完沒了。

☐ 你會注意各種不同的顏色，有時還會尋找特定的顏色。

☐ 你發現新事物時，會突然有點嚇到。例如：

　　☐第一次看到雪的時候。

　　☐看到新的電動牙刷。

　　☐其他：＿＿＿＿＿＿＿＿＿＿＿＿＿＿＿＿＿＿＿＿＿

☐ 你喜歡對東西進行實驗或研究。例如：＿＿＿＿＿＿＿＿＿＿

＿＿＿＿＿＿＿＿＿＿＿＿＿＿＿＿＿＿＿＿＿＿＿＿＿＿＿＿

＿＿＿＿＿＿＿＿＿＿＿＿＿＿＿＿＿＿＿＿＿＿＿＿＿＿＿＿

🔍 你的發現 ▶▶▶ **基礎建築**　　　　　　日期：＿＿＿＿＿＿

☐ 你非常喜歡看建築工人。你會研究他是如何：＿＿＿＿＿＿＿

＿＿＿＿＿＿＿＿＿＿＿＿＿＿＿＿＿＿＿＿＿＿＿＿＿＿＿＿

☐ 你想學建築工人做的事：

　　☐用沙子和水來製造「水泥」。

　　☐「糊」牆壁。

　　☐其他：＿＿＿＿＿＿＿＿＿＿＿＿＿＿＿＿＿＿＿＿＿

☐ 會鋪設簡單的火車軌道。

☐ 想用小積木（如樂高積木）來嘗試蓋東西。

💡 幼兒的選擇：性格的關鍵

系統的世界現在已經對幼兒開啟了，所有的幼兒都得到了解及控制系統的能力，雖然他需要幾年的時間才能讓自己完全熟悉。在這個世界裡，他正要邁出最初的試探性腳步，像是：幼兒可能會選擇把注意力專注在如何掌握身體上，而將說話留到以後，所以現在只用一些詞彙而不是句子。或者，他正忙碌在認識家人、朋友、住家以及鄰近區域。又或者，他可能偏好藝術，不斷作畫或聽音樂。每一個幼兒都會選擇適合自己的傾向、性向、偏好以及環境的事情來嘗試。他的第一個選擇會在 75 週，或是剛過 17 個月的時候變得明顯，不要把孩子拿來和其他孩子相比，每個孩子都是獨一無二的，也會進行適性的選擇。

仔細觀察你的幼兒，要明白他的興趣在哪裡？現在你已經能看出他擁有哪些天賦和才幹以及強項。舉例來說，如果孩子有音樂天分，那麼現在就會開始顯現出來。在「你的發現」中，你可以勾選孩子的選擇，並看看是否還有你認為孩子會使用或學習的系統。

💡 幼兒不可能完成所有的事情！

這次飛躍的第一階段（愛黏人）和年齡相關，是可預期的，大約會在 71 週左右出現。大部分的幼兒是在預產期後的 75 週開始邁入這次飛躍的第二階段。第一次意識到系統世界後會啟動全範圍技能與活動的發展。話雖如此，這些技能和活動第一次出現的年齡每個孩子間的差異很大。

舉例來說，對系統有感知的能力是「能夠指出通往超市或公園的路」的先決條件，不過這項能力通常是從大約 75 週到好幾個月後才會出現。這項心智包容力（即能力）出現的年齡，以及實際上第一次真正能做事（技能）的年齡會因幼兒的喜好、進行實驗的慾望，以及身體的發育情況而有所不同。

書中所列的技能和活動均為可能出現的最早發生年齡，即第一次獲得新能力並開始難帶的年齡，當徵兆出現時，你即可以仔細觀察並加以辨認（最初時會比較難）；如果沒發現，就稍可惜了。所有的幼兒會在大約相同的年齡獲得相同的能力，至於選擇做哪些什麼時候做卻大不相同，每個孩子都是獨一無二的。

隨和期：飛躍之後

在 79 週或是剛過 18 個月左右，大多數的幼兒都沒有之前那麼難搞了，只不過他正在萌芽中的自我意識，如想按自己意思行事的作風，以及為獲得權力進行的努力，只會讓他變成另外一種難搞而已，日子不會變得容易些。

他在 3C 愛哭、黏人、愛鬧脾氣上並不難搞（他只是偶爾會明顯難搞而已），應付的訣竅是讓你凌駕於這一切之上。停下來，從 1 數到 10，請記著，你的小親親正在進步中，所以盡你所能來處理情況。畢竟，對孩子來說，這是導入一些（執行）規矩的絕好機會，這樣他才會知道世界並不是繞著他轉的，做事情時必須考量別人的需求。

對成人來說，思考、講理或邏輯並非如一些人以為的是最高可達成的目標。邏輯屬於程序的世界，附屬在原則與系統世界下面；如果你真的想要有所改變，你就必須改變你的原則。

你的原則首先就必須改變伴隨的系統，問題是成人是不會輕易改變系統層級觀念的。部分原因是基於一個事實，在系統層級的每一個改變對系統世界下面的所有層級都有非常深遠的影響，如果不經過一番掙扎奮戰，改變是不會發生的。根據歷史，這種大變動帶來的通常是透過文字或甚至武力的革命或戰爭。

系統及原則層級的觀念，通常形成比改變容易。孩子會透過對周遭環境的觀察來學習，然後開始運用。有時成人會特別強調一些特定的原則和系統觀念，這通常是社會化和教養的教科書級範例。當然這對幼兒來說是陌生的，他的世界還很小，而且和家很近。他得經過很多年，待兒童期過去後，才能發展出人生觀，但是現在一個稚嫩的雛形已經從良知、規範與價值觀的學習開始形成了。這是重要的一步，影響深遠，如果開始的基礎就不好，幾年下來，負面的結果會很明顯，因此絕對值得你投入全部的關注。這會是一個很好的全面性投資，讓你、孩子以及身邊的人免去很多不幸。

儘早開始的重要性當然也適用於系統世界中所有其他的領域。不管孩子喜歡音樂、建築、語言、物理現象，或練習身體控制，請給這位新星一個機會，你們一起享受到的樂趣將會讓你感到非常驚奇。

後記

● ● ●

　　所有的父母在某些時刻都無可避免的必須處理一個滿臉淚水、愛鬧脾氣或難帶及很難取悅的孩子，一個需要「爸爸或媽媽補充丸」的孩子。你並不孤單，所有和你擔負相同職責的父母在嬰兒到了某個年齡時都必須處理類似的問題。所有的父母都會忘記，或者說很願意（儘快）遺忘這些令人難受的時刻，事實上，當難熬階段一過就會立刻忘掉。人性使人對於不得不經歷的苦難，當烏雲散去時，會以低調、淡化的方式處理。

　　當你了解，難搞的行為及焦慮、易怒的情緒都只是孩子邁向獨立途中健康、正常的發展時，你會覺得比較有安全感與信心。父母都知道，養育孩子沒有指導手冊，在每次飛躍後，每個孩子都會以自己的方式來「探索」每一個「新世界」裡的可能性。

　　你能做的就是協助他。最能提供寶寶幫助的人就是最了解他的人，你對自己孩子的了解勝過任何人。你能倚靠的資訊即書中分享的寶寶每次飛躍時大腦中發生的改變，它能讓你能比較容易了解寶寶，並給予他支持。我們有一種德語的家長支援與教育方案稱為《Hordenlopen》（跳躍藩籬 Leaping Hurdles），以及本書籍，我們透過裡面提及的方法向家長顯示，使用這套方案來了解並支援寶寶，對於父母以及寶寶未來的發展都有極大、正面的助益。

　　寶寶的發展有一部分掌握在你的手裡，而不是家人、鄰居或朋友手裡。你是寶寶的主要照顧者，同時也是最了解寶寶需求的人，每個寶寶都是完全不同的個體。這一點我們在書中已經闡述得很清楚了，我們希望自己能加強家長的能力，讓你對來自他的不受歡迎、矛盾建議具有免疫力。

　　看過本書你會明白，每一個寶寶在最初的前 20 個月，或稱為感覺動作期（sensorimotor period）間，都重生了 10 次。10 次過後，他的世界就天翻地轉了；10 次過後，他會感到困惑，盡自己一切所能來黏著爸爸或媽媽；10 次過後，他會摸到疙瘩；而 10 次過後，在一定程度上，他會服用「爸爸或媽媽補充丸」，然後再進行發育的下一次飛躍。

　　很顯然，幼兒還有很長的一段路要走。針對 1 歲半到 16 歲兒童腦波（EEG）發育的研究顯示，孩子在心智發育上兩個出名階段的轉換之間，腦波會突然出現重大改變。青春期的開始就是未來發生的一個飛躍，長久以來，知道賀爾蒙突然激增會觸發青春期一直是個常識。

　　最近的研究則顯示，青春期開始時，大腦也會出現重大變化，改變的不僅僅是腦波，腦部特定部分的體積也會突然、極端快速增長。年輕人會一次又一次的進入一個新的感知世界，獲得新的感知能力與領會，這是他小時培養不出來的。十幾歲的青少年不愛承認這一點，和持相同意見的寶寶大致符合，他也認為自己站在世界的顛峰。在孩子完全獨立之前還會出現幾次飛躍，甚至還有一些跡象顯示成人也會經歷這些階段。

　　正如同哥倫比亞大作家兼記者加布列・賈西亞・馬奎斯（Gabriel García Márquez）在《愛在瘟疫蔓延時》（Love in the Time of Cholera）書中所講：人類不是只誕生一次，不是只在母親生下他的那一天誕生，而是生活迫使他一次又一次的重生。

*0~2*歲 全腦開發關鍵報告

掌握 10 個心智發展快速進步期，教出高安全感、適應力強的正向小孩

The Wonder Weeks: A Stress-Free Guide to Your Baby's Behavior

作　　　者 賽薇亞拉‧普拉斯 - 普洛伊、弗蘭斯‧普洛伊、赫蒂‧範德里特
選　　　書 林小鈴
主　　　編 陳雯琪
譯　　　者 陳芳智

行 銷 經 理 王維君
業 務 經 理 羅越華
總 　編 　輯 林小鈴
發 　行 　人 何飛鵬
出　　　版 新手父母
　　　　　城邦文化事業股份有限公司
　　　　　台北市中山區民生東路二段 141 號 8 樓
　　　　　電話：(02) 2500-7008　傳真：(02) 2502-7676
　　　　　E-mail：bwp.service@cite.com.tw

發　　　行 英屬蓋曼群島商家庭傳媒股份有限公司城邦分公司
　　　　　台北市中山區民生東路二段 141 號 11 樓
　　　　　讀者服務專線：02-2500-7718；02-2500-7719
　　　　　24 小時傳真服務：02-2500-1900；02-2500-1991
　　　　　讀者服務信箱 E-mail：service@readingclub.com.tw
　　　　　劃撥帳號：19863813
　　　　　戶名：書虫股份有限公司

香 港 發 行 所 城邦（香港）出版集團有限公司
　　　　　香港灣仔駱克道 193 號東超商業中心 1F
　　　　　電話：(852) 2508-6231　傳真：(852) 2578-9337
　　　　　E-mail：hkcite@biznetvigator.com
馬 新 發 行 所 城邦（馬新）出版集團 Cite(M) Sdn. Bhd. (458372 U)
　　　　　11, Jalan 30D/146, Desa Tasik,
　　　　　Sungai Besi, 57000 Kuala Lumpur, Malaysia.
　　　　　電話：(603) 90563833　傳真：(603) 90562833

封面設計 / 鍾如娟
版面設計、內頁排版、插圖 / 鍾如娟
影像圖片 / Pixabay
製版印刷 / 卡樂彩色製版印刷有限公司

2023 年 06 月 15 日 初版 1 刷　　　　　Printed in Taiwan
定價 700 元
ISBN：978-626-7008-38-6（紙本）

國家圖書館出版品預行編目 (CIP) 資料

0～2 歲全腦開發關鍵報告 / 賽薇亞拉‧普拉斯 - 普洛伊、弗蘭斯‧普洛伊、赫蒂‧範德里特著；陳芳智譯 . -- 初版 . -- 臺北市 : 新手父母出版，城邦文化事業股份有限公司出版 : 英屬蓋曼群島商家庭傳媒股份有限公司城邦分公司發行 , 2023.06
　　面；　公分 . -- (育兒通；SR0107)
譯自 : The wonder weeks : a stress-free guide to your baby's behavior
ISBN 978-626-7008-38-6(平裝)

1.CST: 育兒　2.CST: 兒童發展　3.CST: 兒童心理學

428　　　　　　　　　　　　　　112004482